预制装配式建筑施工技术系列丛书

预制装配式建筑工程案例

中国建设教育协会
远大住宅工业集团股份有限公司　主编

中国建筑工业出版社

图书在版编目（CIP）数据

预制装配式建筑工程案例/中国建设教育协会，远大住宅工业集团股份有限公司主编．—北京：中国建筑工业出版社，2019.3
（预制装配式建筑施工技术系列丛书）
ISBN 978-7-112-23316-8

Ⅰ.①预⋯ Ⅱ.①中⋯ ②远⋯ Ⅲ.①建筑工程-案例-中国 Ⅳ.①TU

中国版本图书馆CIP数据核字(2019)第029233号

本书汇总了长沙远大住宅工业集团二十多年、上千项目历练而来的现场经验技术，总结了适用于现阶段我国装配式建筑施工的相关经验，涵盖了概述、项目案例、案例剖析——尖山印象、施工图预算4方面内容。书中对位于长沙的"尖山印象"项目进行了全方位剖析，具有实践指导意义。本书旨在为我国装配式建筑施工技术的发展提供些许有益的参考和借鉴，帮助行业范围内的其他单位更好地了解装配式建筑施工工艺，最终助力预制混凝土装配式建筑产业化与规模化的快速发展。

* * *

责任编辑：李 明 李 杰 杜 川
责任校对：张 颖

预制装配式建筑施工技术系列丛书
预制装配式建筑工程案例
中国建设教育协会
远大住宅工业集团股份有限公司 主编

*

中国建筑工业出版社出版、发行（北京海淀三里河路9号）
各地新华书店、建筑书店经销
北京红光制版公司制版
北京建筑工业印刷厂印刷

*

开本：787×1092毫米 1/16 印张：19¼ 字数：464千字
2019年5月第一版 2019年5月第一次印刷
定价：**68.00**元
ISBN 978-7-112-23316-8
（33619）

版权所有 翻印必究
如有印装质量问题，可寄本社退换
（邮政编码100037）

主编单位：中国建设教育协会

远大住宅工业集团股份有限公司

主　　编：谭新明

副 主 编：张志明

编写人员：王雅明　何　磊　龙坪峰　李志宏

　　　　　李　云　颜深远　钟　易　祖　龙

　　　　　易　海　徐　雷　刘　婷　李会琴

　　　　　曹彭娣

前　言

随着我国经济进入新常态，供给侧结构性改革也步入了加速推进阶段。在这个新的时期，传统建筑业"粗放"、高能耗、高污染的建造模式亟待转型。如何降低建造过程中的能耗，如何减少施工过程中的污染，如何更加高效地组织施工流程，成为新的时代背景下建筑行业需要重点思考的问题。预制装配式建筑因其节能、环保、高效等特征，成为当下我国各方关注的焦点。中共中央国务院《关于进一步加强城市规划建设管理工作的若干意见》（中发〔2016〕6号）提出，力争用10年左右的时间，使预制装配式建筑占新建建筑面积的比例达到30%。

然而，各地在推进预制装配式建筑项目时，由于深化设计经验积累不足、设备和工具准备不充分、施工技术不成熟等原因，常出现建筑工期、建筑质量受影响等问题。作为一套新的技术体系，预制装配式建筑不是简单的"工厂预制"＋"现场装配"，而是必须对设计、生产、施工等全流程进行梳理和优化，使预制构件适合工厂批量生产，方便现场快速吊装、便于现场管线布置及后浇作业等。

在此背景下，笔者通过梳理长沙远大住宅工业集团二十多年的研究成果和一千多个项目案例的经验积累，总结了适用于现阶段我国预制装配式建筑施工的相关经验，以"项目展示"和"案例剖析"的方式，对预制装配式建筑进行介绍。旨在为我国预制装配式建筑提供些许有益的参考和借鉴，帮助行业范围内的其他单位更好地了解预制装配式建筑，并以此为切入点，对设计、生产、施工等全流程进行更高效的管控，最终助力预制混凝土装配式建筑产业化与规模化的快速发展。

本书编写过程中，搜集了大量资料，参考了当前国家施行的设计、施工、检验和生产标准，并汲取多方研究精华，引用了有关专业书籍的部分数据和资料。由于时间仓促和能力有限，书中内容或有疏漏。特别是当前我国预制装配式建筑体系发展迅速，相应的规范标准、数据资料，以及相关的技术都在不断推陈出新，加之各地政府的管理措施和不同体系下的施工手段不尽相同。因此，若在阅读过程中发现有不足乃至错误之处，恳请读者提出宝贵意见与建议。最后，在此向参与本书编撰以及对本书内容有所帮助的各级领导、专家表示感谢！

目　　录

第1章　概述	1
第2章　项目案例	6
2.1　预制装配式别墅	6
2.2　预制装配式多层建筑	10
2.3　预制装配式高层建筑	13
2.4　预制装配式公共建筑	24
2.5　预制装配式综合地下管廊	30
第3章　案例剖析——尖山印象	34
3.1　建筑设计	34
3.2　结构设计	39
3.3　设备设计	46
3.4　PC深化设计	58
3.5　PC生产工艺设计	98
3.6　施工管理	137
第4章　施工图预算	243
4.1　预制装配式建筑与传统建筑相比增减项目内容	243
4.2　施工图预算案例	264

第1章 概述

我国建筑业现阶段主要采用的是现场浇筑混凝土的传统施工方式,即从搭设脚手架、支设模板、绑扎钢筋到混凝土浇筑,大部分工作都在施工现场完成。而预制装配式建筑,是将传统施工现场的大部分工作转移到工厂完成,由工厂生产预制构件,然后通过相应的运输方式运到现场,采用可靠的安装方式装配而成的建筑。

预制装配式建筑不是简单的"工厂预制"+"现场装配",而是运用现代工业手段和现代工业组织,对建筑建造各个阶段的生产要素通过技术手段进行集成和系统的整合,从而实现建筑的标准化、构件生产工厂化、建筑部品系列化、现场施工装配化,提高质量和效率,降低成本和能耗。

建筑工业化,将工地的大部分工作转移到工厂,改善了劳动者的工作环境,工作进度不受天气的影响;将大部分手工作业转变为机器生产(图1-1),降低了劳动者的工作强度,同时提升了工作效率;将工地粗放式操作和管理转变为工厂流水线作业(图1-2～图1-4),进一步提升了生产效率,同时减少了资源的消耗。

图1-1 专业模具生产,精度高、效率高、重复利用

由于大部分构件在工厂预制完成,运到施工现场后装配(图1-5、图1-6),现场不需要堆放大量原材料,不需要大规模支模、拆模,从而减少了建筑垃圾的产生,同时也降低了施工人员的数量。

预制装配式建筑与传统建筑方式相比,具有质量可控、成本可控、进度可控等多项优势,施工周期仅为传统方式的1/3,同时用工量也大大减少,施工现场无明显粉尘、噪声、污水等污染,可以做到节水、节能、节材、节地,真正做到了"五节一环保",一举实现了保温、防水抗渗、隔声抗震等问题。

图 1-2 流水线生产,效率高、质量稳定可控

图 1-3 专用存运工具,安全有序

图 1-4 整体装车,安全、高效

图 1-5 预制构件吊装

图 1-6 预制构件现场拼装

预制装配式建筑的节能环保，不仅仅体现在建筑的建造过程中，更体现在建筑的长期使用过程中。夹心保温外墙（图 1-7）技术的应用，使建筑在使用过程中的保温、隔热效

图 1-7 夹心保温外墙板，保温、防火、耐候性能优秀

果大幅提升，解决了传统建筑保温效果不好，保温材料容易脱落起火的缺点，使住房成为安全可靠、节能环保的绿色建筑。

随着预制装配式建筑技术的日益成熟，优势日益凸现，各级政府支持的力度越来越大，越来越多的企业纵身投入到预制装配式建筑发展的滚滚洪流之中。其中包含刚刚加入的新成员，也有潜心钻研20余载的先行者。而远大住工，以一千多个项目实践引领着预制装配式建筑的发展潮流。

远大住宅工业集团股份有限公司（简称远大住工），早自1996年起就已启程探索建筑工业化，是国内第一家以"住宅工业"行业类别核准成立的新型工业企业；第一家经由建设部批准设立的综合示范性国家住宅产业化基地；第一家具有完全自主知识产权、技术集成优势明显、装备制造能力领先的住宅工业企业。

历经21年，6代产品技术体系，逾1000个项目的市场实践，远大住工已发展成为集研发设计、工业生产、工程施工、装备制造、运营服务为一体的新型建筑工业企业，拥有世界级的PC（预制混凝土构件）成套装备研发制造能力及工厂的整体规划、运营管理和技术服务能力，为推进预制装配式建筑产业发展提供系统化的专业解决方案。多年来，在充分吸纳美国、日本、德国、新加坡等国家先进理念与技术和大量项目积累的基础上，不断创新，研发出适应中国国情、符合现行设计规范要求，且领先国际的预制装配式钢筋混凝土结构技术体系。至2017年底，公司已经申请技术专利达700余项，其中已获授权的达300余项。

随着国民环保意识的加强，人口红利逐渐消失，中央和地方各级政府大力推行工业化绿色建筑（图1-8、图1-9），远大住工全面开放合作，力促"远大联合"全球产业合作的战略实施：面向设计院、开发商、建筑商、政府平台公司，挑选有共同价值观与发展愿景的优质企业携手前行。以输出品牌、输出技术、输出管理，参与投资的方式，共同构筑建筑产业全新生态。同时，在研发体系上持续技术革新，远大工业化技术体系以服务新型城镇化和公共基础设施建设为方向，广泛应用于别墅、多层建筑、高层建筑、公共建筑、城市地下综合管廊建设等领域。

图1-8 中央政府出台政策支持预制装配式建筑

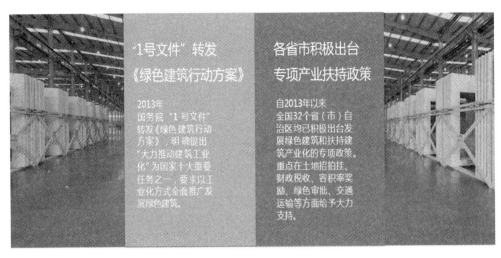

图 1-9　地方政府出台政策支持预制装配式建筑

远大住宅工业化的发展经历了以下历程：

(1) 1996 年

中国远大与日本铃木共同投资 3000 万美金，合资成立远大铃木住房设备有限公司，开启中国住宅产业化之路；

(2) 1998 年

远大公司独立追加 5000 万美金投资，开始进行远大集成建筑研发；

(3) 1999 年

引进日本钢结构体系，建成我国第一代钢结构工业化集成住宅实验楼；

(4) 2002 年

引进德国树脂混凝土模块装配体系，形成第二代工业化集成建筑体系；

(5) 2005 年

投资 3 亿元，第三代工业化集成建筑体系进入市场化实施，工业化率达到 60%；

(6) 2007 年

建设部"国家住宅产业化基地"授牌；

(7) 2008 年

第四代集成建筑体系进行市场化实施，工业化率达到 65%；

(8) 2012 年

第五代工业化集成建筑大规模市场化实施；

(9) 2015 年

第六代工业化集成建筑大规模市场化实施；

(10) 2016 年

实施联合商业模式；预制装配式建筑成为国家战略；

(11) 2017 年

1000 多个项目实践，成长为中国建筑工业化的领军者；

……

第 2 章 项目案例

2.1 预制装配式别墅

预制装配式别墅的主体工艺采用全装配预制混凝土结构体系,预制构件之间通过高强螺栓连接(图 2.1-1、图 2.1-2),抗震烈度达 8 度以上,外墙饰面与墙体在工厂一次压模成型(图 2.1-3),无需现场贴砖,不脱落,经久耐用。

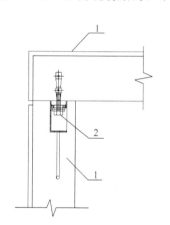
图 2.1-1 外墙水平连接节点
1—墙板;2—高强螺栓

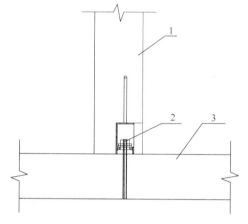
图 2.1-2 外墙、楼板连接节点
1—墙板;2—高强螺栓;3—楼板

图 2.1-3 外饰面与墙体一次成型,机械化施工

夹心保温外墙板(图 2.1-4)将 50mm 厚的 XPS 保温材料夹在 160mm 厚的墙板构件和 250mm 厚的楼板构件中,降低墙体和楼板的传热系数;屋顶楼板厚 300mm,采用

200mm厚的XPS保温材料隔断,满足屋顶隔热要求;此外采用三层中空玻璃门窗,大大降低传热系数。

多重防护　保温节能

外墙保温系统

夹心保温外墙板,降低墙体传热系数

屋面保温系统

屋顶铺设防水卷材,侧面再加铺沥青瓦

天沟系统落水通畅,不积水、不渗水

门窗保温系统

双层中空玻璃门窗,大大降低传热系数

图 2.1-4　多重防护,保温节能

构件连接拼缝处采用MS防水胶处理工艺,确保外墙面防水性能。天沟排水通畅,不积水、不渗水,房屋基础采用底板悬空设计,地基与底板、室内与户外空间独立,可实现整屋的前后左右上下六面防潮,避免起潮发霉。

2.1.1　产品名称:依云系列别墅

建筑面积:45～105m²

特　　点:户型小巧,经济实用,主要用于景区或度假村(图2.1.1-1、图2.1.1-

项目规划用地68亩,计划投资4500万元。一期建设31栋山村别墅已完工,依云为其中28栋,其余为美宅康居系列产品。二期工程规划建设2栋山顶别墅。

图 2.1.1-1　郴州银杏庄园别墅群

2)。经典的大坡屋顶造型，共有 A、B、C、D 四种户型，可以满足不同用户的需求，一般以别墅群的形式出现，多种户型与周边环境融为一体，优美却不单一。所有构件均在工厂制造完成，坡屋顶也采用预制混凝土结构（图 2.1.1-3），坚固耐用。

贵州省省委书记陈敏尔率领由 2016 年第一次全省项目建设现场观摩会组成的 100 余人考察团莅临途家斯维登精品客栈建设项目现场参观考察。本项目已建 10 栋，待建 300 栋。

图 2.1.1-2　贵阳百花湖别墅群

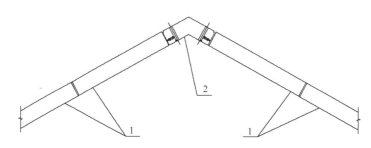

图 2.1.1-3　预制坡屋顶节点

1—预制屋顶平板；2—预制屋顶拐角板

2.1.2　产品名称：美式经典

建筑面积：208m^2

特　　点：户型适中，美式风格，所有构件均在工厂制造完成。其中，坡屋顶采用木质结构，其余构件采用预制混凝土结构（图 2.1.2-1）。

图 2.1.2-1　美式经典

2.1.3　产品名称：枫丹白露

建筑面积：285m²

特　　点：户型适中，平屋顶（图 2.1.3-1），顶层外墙外侧呈一定的坡度（图 2.1.3-2），外墙与屋顶融为一体，防水性能优秀，顶层空间更加适用，性价比更高。所有构件均在工厂制造完成，均为预制混凝土构件。

图 2.1.3-1　枫丹白露

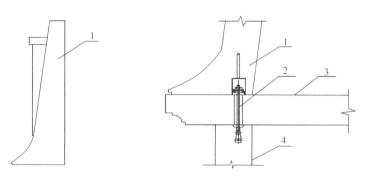

图 2.1.3-2 外墙、楼板连接节点
1—顶层预制外墙；2—高强螺栓；3—全预制楼板；4—二层预制外墙

2.1.4 产品名称：凡尔赛

建筑面积：545m²

特　　点：法式风格，户型宽裕，内部布局和装修可私人订制，满足不同用户的个性化需求。屋顶与顶层外墙造型与枫丹白露类似，顶层空间更加适用，性价比更高。所有构件均在工厂制造完成，均为预制混凝土构件（图2.1.4-1）。

图 2.1.4-1 凡尔赛

2.2 预制装配式多层建筑

多层建筑通常采用自承重的结构体系，预制墙板承载建筑重量，不需要柱子或剪力墙，结构简单可靠，预制率高。该体系的楼板采用叠合或全预制，墙板竖向通过插筋灌浆连接（图2.2-1～图2.2-4），水平方向通过钢丝绳锚环连接（图2.2-5、图2.2-6）。

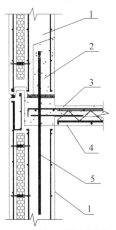
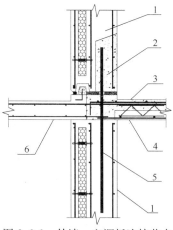

图 2.2-1 外墙、楼板连接节点
1—预制外承重墙；2—砂浆；
3—叠合楼板现浇层；4—叠合楼板预制层；5—插筋

图 2.2-2 外墙、空调板连接节点
1—预制外承重墙；2—砂浆；3—叠合楼板现浇层；4—叠合楼板预制层；5—插筋；6—全预制空调板

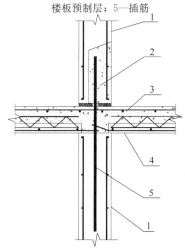
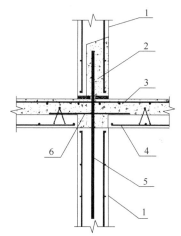

图 2.2-3 内墙-楼板连接节点1
1—预制内承重墙；2—砂浆；3—叠合楼板现浇层；4—叠合楼板预制层；5—插筋

图 2.2-4 内墙、楼板连接节点2
1—预制内承重墙；2—砂浆；3—叠合楼板现浇层；4—叠合楼板预制层；5—插筋；6—拼缝钢筋

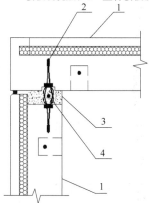
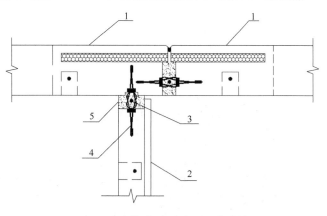

图 2.2-5 外墙水平连接节点
1—预制外承重墙；2—钢丝绳锚环；3—砂浆；4—插筋

图 2.2-6 外墙-内墙水平连接节点
1—预制外承重墙；2—预制内承重墙；3—插筋；4—钢丝绳锚环；5—砂浆

11

2.2.1 项目名称：凌泊湖小区

建筑面积：58975.88m²

预制构件：外墙、内墙、全预制楼板、楼梯

特　　点：多层自承重结构（图2.2.1-1～图2.2.1-3），墙板水平方向用钢丝绳锚环连接，竖直方向用插筋连接，灌浆固定，楼板采用叠合楼板，屋顶为钢结构（图2.2.1-4），预制率高，施工快。

图2.2.1-1　凌泊湖小区鸟瞰图

图2.2.1-2　凌泊湖小区效果图1

图2.2.1-3　凌泊湖小区效果图2

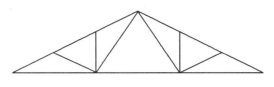

图 2.2.1-4　钢结构屋顶

2.2.2　项目名称：湖南省级干部公寓式周转住房

建筑面积：12326.2m²

预制构件：外墙板、叠合楼板、叠合梁、预制楼梯

特　　点：多层自承重结构（图 2.2.2-1），墙板水平方向用钢丝绳锚环连接，竖直方向用插筋连接，灌浆固定，楼板采用叠合楼板，屋顶为钢结构；此外，外墙采用瓷砖反打工艺，瓷砖与混凝土外墙预制成一体，结合牢固，同时减少了装修的工作量；楼梯间墙板为牛腿构造（图 2.2.2-2），用于承载楼梯歇台板。

图 2.2.2-1　湖南省级干部公寓式周转住房

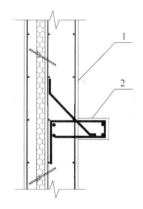

图 2.2.2-2　外墙牛腿结构
1—外墙；2—牛腿

2.3　预制装配式高层建筑

预制装配式高层建筑多采用预制和现浇相结合的方式进行施工，主体结构等同现浇，而实际施工质量控制优于现浇。常用的有两种结构体系，两种体系水平方向均采用叠合（图 2.3-1，图 2.3-2），竖直方向分别如下所述：

第一种是内浇外挂的结构体系，即水平叠合，竖向现浇（图 2.3-3、图 2.3-4），外墙挂板通过连接钢筋挂在主体结构上。

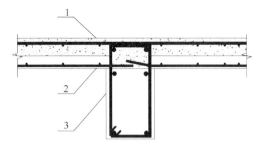

图 2.3-1 楼板-梁连接节点
1—叠合楼板现浇部分；2—叠合楼板预制部分；
3—叠合梁预制部分

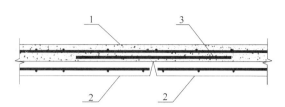

图 2.3-2 楼板连接节点
1—叠合楼板现浇部分；2—叠合楼板预制部分；
3—拼缝钢筋

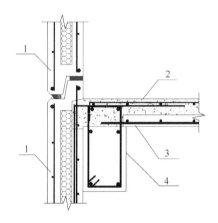

图 2.3-3 外墙挂板-楼板连接节点
1—外墙挂板；2—叠合楼板现浇部分；
3—叠合楼板预制部分；4—叠合梁预制部分

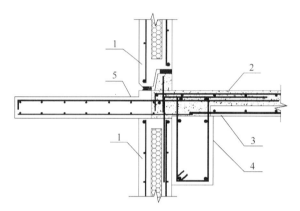

图 2.3-4 外墙挂板-空调板连接节点
1—外墙挂板；2—叠合楼板现浇部分；3—叠合楼板预制部分；
4—叠合梁预制部分；5—全预制空调板

第二种是预制剪力墙体结构系，即水平叠合，竖向部分预制、部分后浇（图 2.3-5、图 2.3-6），预制剪力墙竖向通过灌浆套筒上下连接。

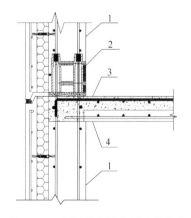

图 2.3-5 预制剪力墙水平连接节点
1—外墙板；2—灌浆套筒；
3—叠合楼板预制部分；4—叠合楼板现浇部分

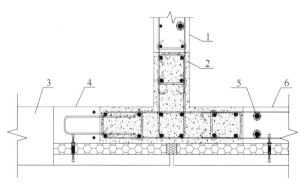

图 2.3-6 外墙板、楼板连接节点
1—预制剪力墙；2—剪力墙现浇部分；
3—门窗洞；4—预制梁带墙；5—灌浆套筒；6—外墙板

两种体系都致力于减少现场的现浇工作量，减少模板的使用，降低施工人员的工作强度，同时注重外墙保温，最重要的是将保温材料预制到混凝土中间，使其具有优良的防火、耐候性能。

2.3.1 项目名称：麓谷小镇

建筑面积：308807.99m^2

预制构件：外墙挂板、叠合楼板、夹心剪力墙（地下室）、叠合梁、楼梯、空调板。

特　　点：本项目采取商住分离的模式，小区居民日常生活不受商铺经营活动的影响（图2.3.1-1、图2.3.1-2）。其中，住宅部分采用内浇外挂的结构体系，外墙挂板为三明

图2.3.1-1　麓谷小镇鸟瞰图

图2.3.1-2　麓谷小镇效果图

治夹心外墙,有良好的保温性能,并充当现浇剪力墙的外模板,减少了支模成本和脚手架的成本;叠合楼板使用了预应力(图2.3.1-3)技术,方便现场管线布置;运用预制夹心剪力墙(图2.3.1-4)技术,预制地下室挡土墙,在满足结构强度和防水要求的同时,节省了施工现场的支模成本,大幅缩短了地下室施工周期;施工中使用了外挂式操作平台(图2.3.1-5),轻便美观,使现场除外墙挂板外又多了一道安全防护措施;采用远铃整体浴室(图2.3.1-6),工厂一次冲压成型,安装快捷,外形美观,防水性能优良。

图2.3.1-3 叠合楼板预应力工艺

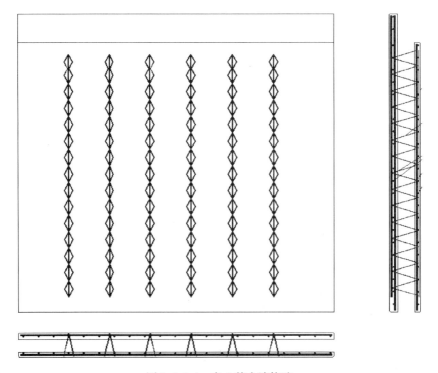

图2.3.1-4 夹心剪力墙构造

图 2.3.1-5 外挂式操作平台

图 2.3.1-6 整体卫浴

麓谷小镇商铺部分,为美式风情商业街(图 2.3.1-7、图 2.3.1-8),别具特色。商铺的主体结构为钢结构(图 2.3.1-9),外墙为三明治夹心保温外墙,节能环保,且采用反打工艺,将墙砖与墙板预制为一体,墙砖与墙体结合牢固,减少了外饰工程的工作量。

图 2.3.1-7 麓谷小镇商铺效果图 1

图 2.3.1-8 麓谷小镇商铺效果图 2

图 2.3.1-9 钢结构、"柱＋预制混凝土"外墙

2.3.2 项目名称：万科魅力之城

建筑面积：41815.04m²

预制构件：外墙挂板、叠合楼板、叠合梁、楼梯、空调板。

特　　点：本项目（图 2.3.2-1）也采用内浇外挂的结构体系，水平叠合、竖向现浇。此外，本项目外墙挂板与剪力墙相结合的部位，设置了斜支撑预埋件（图 2.3.2-2），在剪力墙现浇的时候外墙挂板依然可以得到很好的支撑；采用了全预制异形空调板（图 2.3.2-3）；将窗框与外墙挂板预制为一体（图 2.3.2-4），连接更方便、更牢固，后续只需安装玻璃。

图 2.3.2-1　万科魅力之城效果图

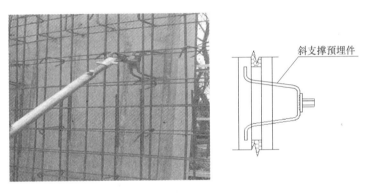

图 2.3.2-2　斜支撑预埋件的应用

图 2.3.2-3　全预制异形空调板

图 2.3.2-4　窗框与外墙挂板预制为一体

2.3.3　项目名称：恒伟·西雅韵

建筑面积：10284.60m²

预制构件：预制外墙挂板、叠合楼板、叠合梁、预制楼梯、预制空调板。

特　　点：本项目（图 2.3.3-1、图 2.3.3-2）同样采用了外挂内浇的结构体系，此外施工中使用了多卡大模板体系，支模效率非常高（图 2.3.3-3）。值得一提的是，本项目荣获住房城乡建设部颁发的国家绿色建筑最高级别——三星绿色建筑设计标识证书，为湖南唯一三星绿色标准住宅小区，建筑节能率达到 57.66%，社区 100% 配备水源热泵系统，再生水、雨水等非传统水源利用率达到 32.3%。一系列创新设计及科技运用，大大提升了居民的居住品质、降低了其生活成本。江水源热泵系统让房子冬暖夏凉；餐厨粉碎系统实现了彻底粉碎餐厨垃圾，减少环境污染；热回收户式新风系统可有效减少灰尘进入室内。

图 2.3.3-1　恒伟·西雅韵鸟瞰图

图 2.3.3-2　恒伟·西雅韵效果图

图 2.3.3-3　多卡体系大模板

2.3.4　项目名称：金田佳苑小区

建筑面积：129681.47m²

预制构件：外墙板、内墙、叠合楼板、叠合梁、楼梯、空调板。

特　　点：本项目（图 2.3.4-1）采用预制剪力墙结构体系，预制剪力墙水平方向在边缘构件处现浇连接，其现浇部分以 PCF 板为外模板（图 2.3.4-2），竖直方向通过灌浆套筒和高强度灌浆料（图 2.3.4-3）进行连接，提升了预制率；梁和楼板采用叠合方式。

图 2.3.4-1　金田佳苑效果图

图 2.3.4-2　预制 PCF 板

图 2.3.4-3　现场灌浆

2.3.5 项目名称：青棠湾公租房

建筑面积：325448m²

预制构件：外墙板、内墙、叠合楼板、叠合梁、楼梯、空调板。

特　　点：本项目（图2.3.5-1）采用预制剪力墙的结构体系，预制剪力墙竖向通过灌浆套筒连接。由于采用了夹心保温外墙及一系列节能措施，该项目成为北京首个绿色三星标准公租房项目。此外，该项目外饰面的凸凹效果（图2.3.5-2）直接在工厂预制成形，造型牢固可靠，且减少了装饰工程的工作量。

图 2.3.5-1　青棠湾公租房

图 2.3.5-2　外饰面预制凸凹效果

该项目采用了 SI 管线分离系统（图 2.3.5-3）和大空间结构体系，使得这个公租房项目有了多种功能可能性。由于公租房对套内面积有要求，青棠湾项目有 40m² 开间、50m² 一居和 60m² 两居三个套型。如果这片区域未来对公租房的需求不大，这种结构大空间可以与其他保障性住房实现功能互换。

图 2.3.5-3　水电管线与混凝土构件分开预制

2.4　预制装配式公共建筑

公共建筑工业化工艺上与高层住宅类似，但是技术难度更大，主要表现为层高更大、跨度更大、造型复杂多变等。

2.4.1　项目名称：张家界蓝湾博格国际酒店

建筑面积：71763.2m²

预制构件：夹心剪力墙（地下室）、叠合楼板、叠合梁、楼梯、干挂式外墙挂板、干挂式女儿墙

特　　点：本项目（图 2.4.1-1）地下室挡土墙与麓谷小镇一样，应用了夹心剪力墙技术。

本项目的外墙挂板为干挂式夹心保温墙板（图 2.4.1-2），有 100mm 和 250mm 两种厚度，实现建筑设计的凸凹效果；大部分幕墙玻璃在工厂安装完成，幕墙安装由高空手工作业变成了工厂流水线生产，随外墙挂板一起吊装（图 2.4.1-3、图 2.4.1-4）外墙干挂实现了现场机械连接，无湿作业，施工干净快捷，而且不影响主体结构的刚度，提升了主体结构的抗震性能。

图 2.4.1-1 张家界蓝湾博格国际酒店

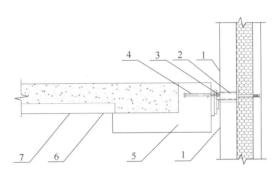

图 2.4.1-2 外墙干挂节点
1—外墙板；2—钢构件；3—高强螺栓；4—预埋套筒；
5—叠合梁预制部分；6—叠合楼板预制部分；7—叠合楼板现浇部分

图 2.4.1-3 玻璃幕墙与外墙挂板整体吊装1

图 2.4.1-4 玻璃幕墙与外墙挂板整体吊装 2

L 形外墙挂板，将阳角处相互垂直的两块外墙挂板预制成一体，消除了拐角处的竖向拼缝，并且实现了 R100 的圆角造型效果（图 2.4.1-5）；

女儿墙为干挂带肋薄板（图 2.4.1-6），分两层预制，满足了建筑立面的需要，兼顾了减重和强度要求。

图 2.4.1-5 L 形外墙挂板，外角为 R100 弧形

图 2.4.1-6 L 形女儿墙（带肋薄板）

2.4.2 项目名称：芯城科技园

建筑面积：169622.80m²

预制构件：外墙挂板，叠合楼板，叠合梁，预制沉箱。

特　　点：层高较大，通长的玻璃将外墙分割成窄而高的外墙挂板（图 2.4.2-1）；预制沉箱（图 2.4.2-2）大幅度降低现场支模的难度，提高施工效率，采用工厂整体预制，防水性能优秀。

图 2.4.2-1　芯城科技园效果图

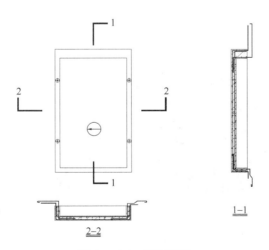

图 2.4.2-2　预制沉箱

2.4.3 项目名称：旺龙小学

建筑面积：20308m²

预制构件：外墙板、叠合楼板、叠合梁、楼梯、空调板。

特　　点：学校类公建（图2.4.3-1、图2.4.3-2），一般是楼层低，层高大，但是楼层变化多，预制构件的设计工作量大。外墙一般设计为梁下墙的形式（图2.4.3-3），预制梁的锚固钢筋避让难度大。

图2.4.3-1　旺龙小学正门效果图

图2.4.3-2　旺龙小学鸟瞰效果图

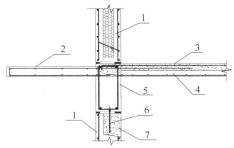

图 2.4.3-3 梁、墙分开预制节点

1—预制外墙；2—全预制空调板；3—叠合楼板现浇部分；
4—叠合楼板预制部分；5—叠合梁预制部分；6—插筋；7—砂浆

2.4.4 项目名称：洋湖（雅礼）中学

建筑面积：92507.53m^2

预制构件：外墙板、叠合楼板、叠合梁、楼梯、空调板。

特　　点：本项目（图 2.4.4-1、图 2.4.4-2）外墙采用反打工艺，在工厂将墙砖与墙体预制为一体（图 2.4.4-3），墙砖与墙体贴合更牢固，减少装修工作量。

图 2.4.4-1 洋湖（雅礼）中学鸟瞰图

图 2.4.4-2 洋湖（雅礼）中学效果图

图 2.4.4-3 墙砖与外墙一体成型

2.5 预制装配式综合地下管廊

预制装配式管廊在施工工艺上可以分为：全预制拼装工艺、预制拼装整体式工艺。全预制拼装工艺是指采用预制拼装施工工艺将工厂或现场生产区域预制的分段构件在现场拼装成型。预制拼装整体式工艺（图 2.5-1）类似于全预制拼装工艺，但又与之有着本质的区别。预制拼装整体式是由在工厂预制加工的叠合底板（图 2.5-2）、叠合墙板（图 2.5-3）及叠合顶板（图 2.5-4）在现场定位、拼装并进一步现浇而成。

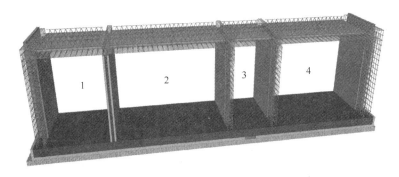

图 2.5-1 预制拼装整体式管廊结构
1—电力仓；2—给水仓；3—天然气仓；4—雨水仓

预制拼装整体式工艺的优势如下：
(1) 缩短项目总工期和基坑留存时间，提高施工效率。
(2) 工厂预制，保证了混凝土自身的耐久性、质量、外观等。

（3）通过接口设计和预应力技术，确保预制结构比现浇混凝土结构具有更优秀的抗裂和抗渗能力。

（4）配合预应力技术，使构件轻型化，节省投资。

（5）节能环保，人性化施工，降低工程综合成本。

预制拼装管廊的优势是以技术为支撑，其技术涉及设计、预制、施工、运营、维保等几个方面。从整个实施流程来看，可能涉及的全预制拼装管廊技术可以分为管廊舱室设计、管廊舱室预制、管廊舱室现场施工以及管廊附属设施。远大预制拼装整体式管廊如图2.5-5所示。

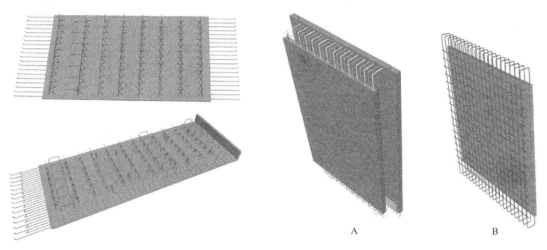

图2.5-2 预制拼装整体式管廊叠合底板

图2.5-3 预制拼装整体式管廊叠合外墙板

A—叠合外墙板；B—单页叠合外墙板

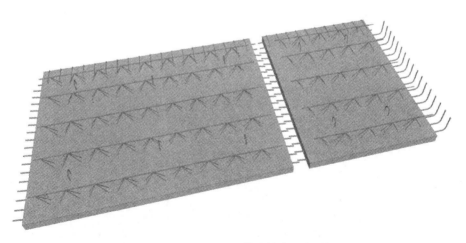

图2.5-4 预制拼装整体式管廊叠合顶板

长沙高铁新城劳动东路综合管廊试验段，采用远大住工自主研发的叠合装配整体式管廊技术，5天即完成主体工程施工（图2.5-6～图2.5-10）。由于工期短，质量好，防水性能突出，一举成为"城市地下综合管廊"示范样板。

图 2.5-5 远大预制拼装整体式管廊展览

图 2.5-6 叠合底板现场吊装

图 2.5-7 叠合墙板现场吊装

图 2.5-8 叠合墙板支撑

图 2.5-9 叠合顶板现场吊装

图 2.5-10 劳动路管廊

第 3 章 案例剖析——尖山印象

3.1 建筑设计

3.1.1 项目简介

3.1.1.1 项目位置

"尖山印象"公租房建设项目位于长沙高新区北部的东方红镇，基地东临东方红路，南临青山路，西临金相路，北临金湖路，介于信息产业园和新能源节能环保产业园过渡地段的生活配套区内（图 3.1.1-1）。

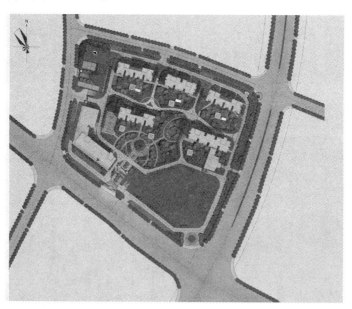

图 3.1.1-1 尖山印象总平面图

3.1.1.2 项目技术指标

"尖山印象"公租房建设项目的基地面积约 45923.58m²，总建筑面积 213577.98m²，其中地上建筑面积 179857.19m²，地下建筑面积 33720.79m²。项目整体的抗震设防烈度为 6 度，建筑密度为 21.97%，建筑容积率为 3.97，绿地率为 40.31%。本项目包括一栋 24 层综合楼，一栋 31 层综合楼，一栋 32 层综合楼，四栋 33 层高层住宅，一所三层幼儿园及人防地下室（图 3.1.1-2、图 3.1.1-3）。

图 3.1.1-2　尖山印象鸟瞰图

图 3.1.1-3　尖山印象内庭透视图

3.1.1.3　项目预制装配式体系

"尖山印象"公租房建设项目采用预制装配式内浇外挂体系。竖向承重结构均采用现浇，即剪力墙和框架柱都采用全现浇；水平承重构件的楼板、梁和阳台都采用预制和现浇的叠合方式，楼梯的梯段和空调板采用全预制；非承重构件的外围护墙采用预制钢筋混凝土夹芯保温外墙挂板，内墙为预制钢筋混凝土内墙板或轻质条板隔墙。外墙挂板伸入筋梁里，形成了四周围护的空间；由于外墙挂板自带保温，既能形成四周围合的保温效果，也能起到作为现浇竖向承重结构的外模板的作用。

3.1.2 项目预制装配式特点

3.1.2.1 建筑构件尺寸的设计

本项目的平面布置比较规则，外轮廓比较规整，有利于预制装配式建筑的标准构件的设计、生产和施工。相同标准构件的使用，既能减少构件模具的制作，同时也能增加构件的生产效率和减少构件的生产周期。无论从设计环节、工厂生产及现场施工环节，都有利于整体成本的控制。

平面的布置比较规则，如图 3.1.2-1 所示，南向的每个户型卧室尺寸大小都相同，即内外墙板的尺寸设计都相同，同时阳台尺寸也一样，比较注重标准构件的设计和使用。

从图中可以看出平面的外轮廓比较规整，这种设计既能减少大量模具的制作和使用，又极大地提高了建筑装配的技术指标。

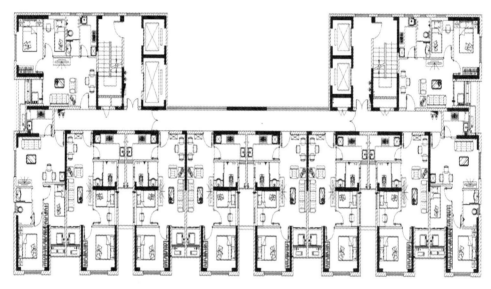

图 3.1.2-1 尖山印象标准层

3.1.2.2 建筑外立面的设计

项目采用了不同的预制墙板的厚度和分割线条，使建筑立面的造型更加丰富和精美。建筑的立面造型之一即运用不同外挂墙板的厚度，起到了丰富建筑立面的效果；建筑的预制外挂墙板采用 160mm 厚和 260mm 厚两种不同规格的组合形式（图 3.1.2-2），能够直观展示立面造型线条的效果，免去了传统施工后期贴造型线条带来的施工难度和运营后的安全隐患，同时也实现了经久耐用、经济美观。

通过立面线条的分割，使外墙挂板之间的拼缝能很好地融入立面效果中。建筑的立面采用真石漆，同时根据面砖的尺寸进行画线分割，从而呈现出与瓷砖相同的外观效果；同时外墙挂板之间的横竖缝也能够很好地融入进建筑的立面，使立面效果更加的丰富和精致美观（图 3.1.2-3）。

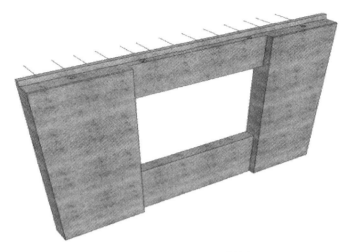

图 3.1.2-2　尖山印象外墙挂板

图 3.1.2-3　尖山印象立面图

3.1.2.3　建筑外立面防水

外墙挂板之间的拼缝处通过特殊的防水构造和一定的防水材料,能够使外墙挂板具有良好的防水效果。这种双重防水的措施,通过了大量的实际项目运营管理的反馈,证实了其防水效果是比较明显的。

外墙挂板的防水构造之一,是通过外墙挂板的竖向拼缝设计在有现浇剪力墙的位置,使外墙挂板既能承担外模板的作用,也起到了竖缝的构造防水作用;外墙挂板的防水构造之二，是外墙挂板的企口设计，如图3.1.2-4所示，外墙挂板横缝处采用内高外低的企口构造形式，防止了雨水的倒灌和回流，这对于外墙挂板横向拼缝处的防水是至关重要的。

外墙挂板的构造防水之三，是在外墙挂板的横竖拼缝的交汇处设置导水孔进行积水的处理（图3.1.2-5）。导水孔的设置，主要是为了及时排出从竖缝板和横缝板处交汇在一起的积水，即起到了"导"的作用，能够较好地将板缝里的积水及时导引出来，保证住户室内不会被积水侵蚀。因此，对于预制装配式建筑的外墙挂板，导水孔的设置对于墙板的防水也是必不可少的。

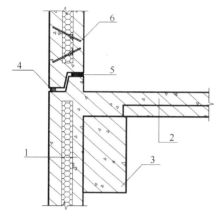

图3.1.2-4 尖山印象外挂墙板的节点构造
1—外墙挂板；2—叠合楼板；3—叠合梁预制层；
4—聚氨酯防水胶；5—垫块；6—非金属连接件

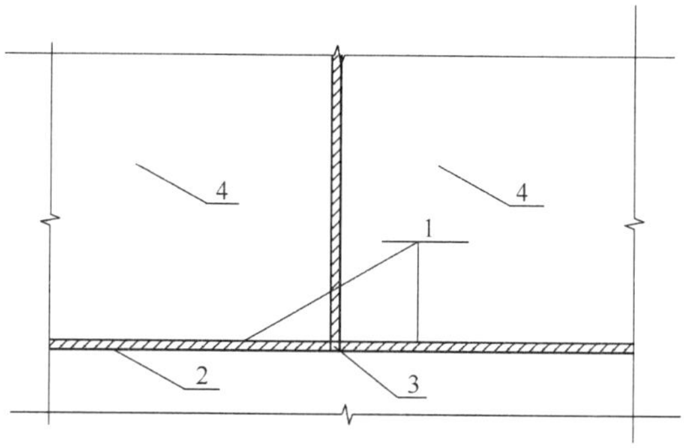

图3.1.2-5 尖山印象外墙挂板的拼缝导水孔图
1—建筑防水胶；2—板缝；3—导水孔；4—外墙挂板

外墙挂板的横竖板缝之间的打胶处理，也是很重要的材料防水措施。如图3.1.2-4所示，外墙挂板横竖板缝处的防水胶，起到了"堵"的作用，即直接将外面的雨水堵住，使雨水无法侵入到室内。因此，防水胶的处理和防水胶的质量好坏对于拼缝处的防水也是非常重要的。

3.1.2.4 建筑的外墙保温

外围护结构的外保温是这个预制装配式体系的一个显著特点。外墙挂板自带挤塑夹芯保温材料，即在外墙挂板中间放置保温材料，外墙挂板的内外页的钢筋混凝土板中间夹着保温材料，使外墙挂板与保温材料同寿命。这既实现了外墙挂板的保温作用，又避免了保温材料的二次施工作业，同时不需要后期对保温材料进行维护，减小了现场施工的难度和施工周期，从整体上控制了施工的进度和施工的成本。

3.1.3 室内装修

卫生间采用整体卫浴（图3.1.3-1），由于是整体设计、整体安装，使卫浴空间得到合理的利用，整体模压成型实现了结构性防水，从源头上杜绝渗漏；并且采用干法施工，当天安装就可以使用，使用户能够得到更快更好的使用和体验。这是传统装修所不能比拟的。虽然整体卫浴减小了施工的难度和时间，但前期设计必须注意管线的尺寸定位及管线的预留预埋。

图 3.1.3-1 尖山印象整体卫浴图

3.1.4 项目总结

传统建筑行业尚未完全摆脱"秦砖汉瓦"式的手工作业,劳动生产率低、资源消耗高、建筑垃圾污染程度高,这种粗放型的住宅生产方式,不符合可持续发展的要求,不适应提高住宅质量的需要,必须进行住宅生产方式的变革。

而预制装配式建筑与传统建筑相比,除了具有质量好、建设速度快、成本低等特点外,还具有节水、节能、节时、节材、节地、环保的"五节一环保"特点。

节水——很多工序都是在工厂完成的,这是区别于传统泥瓦匠施工模式的"干法造房",大量节约施工用水。

节能——集中工业化生产,综合能耗低,建造过程节能、墙体高效保湿、门窗密闭节能、使用新能源及节能型产品。

节时——工业化大幅度提高劳动生产率,与传统建筑方式比,只需其 1/3 的建设周期。

节材——工厂规模化生产,优化集成,最大限度减少材料损耗。

节地——更小面积实现同等功能,提高土地利用率。

预制装配式建筑的出现和发展,必定会加快促进中国建筑产业的改造升级,促进中国建筑的良性发展。

3.2 结构设计

3.2.1 设计标准和配套设计图集

结构设计依据标准:

《建筑结构可靠性设计统一标准》GB 50068—2018
《建筑结构荷载规范》GB 50009—2012
《建筑抗震设计规范》GB 50011—2010（2016 年版）
《砌体结构设计规范》GB 50003—2011
《建筑桩基技术规范》JGJ 94—2008
《装配式混凝土结构技术规程》JGJ 1—2014
《装配式混凝土建筑技术标准》GB/T 51231—2016
《高层建筑混凝土结构技术规程》JGJ 3—2010
《建筑工程抗震设防分类标准》GB 50223—2008
《混凝土结构设计规范》GB 50010—2010（2015 年版）
《建筑地基基础设计规范》GB 50007—2011
《地下工程防水技术规范》GB 50108—2008
结构设计配套图集：
《装配式混凝土结构连接节点构造》（楼盖结构和楼梯）15G310—1
《装配式混凝土结构连接节点构造》（剪力墙结构）15G310—2
《预制混凝土剪力墙外墙板》15G365—1
《预制混凝土剪力墙内墙板》15G365—2
《桁架钢筋混凝土叠合板（60mm 厚底板）》15G366—1
《预制钢筋混凝土板式楼梯》15G367—1
《预制钢筋混凝土阳台板、空调板及女儿墙》（剪力墙结构）15G368—1
《混凝土结构施工图平面整体表示方法制图规则和构造样图（现浇混凝土框架、剪力墙梁、板）》16G101—1

3.2.2 结构体系选择

本项目采用装配整体式现浇剪力墙结构，即现浇剪力墙搭配叠合水平构件、预制外墙挂板、预制内隔墙的技术体系，此种结构体系避免了结构主体竖向的拼接，同时也可以解决外保温寿命短、外墙渗漏水严重等现浇结构中常见的难题，实现外墙的结构保温和装饰一体化，实现了免砌筑；在搭配使用铝模板的情况下，也可以省去抹灰等后续工作。预制外墙挂板在工厂内完成了贴砖、饰面、保温等多道现场施工困难且不易保证质量的工序，且在工厂可加工任意形式的立面，大大降低了高层建筑结构外立面施工的难度，提高了施工质量和安全性。结构体系中竖向构件均为现浇，其适用范围、最大适用高度等与现浇结构相同。而预制剪力墙结构体系采用套筒灌浆连接技术时，要求套筒及竖向连接钢筋的定位必须精准，浇筑混凝土前须对套筒所有的开口部位进行封堵，以防在套筒灌浆前有混凝土进入内部影响灌浆和钢筋的连接效果。虽然套筒灌浆连接技术保障了装配整体式剪力墙结构的可靠性，但由于其存在构件生产要求精度高、施工工序烦琐，且由于剪力墙内竖向钢筋数量大，竖向钢筋连接时仍会存在成本高、生产施工难度大等问题。

本项目综合考虑项目的整体经济、技术指标和生产、施工的便捷性与可靠性，选择了装配整体式现浇剪力墙结构体系。

3.2.3 结构设计说明

项目概况：本工程为尖山印象公租房项目，33层，首层架空层层高4.800m，标准层层高2.900m，建筑总高度97.550m，装配整体式现浇剪力墙结构。

设计信息：主体结构的设计使用年限为50年，建筑结构安全使用等级为二级。根据《中国地震参数区划图》，该工程所在地的地震基本烈度为6度，设计地震分组为第一组，设计基本地震加速度值为0.05g，场地类别为Ⅱ类。

分类等级：本工程建筑结构安全等级为二级，地基基础设计等级为甲级，抗震设防类别为丙类，剪力墙抗震等级为三级，建筑防火分类及耐火等级为一级。

结构材料：混凝土强度等级的选用中，墙柱C35～C55，梁板C35；钢筋为HRB400级钢筋和HRB400E级抗震钢筋，其中抗震等级为一级、二级、三级的框架和斜撑构件（含梯段），其纵向受力钢筋采用普通钢筋时，钢筋的抗拉强度实测值与屈服强度实测值的比值应大于等于1.25；钢筋的屈服强度实测值与屈服强度标准值的比值应小于等于1.30，且钢筋在最大拉力下的总伸长率实测值应大于等于9%。

结构构件设计：本工程项目竖向受力构件采用全现浇剪力墙，水平受力构件采用叠合梁、叠合板。预制结构构件包括叠合梁、叠合板、叠合阳台、预制楼梯。

非结构构件设计：本项目预制非结构构件包括外墙挂板、预制隔墙、预制空调板、预制女儿墙。

内装修：内隔墙采用轻钢龙骨石膏板内隔墙。

3.2.4 预制构件设计说明

1. 叠合梁

（1）预制梁与后浇混凝土叠合层之间的结合面应设置粗糙面，预制梁端面应设置键槽且宜设置粗糙面，键槽的深度不宜小于30mm，宽度不宜小于深度的3倍且不宜大于深度的10倍；键槽可贯通截面，当不贯通时槽口距离截面边缘不宜小于50mm，键槽间距宜等于键槽宽度，键槽端部斜面倾角不宜大于30°。为了保证梁的粘结强度，应严格按施工缝的处理措施来处理现浇剪力墙、柱及叠合梁节点接合面，包括清除垃圾、水泥浮浆层，在接合面形成凹凸差不小于6mm粗糙度的粗糙面，充分湿润（不宜小于24小时），在施工前涂刷界面剂或采用高标号水泥砂浆接浆。

（2）叠合梁的设计和施工注意事项应满足普通钢筋混凝土梁的要求。

（3）由于设备要求需要在梁上开洞或留设预埋件，应严格按照设计图纸的要求施工。当设计图未作交代时，一般应按图3.2.4-1要求加设附加筋，浇灌钢筋混凝土梁前应仔细复核预留洞及预埋件是否符合相关设计要求。

（4）叠合梁的箍筋配置应符合下列规定：

① 抗震等级为一、二级的叠合框架梁的梁端箍筋加密区宜采用整体封闭箍。

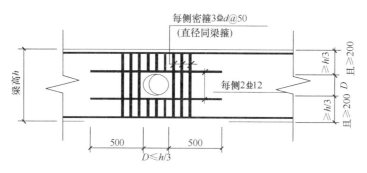

图 3.2.4-1 梁上洞口加强筋

② 采用组合封闭箍的形式时，开口箍筋上方应做成 135°弯钩，非抗震设计时，弯钩端头平直段长度不应小于 5d（d 为箍筋直径）；抗震设计时，平直段长度不应小于 10d。现场采用箍筋帽封闭开口箍，箍筋帽末端应做成 135°弯钩，非抗震设计时，弯钩端头平直段长度不应小于 5d；抗震设计时，平直段长度不应小于 10d（图 3.2.4-2）。

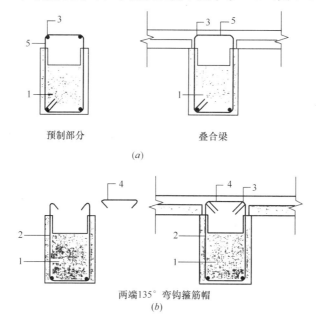

图 3.2.4-2 叠合梁箍筋构造示意
（a）采用整体封闭箍筋的叠合梁；（b）采用组合封闭箍筋的叠合梁
1—预制梁；2—开口箍筋；3—上部纵向钢筋；4—箍筋帽；5—封闭箍筋

（5）叠合梁十字交叉处，考虑吊装和施工工艺，同一个梁柱节点处 X 方向与 Y 方向的梁高应设置不小于 50mm 的高差。

2. 叠合板

（1）本项目中叠合板的现浇层厚度取 70mm，预制层的厚度取 60mm，除特别说明外，叠合板厚度为 130mm（图 3.2.4-3）。

（2）预制板出筋方向底筋伸出 100mm 且不小于 5d，并且伸过支座中线。

（3）施工过程中，在叠合板现浇前，应在叠合板下设可靠支撑，使预制构件在二次成

图 3.2.4-3　预制楼板示意图

形浇筑混凝土的重量及施工荷载下,不至于发生影响内力的变形。

（4）为了保证板的粘结强度,应严格按施工缝的处理措施来处理板预制层与现浇层接合面,包括清除垃圾、水泥浮浆层,在接合面形成凹凸差不小于4mm粗糙度的毛面,充分湿润（不宜小于24小时）,在施工前涂刷界面剂或采用高标号水泥砂浆接浆。

（5）叠合楼板的拆分需考虑生产模具的要求,一般短边需小于3.2m。

3. 叠合阳台

（1）本项目中叠合阳台板的现浇层厚度取70mm,预制层的厚度取60mm,叠合阳台板厚度为130mm,阳台板下沉30mm。

（2）叠合阳台板其他构造及施工要求同叠合板。

4. 楼梯板

（1）预制装配楼梯板宜为整体预制构件（图3.2.4-4）。

（2）预制装配楼梯板的厚度不宜小于120mm。

（3）预制楼梯与支承构件之间宜采用简支连接。采用简支连接时,预制楼梯宜一端设置固定铰,另一端设置滑动铰,其转动及滑动变形能力应满足层间位移的要求,且预制楼梯端部在支承构件上的最小搁置长度应满足《装配式混凝土结构技术规程》JGJ 1—2014 中表6.5.8的规定。

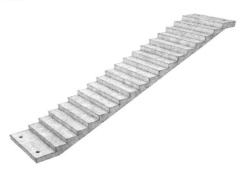

图 3.2.4-4　预制楼梯示意图

（4）预制楼梯设置滑动铰的端部应设置防止滑落的构造措施。

5. 预制外墙挂板

（1）外围护结构采用预制混凝土外墙挂板,外墙挂板与主体结构的连接节点应具有足够的承载力和适应主体变形的能力。

（2）外墙挂板和连接节点的结构分析、承载力计算和构造要求应符合国家现行标准《混凝土结构设计规范（2015年版）》GB 50010—2010、《装配式混凝土结构技术规程》JGJ 1—2014、《装配式混凝土建筑技术标准》GB/T 51231—2016 有关规定。

（3）抗震设计时,外墙挂板与主体结构的连接节点在墙板平面内应具有不小于主体结构在抗震设防烈度地震作用下弹性层间位移角3倍的变形能力。

（4）外墙挂板最外层钢筋的混凝土保护层厚度除有专门要求外,应符合下列规定:

1）对石材或面砖饰面,不应小于15mm;

2）对清水混凝土,不应小于20mm;

3) 对露骨料装饰面,应从最凹处混凝土表面算起,且不应小于20mm。

(5) 外挂墙板间接缝构造应符合下列要求:

1) 接缝构造应满足防水、防火、隔声等建筑功能要求;

2) 接缝宽度应满足主体结构层间位移、密封材料的变形能力、施工误差、温差引起的变形,且不应小于15mm。

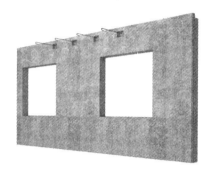

图 3.2.4-5 外挂板示意图

(6) 外墙挂板内外叶间通过玻璃纤维筋连接,当玻纤筋遇其他预埋件干涉时,可适当移动玻纤筋。

(7) 外墙挂板与梁的结合面应采用粗糙面并设置键槽,外墙挂板通过墙板侧面和上部的预留钢筋或螺栓锚入结构梁、墙体中,与主体相连,外墙挂板不作为主体结构的组成部分(图 3.2.4-5)。

6. 预制内隔墙

(1) 当填充墙采用预制轻质隔墙时,与梁底用 $\phi 6@200$ 拉结钢筋相连(可与叠合梁在工厂连接成整体)。

(2) 预制轻质填充墙体的具体工艺设计和制造均应在满足建筑消防耐火、结构荷载计算、现场施工吊装的要求基础上尽量减轻其自重。

3.2.5 节点设计

1. 叠合梁和叠合板的连接

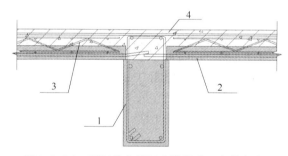

图 3.2.5-1 预制叠合梁板连接做法(出筋方向)
1—预制叠合梁;2—预制叠合楼板;3—桁架;4—楼板现浇层

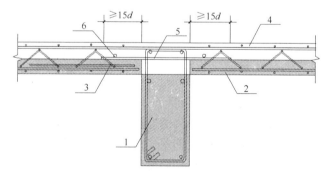

图 3.2.5-2 预制叠合梁板连接做法(非出筋方向)
1—预制叠合梁;2—预制叠合楼板;3—桁架;4—楼板现浇层
5—拼缝钢筋(间距≤250);6—附加通长构造钢筋

2. 外挂板的竖向连接

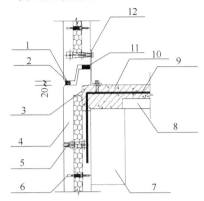 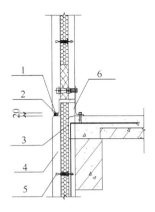

图 3.2.5-3　外墙挂板上下连接节点一
1—建筑密封胶；2—发泡聚乙烯棒；3—墙板槽口 130×130×50；4—夹芯三明治外挂板；5—外爬架套筒；6—玻璃纤维筋；7—叠合梁预制层；8—叠合楼板预制层；9—连接钢筋；10—混凝土现浇层；11—企口；12—限位连接件

注：图 3.2.5-3 外墙挂板上下混凝土封边，增加企口强度。外墙挂板水平缝设置企口，企口主要用于防水，且在施工浇筑楼板现浇层时有利于阻止混凝土溢出。当设置企口时，施工应注意水平企口不被破坏。

图 3.2.5-4　外墙挂板上下连接节点二
1—建筑密封胶；2—发泡聚乙烯棒；3—墙板槽口 130×130×50；4—夹芯三明治外挂板；5—玻璃纤维筋；6—企口

注：图 3.2.5-4 采用全断桥方式，适合节能要求较高的地区。外墙挂板水平缝设置企口，企口主要用于防水，且在施工浇筑楼板现浇层时有利于阻止混凝土溢出。当设置企口时，施工应注意水平企口不被破坏。

综上所述，外墙挂板水平接缝宜采用高低缝或企口接缝构造，结合材料防水达到防水作用，企口形式及尺寸可根据需求设计，方便构件易生产、施工易操作。

3. 楼梯的连接（搁置式楼梯）

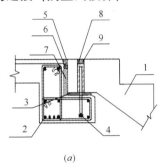 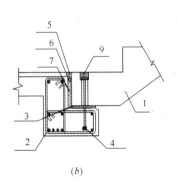

图 3.2.5-5　搁置式楼梯
1—休息平台；2—预制楼梯；3—水泥砂浆找平层；4—锚头；5—注胶；6—PE 棒；7—聚苯填充；8—灌浆料；9—砂浆封堵

3.2.6　本项目特点

（1）本项目塔楼均采用装配整体式现浇剪力墙结构，剪力墙抗震等级为三级。结构嵌固部位为地下室顶板。

（2）项目底部加强区采用现浇混凝土结构，底部加强区以上采用装配整体式现浇剪力墙结构，外挂墙板作为外围护，兼具剪力墙外模板的作用。

(3) 考虑项目总体经济指标，结构平面布置中不设置次梁。

(4) 本工程洗手间采用的是预制沉箱，下沉 400mm；空调板采用全预制空调板；阳台采用叠合阳台。

3.2.7 小结

1. 装配整体式现浇剪力墙结构体系适用的地域和高度

承重构件（剪力墙、框架柱）现浇＋水平构件（楼板、框架梁）叠合的技术体系原则上适用于任何区域，其最大适用高度根据建筑的结构类型、所处区域抗震设防烈度、建筑抗震设防分类等因素，满足现行《建筑抗震设计规范》GB 50011—2010（2016 年版）、《高层建筑混凝土结构技术规程》JGJ 3—2010、《装配式混凝土结构技术规程》JGJ 1—2014、《装配式混凝土建筑技术标准》GB/T 51231—2016 和相关的地方规程规范的要求。对于高度超过 50m 的框架结构、筒体结构和复杂高层结构，应注意采取可靠措施（如加厚叠合楼盖现浇层厚度、加大现浇层的配筋等）增强叠合楼板的整体刚度。

2. 装配整体式现浇剪力墙结构体系技术要点

(1) 在装配整体式现浇剪力墙结构体系中，外墙挂板作为围护结构，需在墙板的顶部边缘预留钢筋与键槽，与主体结构梁或者板连接并后浇混凝土形成可靠连接。

(2) 装配整体式现浇剪力墙结构体系既要保证外墙挂板本身的安全以及与主体结构连接的安全性，又要避免对主体结构的刚度及内力分布造成不利影响。

(3) 外墙挂板与主体结构之间、挂板之间的缝隙要进行防水、防火、隔声、保温等处理措施，缝隙要避免刚性材料填充。

(4) 外墙挂板除与主体结构的可靠连接外，还需要平面外的定位、限位措施。

3.3 设备设计

3.3.1 电气专业

3.3.1.1 电气说明

本工程设计包括以下系统：

(1) 220/380V 配电系统，照明系统；

(2) 建筑物防雷、接地系统及安全措施；

(3) 有线电视系统；

(4) 电话、网络布线系统；

(5) 消防报警系统

本工程为 33 层纯住宅，属于一类居住建筑。消防设备、消防电梯、应急照明、公共照明、普通电梯等为一级负荷，其余均为三级负荷。

各类负荷容量，一级负荷：125.3kW，三级负荷：520kW。

供电电源：本工程低压配电系统采用220/380V电源由小区配电房引来，大楼采用放射式与树干式相结合的方式，对于单台容量较大的负荷或重要负荷采用放射式供电；对于照明及一般负荷采用树干式与放射式相结合的供电方式。一级负荷采用双电源供电，在末端配电箱处自动切换。三级负荷采用单电源供电。

3.3.1.2 电气设计要点

电气设计应遵循：明确安装条件；确认敷设方式；平面调整依据；便于各专业间碰撞检测。

（1）电表箱宜设在电井内明装，桥架在强/弱电井内敷设需准确定位，公共区配电箱宜设在电井内明装，配电箱明确标注定位尺寸（图3.3.1-1）。

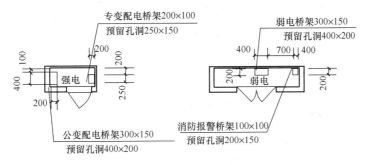

图3.3.1-1 电井大样图

（2）公共照明箱每个回路宜垂直引上引下；引上引下线采用暗敷时，应设在现浇墙（柱）内，不宜设在预制墙板内。预埋保护管，如无地方强制规范要求，宜将非消防预埋保护管改为PVC管预埋。

（3）在插座平面图中（图3.3.1-2），各回路应标明敷设方式，若有部分管线段敷设

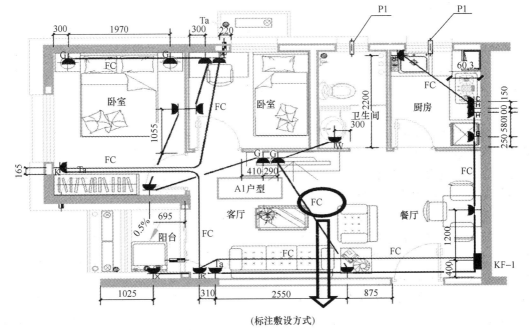

图3.3.1-2 户型插座大样图

方式不一致时，应分别标明该段敷设方式，每个回路敷设方式要与施工图一致；为了便于管线预留预埋，图纸上应详细标明灯具定位尺寸（图 3.3.1-3）。

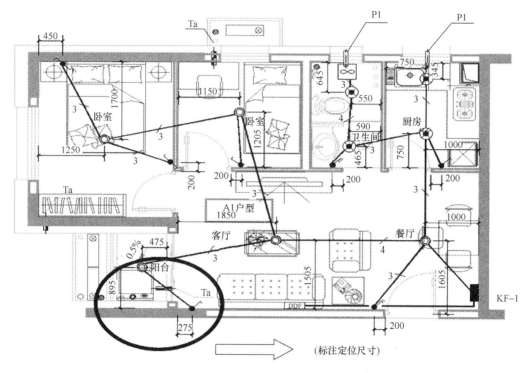

图 3.3.1-3　户型照明大样图

（4）火灾报警设计中，管线均采用 KBG、JDG 材质或 SC 钢管；当采用暗敷时，可用阻燃 PVC 管，但保护层厚度需大于 30mm。

（5）为防止侧向雷击，要求距室外地坪 45m 及 45m 以上每三层利用结构梁内两根主钢筋（每根钢筋直径大于等于 12mm）沿建筑物周边焊通成闭合环路，并与引下线、金属设备、钢构架及混凝土内钢筋互相连通成一体，以防侧击雷。45m 及以上外墙上的栏杆、门窗等较大的金属物直接或通过金属门窗埋铁与防雷装置连接以防侧击雷（图 3.3.1-4、图 3.3.1-5）。

（6）管线预埋设计要点包括：强、弱电插座，开关，灯具应标定位尺寸、高度，标注敷设，强电插座、弱电插座、开关不应设在预制板与剪力墙接缝处。各回路应标明敷设方式，当部分管线段敷设方式不一致时，应分别标明该段敷设方式以便于工厂预制构件的预埋生产定位以及现场的精确对接定位。对电热水器插座、燃气热水器插座、洗衣机插座、空调插座的定位应预留合理的使用空间，各专业应做碰撞检测以避免与其他专业的管道、孔洞相互干扰。

（7）照明线盒及消防线盒预埋在 PC 预制层内，施工现场应根据设计要求进行分层分布式预埋（图 3.3.1-6）。针对变动性较小的系统如照明线盒、消防线盒在叠合预制层预埋；变动性比较大的系统如照明线管、消防线管、空调插座及厨卫插座线管在叠合现浇层预埋；变动性最大的如系统网络、电视、电话线管及普通插座线管在找平装修层预埋。

插座或照明箱定位尺寸及安装高度，应注意不宜设置在预制墙板与砖墙及框架柱接缝处（图 3.3.1-7）。

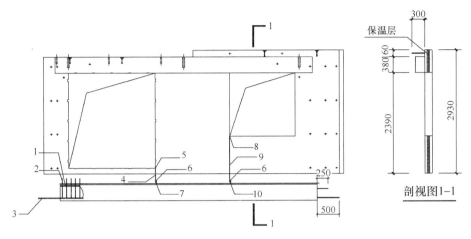

图 3.3.1-4 防侧击雷做法

1—2Φ12；2—Φ8@100/200；3—3Φ16；4—扁钢 25×4；5—与门套连接（铜编织袋）；6—焊接；
7—与梁主筋焊接；8—与窗套连接（铜编织袋）；9—25×4 扁钢；10—与梁主筋焊接

注：① 当窗户采用铝合金时，需要做防侧击雷。
② 当窗户采用塑钢时，不需要做防侧击雷。

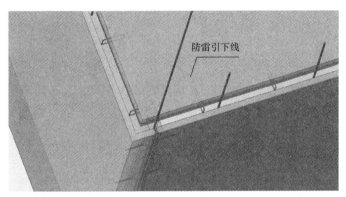

图 3.3.1-5 多层体系中防雷引下线的做法

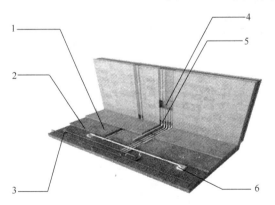

图 3.3.1-6 叠合楼板线管预埋敷设位置

1—消防、照明线管预埋在叠合现浇层内；2—照明线盒预埋在叠合预制层内；3—消防线盒预埋在叠合预制层内；4—配电箱预埋在 PC 板内；5—普通插座回路预埋在找平层内；6—空调插座及厨卫插座回路预埋在叠合现浇层内

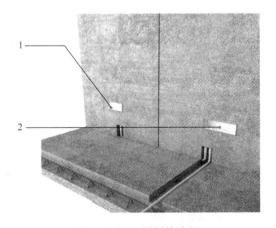

图 3.3.1-7 预制外墙板

1—外墙可选择预留插座预埋槽；
2—用户可根据需求增减插座数量，移动插座位置

49

(8) 管线预留孔的位置及尺寸（图3.3.1-8～图3.3.1-10）：当管线及桥架需要竖向或横向穿越楼板墙板时应根据管线及桥架的标高及水平位置定位开孔尺寸，给水管道的预留开孔尺寸应大于实际管径2个等级，排水管径的预留开孔尺寸应大于实际管径50mm，桥架的预留开孔尺寸应大于实际桥架截面尺寸100mm并确保有足够的安装空间。

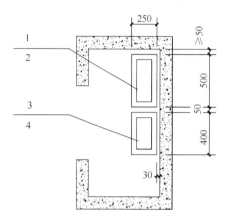
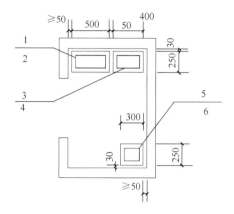

图3.3.1-8 强电井预留大样图（例）　　图3.3.1-9 强、弱电井预留大样图（例）

1—强电桥架（公变）；2—400×150（按实）；3—强电桥架（专变）；
4—300×150（按实）；5—弱电桥架；6—200×150（按实）

(9) 节点大样

上对接（图3.3.1-11、图3.3.1-12）：墙板内的线管及线盒已预埋到位，二次现浇层内的水平线管通过直接与竖向线管对接。

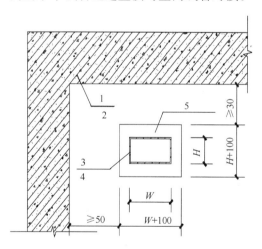
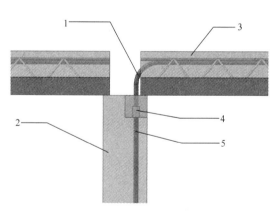

图3.3.1-10 电井预留大样图　　　　图3.3.1-11 上对接示意简图

1—墙板；2—电井楼板；3—电缆桥架；4—W×H；
5—电井楼板预留洞

1—现场预埋线管；2—预制内墙板；
3—叠合楼板；4—工厂预埋直接；
5—工厂预埋线管

注：① 标注以毫米为单位。
② 强电桥架与弱电桥架应分开，且间距不小于800mm。
③ 电缆桥架与热力管道净距不宜小于1000mm。
④ 电缆桥架与非热力管道净距不宜小于500mm。

下对接（图 3.3.1-13）：墙板内的线管及线盒已预埋到位，二次现浇层及找平层内的水平线管通过软管连接，然后对孔洞进行封堵。

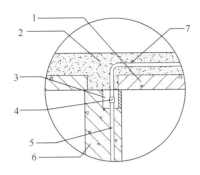 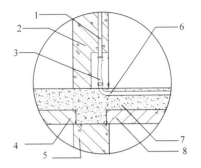

图 3.3.1-12　上对接示意大样图
1—叠合楼板预制部分；2—叠合楼板现浇部分；3—墙板预留孔洞；4—现场对接直接；5—预埋线管；6—预制墙板；7—现场对接线管

图 3.3.1-13　下对接示意大样图
1—预埋线管；2—预制墙板；3—现场对接软管；4—叠合楼板预制部分；5—预制墙板；6—找平保温层内预埋管；7—叠合楼板现浇部分；8—叠合楼板预制部分

PC 预制件内线管及线盒已预留到位，在与剪力墙接缝处预留直接。现场施工剪力墙时线管横向进行对接（图 3.3.1-14）。

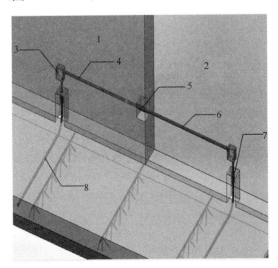

图 3.3.1-14　PC 板与剪力墙对接示意图
1—预埋墙板；2—现浇剪力墙；3—预埋 86 盒；4—工厂预埋 PVC 管；5—现场对接直接；6—现场预埋 PVC 管；7—现场对接直接；8—现场预埋 PVC 管

3.3.2　给水排水专业

3.3.2.1　给水排水说明

本工程建筑单体设有生活给水系统、燃气热水器热水系统、污废水排水系统、厨房废水排水系统、雨水系统、室内消火栓给水系统。

3.3.2.2 给水排水设计要点

给水排水设计应遵循：规避挑梁、反坎；确认敷设方式；立管调整定位依据；便于各专业间碰撞检测。

（1）给水井应考虑在供水半径最短的位置，根据建筑地面找平层厚度确定给水管敷设方式为找平层敷设（图3.3.2-1）

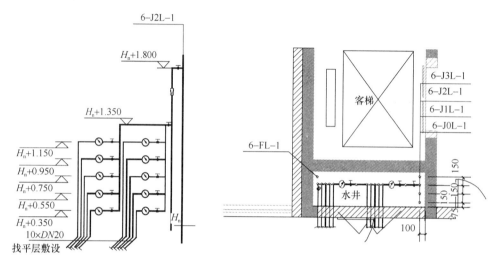

图3.3.2-1 水井大样图

（2）厨房卫生间管道布置要求包括：确定厨房给水排水具体点位，标注定位尺寸和敷设方式；卫生间给水、排水立管穿楼板精确标注定位尺寸，并且结合结构图纸，避免立管穿梁（图3.3.2-2）。

（3）带止水溢环的钢套管预埋：穿全预制楼板的钢套管应在PC预制时预埋到位（图3.3.2-3）。

（4）带止水溢环的防漏宝安装：卫生间排水立管穿楼板处采用防漏宝，该产品带止水溢环，可与排水立管直接，替代传统的钢套管，施工简单，止水效果更好，符合工业化机电安装要求（图3.3.2-4）。

（5）户内给水管的安装（图3.3.2-5）：敷设在叠合楼板内的给水管不宜大于$De25$（找平层内敷设，找平层厚度≥35mm，管径De≤25mm）。

当给水管设计为暗敷时，PC构件在相应的位置预留墙槽，将给水管固定在墙槽内即可，PC构件内不宜横向开槽。

给水横管沿吊顶内敷设，竖向干管及支管敷设在PC管槽内。

（6）雨、废水管的安装（图3.3.2-6）：当排水立管安装在建筑物外墙时，立管支架及法兰固定孔洞深度应小于等于40mm，否则会穿透外页板影响墙体保温。

（7）常见预埋套管问题及解决方案

1）预制构件中预埋套管与管道不配套：工厂因分不清产品规格型号，采购计划下错，或者在工厂预埋时埋错规格，未按设计要求预埋规定套管，造成后期安装时返工。

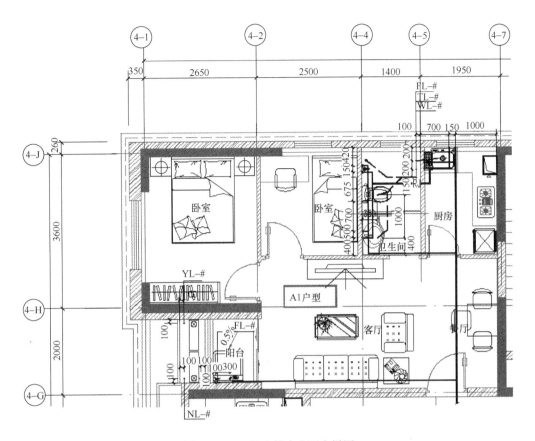

图 3.3.2-2 给水排水户型大样图

图 3.3.2-3 预埋套管现场图

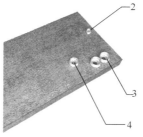
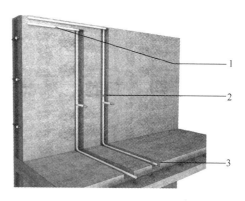

图3.3.2-4 带止水溢环的防漏宝

1—带止水环的排漏宝配件；2—地漏采用带止水溢环的直接配件；3—排水立管安装止水溢环和排水直接的多功能配件；4—带止水溢环的坐便器直接配件

图3.3.2-5 户内给水管安装示意

1—给水管沿吊顶内敷设，竖向留槽暗敷；2—暗敷部分在PC板内预留管槽；3—局部管道敷设在建筑找平保温层内

图3.3.2-6 雨、废水管安装示意

解决方案：使用排漏宝可以规避以上问题，主要用于排水立管上，此产品上口大下口小，有可调解偏差的组合件；另外"止水节"可用于排水支管上，上下口径一致（75×50洗衣机地漏除外），无可调节偏差的组合件；其他异形产品一般都为简化安装与节省材料而设计的产品，如加长伸缩节、一体式伸缩H管、伸缩三通等。

2）管道脱节脱胶：由于伸缩节伸缩长度不够，管道上伸缩节位有脱节脱胶现象，造成漏水。

解决方案：采用加长款的伸缩节，一般管道厂家的伸缩距只有8cm，必须采用伸缩距超过12cm（总长16cm）以上伸缩节。

3）现浇混凝土振捣不密实（部分工地的厕所采用现场浇筑），工厂预制的因振动强度相当大，不会出现振捣不密实而造成空鼓的情形。

解决方案：工地现场预埋现浇混凝土时一定要加强边角及有预埋件位置的振捣。

4）施工现场由于没有做好成品保护，加之工地现场施工人员较多，各种设备工具多，PVC 材质的产品易发生损坏，造成现场预埋件的损坏。

解决方案：预制件安装完后应及时检查产品防浆盖是否盖好，有二次浇筑的位置同样在浇筑完后要检查。如在后期安装管道时发现产品损坏，应当及时凿出并更换新产品（此时吊模补洞一定要将周边凿毛并分两次补洞）（图 3.3.2-7）。

图 3.3.2-7 防浆盖示意图

5）由于空调板上空间狭小，空调板上既装有雨水管套管，又装有排水地漏，导致后期安装烦琐，施工不便。

解决方案：使用"排漏宝"代替套管和简易地漏可简化施工及安装过程（图 3.3.2-8）。

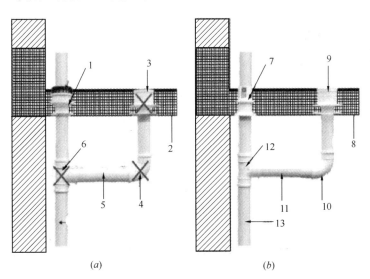

图 3.3.2-8 预制空调板"排漏宝"安装与传统工艺安装对比
(a) 预制空调板 PLB 排漏宝安装示意图；(b) 传统工艺安装示意图
1—PLB 排漏宝；2—混凝土楼板，可简化取消部位；3—简易地漏；4—弯头；
5—支管；6—三通；7—立管套管；8—混凝土楼板；9—简易地漏；
10—弯头；11—支管；12—三通；13—主立管

6）土建施工完成后，留下的大量杂物堵住了排水口，并且没有及时清理，导致"排漏宝"上用作排水用的简易地漏被杂物堵住而无法正常排水。

解决方案：在安装"排漏宝"时，在排漏宝上安装密封条，以防堵塞，在土建工程完工后，确认"排漏宝"上无杂物并清理干净后方可拔除胶条（图3.3.2-9）。

图3.3.2-9 "排漏宝"胶条示意图

3.3.3 建筑环境与能源应用工程专业

3.3.3.1 建筑环境与能源应用工程说明

设计范围：防烟楼梯间及消防前室的正压送风系统。

3.3.3.2 建筑环境与能源应用工程设计要点

建筑环境与能源应用工程设计应遵循：确认穿孔位置；确认敷设方式；确保具备安装条件；便于各专业间碰撞检测。

（1）不宜在梁上和外墙板上同时留洞。如：厨房排烟口、卫生间排气口需在外墙预留孔洞时，建议建筑专业将窗户降低或结构专业将厨房、卫生间这部分的梁适当降低（非必要条件下），留出外墙孔洞尺寸。

（2）不应在两板之间、剪力墙与预制构件之间留洞。

（3）外墙排气口均采用不锈钢外气口。

（4）卫生间暗厕应设计通风道，其位置应避免靠近给水管及设在门后。

（5）防排烟如用土建风井，密封性差，因此风管井需在土建管井内再安装镀锌钢板风管，为方便拧紧螺栓，管井不应设置在外墙转角处，尽量设于现浇区域。

（6）高层住宅楼梯间、前室、合用前室，优先采用自然防排烟，若采用机械防排烟，加压送风井的位置尺寸应符合产业化要求，风井不应设置在建筑外墙外围（图3.3.3-1）。

（7）高层住宅风井新工艺的运用：新型预制风井，增强风井的密闭性，如图3.3.3-2所示。

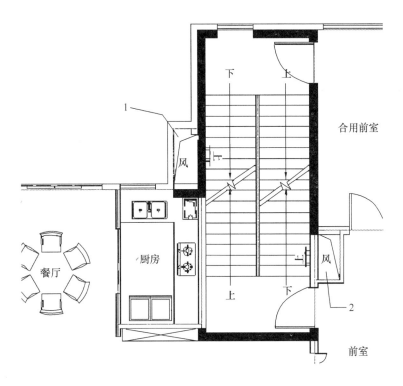

图 3.3.3-1 风井修改示意图
1—优化前风井位置；2—优化后风井位置

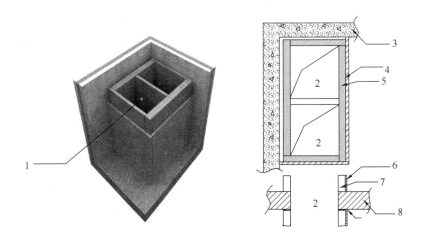

图 3.3.3-2 新型预制可组装式风井
1—新型预制可组装式风井；2—风井；3—混凝土墙；4—水泥纤维内墙板；
5—岩棉夹心板；6—水泥纤维内墙板；7—岩棉夹心板；8—混凝土楼板

3.3.4 小结

水暖专业以预留孔洞设置为主,设计时首先确定预留洞尺寸和位置,且应有防水措施;其次各专业配合解决管线及钢筋碰撞问题,达成集成构件预制效果。

电气专业以预埋电气管线及箱体为主,强调墙体中预埋电气管线及箱体,解决钢筋碰撞问题;叠合板、阳台板预埋以便于穿线为原则,达到集成构件预制效果。

另外在工程项目设计阶段,建议通过 BIM 设计软件,将三维数字模型传输到系统平台上,各专业的设计人员通过密切协调完成预制装配式建筑构件各类预埋和预留的设计,并快速地传递各自专业的设计信息。通过碰撞与自动纠错功能,自动筛选出各专业之间的设计冲突,帮助各专业设计人员及时找出专业设计中存在的问题,施工前应及时优化,保证精确预留、预埋,全面避免后期开凿修补,真正实现水暖电与主体预制装配式结构集成化。

3.4 PC 深化设计

3.4.1 简介

"PC"是英文"Precast Concrete"的简称,是指在工厂中通过标准化、机械化方式加工生产的预制混凝土构件。PC 深化设计是以相关图集、国标、企业标准为设计依据,在不影响建筑功能布局、结构设计强度的前提下,综合考虑设备预埋点位、构件自身强度、生产施工可行性等因素,进行构件平面图拆分、详图绘制及生产清单编制的一项集各专业、生产施工全流程融于一体的设计过程。

尖山印象公租房项目在 PC 深化设计过程中,重点考虑构件可靠的连接构造,水电管线预埋,门窗、吊装件的预埋及施工所需的预埋件、预留孔洞等,按照建筑结构特点和预制构件生产工艺的要求,将传统外围护墙体拆分为带保温层的预制混凝土外墙挂板、带管线应用功能的内墙板、叠合梁、叠合板、阳台等部品(表 3-1、表 3-2),同时考虑模具加工和构件生产效率、现场施工吊运能力限制等因素,进行构件的平面拆分及设计。

项目预制概况　　　　　　　　　　　　　　　　表 3-1

楼栋号	预制范围	标准层层高	预制构件类型	预制率
2	3F~28F	3200mm	外墙挂板、内墙、隔墙、叠合梁、叠合楼板、叠合阳台板、全预制空调板、预制楼梯、预制沉箱、预制女儿墙	54.72%
4、6	3F~33F	2900mm		52.73%
5	3F~33F	2900mm		54.68%
7	3F~28F	2900mm		53.48%
8	3F~29F	2900mm		52.22%

各栋标准层预制构件数量统计表 表3-2

构件种类	特征	图例	编号	楼栋号 2	楼栋号 4、6、8	楼栋号 5	楼栋号 7
楼板	叠合楼板	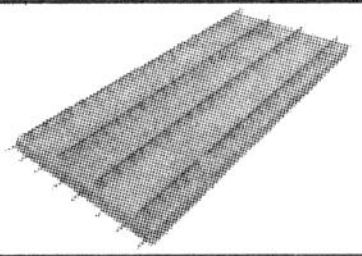	731×××.00×.015.11××	88	56	44	60
	空调板		731×××.00×.015.13××	1	2	4	4
	阳台板		731×××.00×.015.12××	0	6	10	14
	沉箱	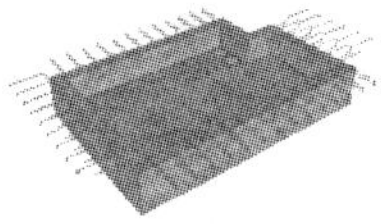	731×××.00×.015.53××	24	6	10	14
墙板	外墙挂板		731×××.00×.015.21××	29	57	29	37
	内墙板	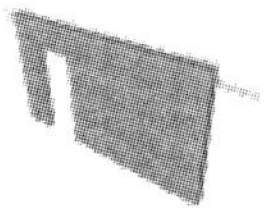	731×××.00×.015.25××	24	18	31	39
	隔墙		731×××.00×.015.26××	27	27	38	44
梁	叠合梁	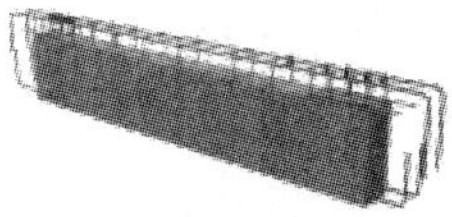	731×××.00×.015.31××	33	60	42	47
楼梯	双跑梯		731×××.00×.015.41××	4	4	2	4
女儿墙	女儿墙	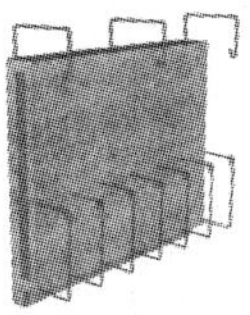	731×××.00×.015.24××	35	66	51	55
总计				265	302	261	318

本项目（图3.4.1-1～图3.4.1-3）采用"竖向现浇、水平叠合"的结构体系。预制外墙挂板作为外围护结构，通过外墙挂板上预留的连接钢筋与楼板和梁（剪力墙）连接固

59

定。水平构件采用预制混凝土叠合楼板、叠合阳台板、全预制空调板、全预制沉箱、叠合梁、楼梯。

图 3.4.1-1 尖山印象公租房施工现场一

图 3.4.1-2 尖山印象公租房施工现场二

图 3.4.1-3 尖山印象公租房施工现场三

尖山印象项目各楼栋预制构件类型相同，各构件之间连接节点通用，本章以 4 号楼为例详细介绍各构件的平面拆分以及 PC 详图深化设计过程。

3.4.2 外墙挂板

外墙挂板是预制外围护墙板通过上部的预留钢筋或机械连接锚入结构梁、柱或剪力墙中的方式与主体相连起围护、装饰作用的非承重构件。

本项目采用夹心三明治外墙挂板，由内外两层钢筋混凝土墙板和夹在其间的保温材料通过专用连接件组成，具有围护、保温、隔热、隔声等功能。

3.4.2.1 平面图设计

外墙挂板平面图（图 3.4.2-1 与图 3.4.2-2）设计拆分的主要因素：

（1）不违反现有国家相关建筑设计、施工、相关规范及图集；不改变原设计图的建筑及结构尺寸，不改变原建筑空间及使用功能；

（2）按照户型、开间位置、楼层标高、构件重量等进行拆分，保证相同户型构件标准化原则；

（3）考虑接缝处的防水性能，外墙挂板拆分处必须有现浇剪力墙或柱（特殊的可考虑增设构造柱），水平、竖向拼缝宽度均为 20mm；

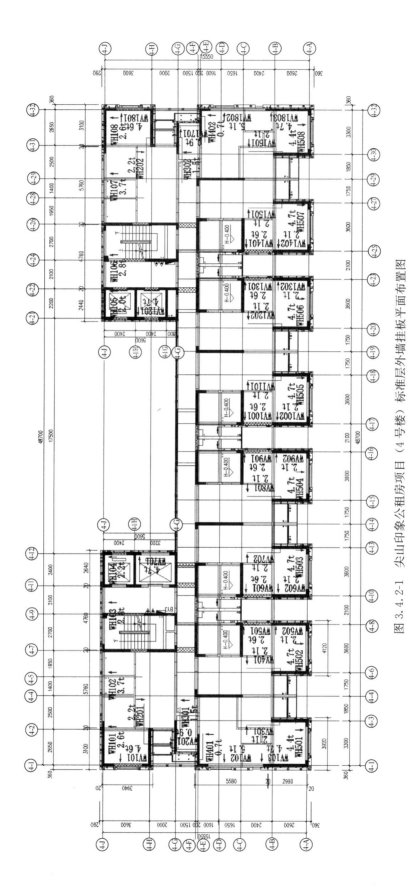

图 3.4.2-1 尖山印象公租房项目（4 号楼）标准层外墙挂板平面布置图

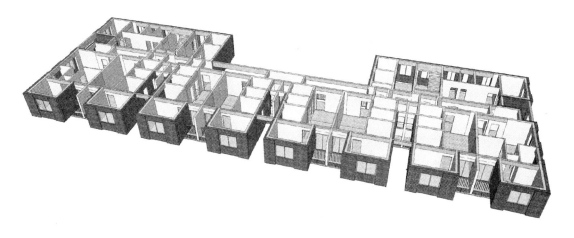

图 3.4.2-2 尖山印象公租房项目（4号楼）标准层外墙挂板模型图

（4）拆分后的阳角、阴角处竖缝尽量避开建筑入户门所在立面位置，在满足生产及防水性能要求的前提下，尽量与建筑施工图外立面竖缝位置一致，且保证竖向缝、水平缝都在一条直线上；

（5）考虑构件拆分后自身强度，满足生产脱模、运输、吊装要求；

（6）根据塔吊选型及布置位置，考虑拆分后构件重量满足起吊安全荷载要求。

3.4.2.2 详图设计

本项目预制外墙挂板厚度有160mm（图3.4.2-3）、260mm（图3.4.2-4）两种，通过窗洞位置外墙挂板厚度的不同，形成立面进深感，满足建筑外立面的竖向线条要求；①160mm厚外墙挂板由外叶60mm（混凝土）、保温50mm（XPS，B1级）、内叶50mm（混凝土）组成；②260mm厚外墙挂板由外叶（混凝土）、保温（XPS，B1级）、内叶（混凝土）组成，使用玻璃纤维筋保证内外叶的连接。

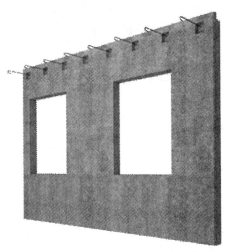

图 3.4.2-3　160mm三明治外墙挂板

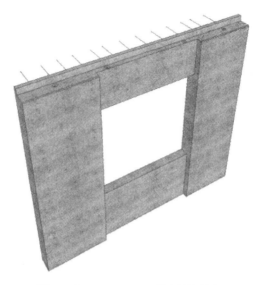

图 3.4.2-4 260mm 三明治外墙挂板

图 3.4.2-5 的外墙挂板水平缝设置企口，企口主要用于防水，且在施工浇筑楼板现浇层时有利于阻止混凝土溢出。外墙挂板上下混凝土应封边，增加企口强度。

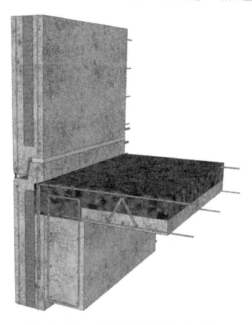

图 3.4.2-5 三明治外墙挂板构造示意图

详图（图 3.4.2-6）包含以下内容：

（1）构件三视图：表达构件外形尺寸以及门窗高度，吊具、施工预留预埋定位尺寸等信息，是模具设计及排模的重要依据；

（2）配筋详图：表达构件内部网片筋、加强筋信息以及玻璃纤维筋定位尺寸，大样图是构件局部放大图，表达构件某个细部位置的具体做法，例如窗台及滴水线等；

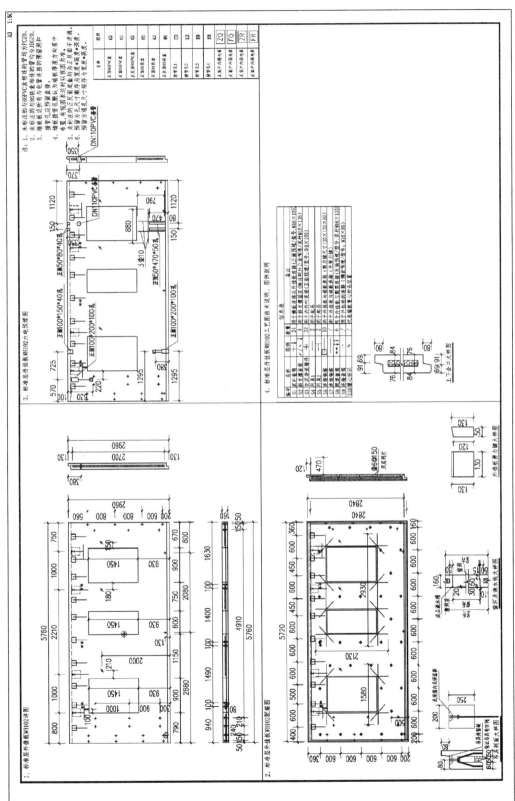

图 3.4.2-6 尖山印象公租房项目（4号楼）外墙挂板详图举例

（3）水电预埋图：表达水电预留预埋信息，包含室内给水管墙槽预留、86线盒和线管预埋、线管对接孔预留以及空调孔、厨房燃气排气孔和卫生间排气孔等；线管对接孔的预留需结合外挂板上下连接节点具体分析（图3.4.2-7）；空调孔及排气孔等需根据施工图要求做向外倾斜的坡度；

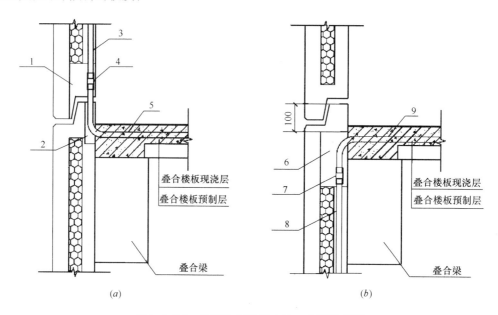

图 3.4.2-7 外墙挂板插座走地、走顶示意图
（a）走地；（b）走顶
1—插座走地预留孔，100×200×100；2—板顶预留孔，100×150×40；3—墙板内预埋线管；
4—工厂预装直接；5—现场预埋线管；6—插座走顶预留孔，100×200×100；
7—工厂预装直接；8—墙板内预埋线管；9—现场预埋线管

（4）技术说明及图例说明：对详图内容及零件图例进行补充说明及数量统计。

3.4.2.3 构件预埋

（1）吊具：三明治外墙挂板的吊装（图3.4.2-8）一般采用吊具，吊具数量成偶数以

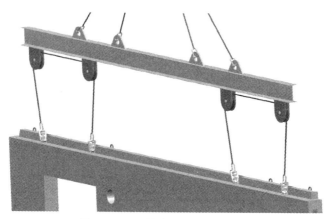

图 3.4.2-8 外墙挂板吊装示意图

PC 构件重心对称布置，吊具布置在设计时应避免与洞口、水电预埋等干涉；

（2）构件与构件之间通过水平连接钢板（图 3.4.2-9）与拐角连接钢板（图 3.4.2-10）连接，保证外墙挂板的整体性；

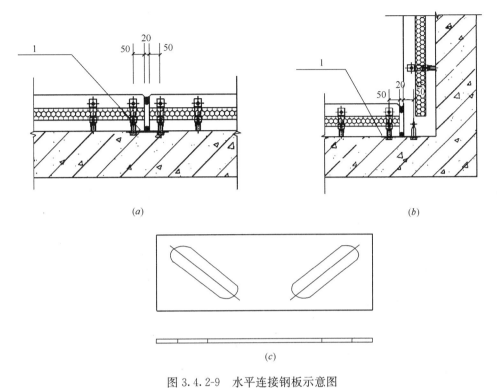

图 3.4.2-9 水平连接钢板示意图
（a）外墙挂板水平位置连接示意图；（b）外墙挂板阴角位置连接示意图；（c）平接钢板连接件
1—平接钢板

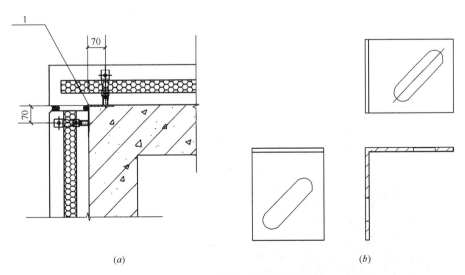

图 3.4.2-10 拐角连接钢板示意图
（a）外墙挂板阳角位置连接示意图；（b）拐角钢板连接件
1—拐角连接钢板

（3）外爬架（图3.4.2-11）：外爬架套筒定位由施工单位提供，反面爬架套筒应避开连接钢筋、吊具、水电预留预埋等干涉；爬架套筒周边以套筒为圆心，半径60mm范围内不设置保温，套筒以100mm间距一组成对布置，设计时若需要移动位置应考虑成对移动，且与施工单位确定点位。

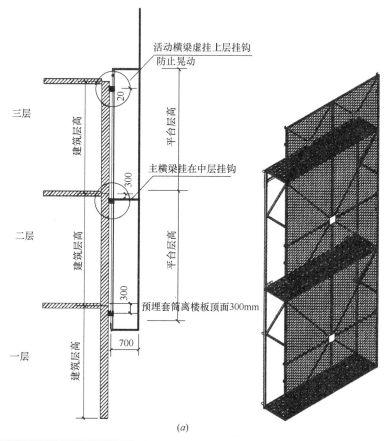

(*a*)

(*b*)

图3.4.2-11 外爬架示意及项目实景图

3.4.2.4 节点分析

外墙挂板节点大样如图 3.4.2-12 所示。

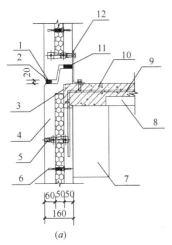

(a)

1—建筑密封胶；2—发泡聚乙烯棒；3—墙板剪力键口，130×130×50；4—夹心三明治外墙挂板；5—外爬架套筒；6—玻璃纤维筋；7—叠合梁预制层；8—叠合楼板预制层；9—连接钢筋；10—叠合楼板现浇层；11—20mm垫块；12—限位连接件

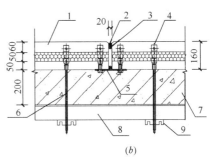

(b)

1—夹心三明治外墙挂板；2—建筑密封胶；3—发泡聚乙烯棒；4—热断桥锚栓；5—平接钢板连接件；6—模板对拉螺杆；7—现浇剪力墙；8—模板；9—法兰盘

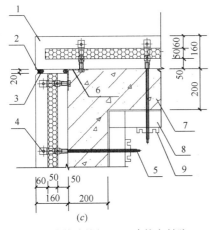

(c)

1—夹心三明治外墙挂板；2—建筑密封胶；3—发泡聚乙烯；4—热断桥锚栓；5—模板对拉螺杆；6—拐角钢板连接件；7—现浇剪力墙；8—模板；9—法兰盘

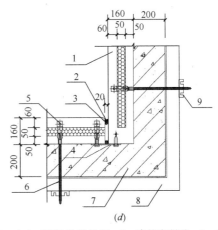

(d)

1—夹心三明治外墙挂板；2—建筑密封胶；3—发泡聚乙烯棒；4—平接钢板连接件；5—热断桥锚栓；6—模板对拉螺杆；7—现浇剪力墙；8—模板；9—法兰盘

图 3.4.2-12　外墙挂板连接节点图（一）

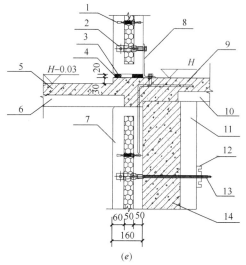 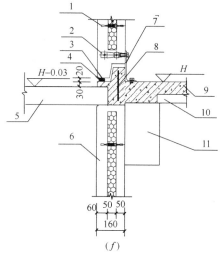

1—玻璃纤维筋；2—热断桥锚栓；3—发泡聚乙烯棒；4—建筑密封胶；5—叠合阳台板现浇层；6—叠合阳台板预制层；7—夹心三明治外墙挂板；8—限位连接件；9—叠合楼板现浇层；10—叠合楼板预制层；11—模板；12—法兰盘；13—模板对拉螺杆；14—现浇剪力墙

1—玻璃纤维筋；2—热断桥锚栓；3—发泡聚乙烯棒；4—建筑密封胶；5—全预制空调板；6—夹心三明治外墙挂板；7—限位连接件；8—止水钢板；9—叠合楼板现浇层；10—叠合楼板预制层；11—叠合梁预制层

图 3.4.2-12　外墙挂板连接节点图（二）

3.4.3　叠合楼板、空调板、沉箱

叠合楼板是指由预制钢筋混凝土板和现浇钢筋混凝土层叠合而成的装配整体式楼板。预制板既是楼板结构的组成部分之一，又是现浇钢筋混凝土叠合层的永久性模板，现浇叠合层内可敷设水平设备管线。叠合楼板整体性好，刚度大，可节省模板，而且板的上下表面平整，便于饰面层装修。叠合楼板是目前使用最广泛的预制楼板。

叠合楼板根据空间使用功能分为：楼板、阳台板、空调板、预制沉箱、平台板等。叠合楼板根据生产工艺分为：桁架楼板和无桁架（预应力）楼板。

本项目采用桁架叠合楼板，楼板刚度强，构件不易开裂，现浇与预制混凝土结合较好。

3.4.3.1　平面图设计

标准层叠合楼板平面（图 3.4.3-1 和图 3.4.3-2）拆分主要应考虑以下几个因素：
（1）受力情况；
（2）构件本身强度；
（3）生产环境；
（4）运输条件。
屋面层楼板平面（图 3.4.3-3）相对于标准层楼板平面拆分时需注意：

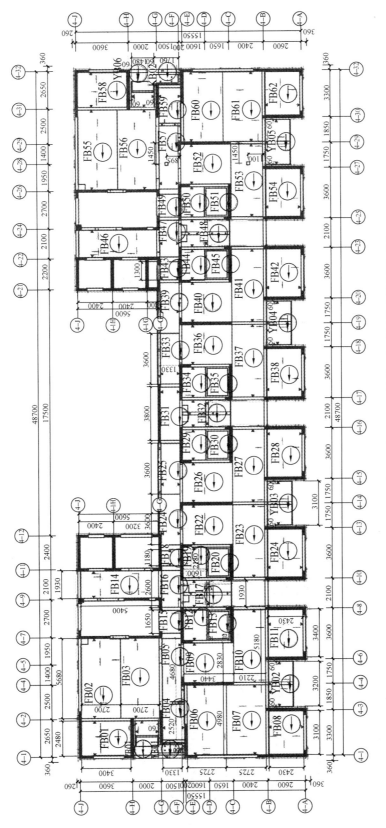

图 3.4.3-1 尖山印象公租房项目（4号楼）标准层叠合楼板平面图

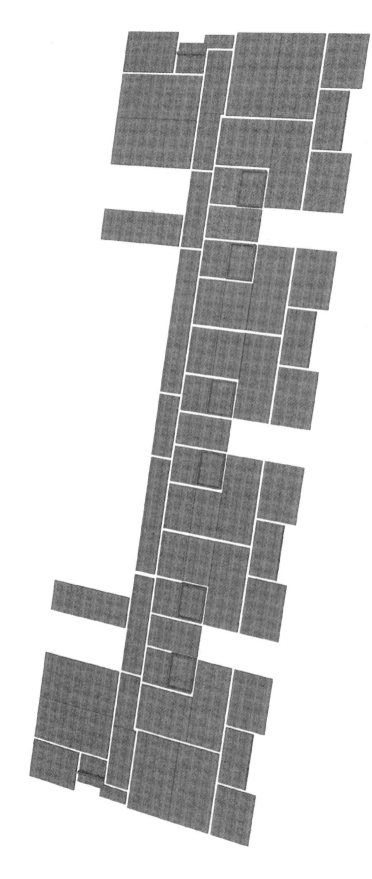

图 3.4.3-2 尖山印象公租房项目（4号楼）标准层预制楼板模型图

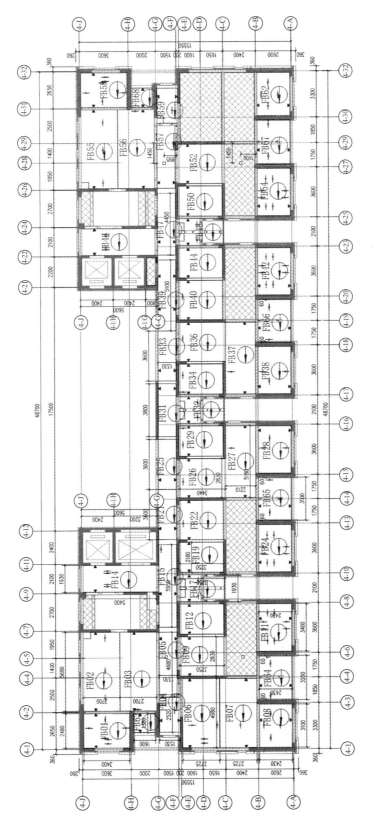

图 3.4.3-3 尖山印象公租房项目（4号楼）屋面层叠合楼板平面图

73

（1）保持与标准层楼板拆分模数一致；

（2）卫生间位置楼板在屋面层未做沉降，拆分时按普通叠合楼板进行设计；

（3）阳台板、空调板在屋面层根据施工图判断是否还存在，根据女儿墙的轮廓判断原位置阳台板、空调板尺寸是否需要改动；

（4）注意建筑物顶部消防水池位置，此位置楼板宜采用现浇处理。

3.4.3.2 详图设计

本项目标准层楼板的厚度为130mm，设计为桁架叠合楼板（图3.4.3-4），楼板预制层厚度为60mm，现浇层厚度70mm；屋面层楼板的厚度为150mm，预制板厚度为60mm，现浇层厚度90mm。楼板预制层中桁架不参与结构受力，沿板长方向布置，增强楼板自身刚度，连接新旧混凝土，增强结合力。楼板结构受力形式为单向板，楼板拼缝采用分离式接缝形式，楼板表面做拉毛处理，有外露钢筋的面做成粗糙面。

图 3.4.3-4 叠合桁架楼板构件图

详图（图3.4.3-5）包含内容：

（1）外形尺寸：楼板外形轮廓尺寸是生产模具设计及台车排布的重要依据，在结构一个开间内若拆分有三块以上单向板，设计时需考虑楼板生产及吊装时的累积误差，在预制板的拼缝方向上适当做负公差；

（2）钢筋图：包含了楼板底筋大小间距及定位信息、桁架钢筋定位尺寸；一般情况下，桁架距预制楼板边小于300mm，桁架之间距离不大于600mm；

（3）水电预埋图：表达给水系统、排水系统、消防系统立管穿板孔预留，电气预埋加高型86线盒，线盒每面需预装1个锁母，根据楼板预制厚度选择相对应的86线盒高度。如：本项目楼板预制厚度为60mm，采用100mm加高型线盒。

3.4.3.3 构件预埋

（1）吊环预留预埋：吊环是生产脱模及现场吊装时的吊点，需采用专用的吊具（图3.4.3-6）起吊，设计需保证起吊时构件的平衡关系；

（2）本项目采用带拉钩的斜支撑杆（图3.4.3-7），需在预制楼板对应位置预埋支撑环，支撑环露出高度与楼板现浇完成面基本持平，设计时需注意与墙体预埋斜支撑套筒位置对应。

（3）本项目预制沉箱内污水立管及通气立管位置应采用预埋"排漏宝"（图3.4.3-8）。

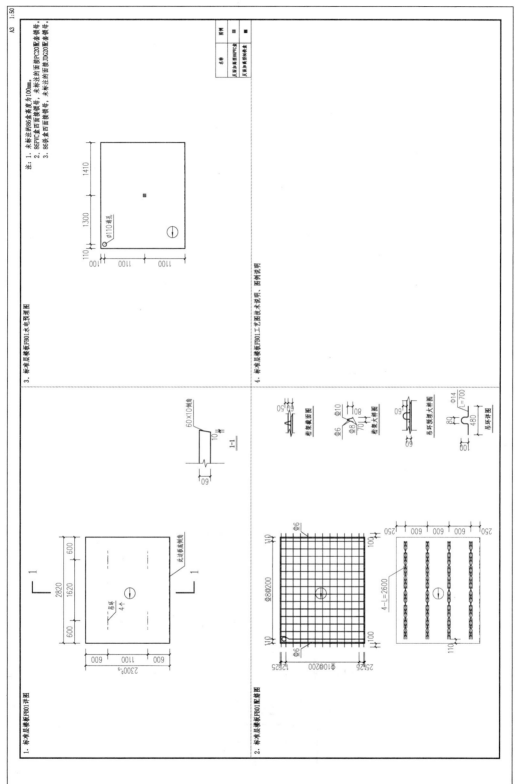

图 3.4.3-5 尖山印象公租房项目（4号楼）叠合楼板详图举例

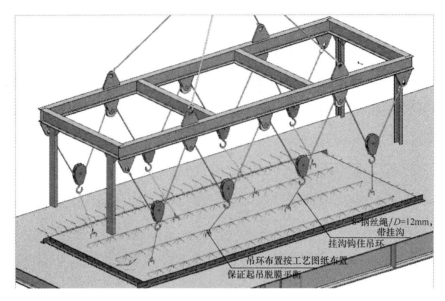

图 3.4.3-6 楼板吊具示意图

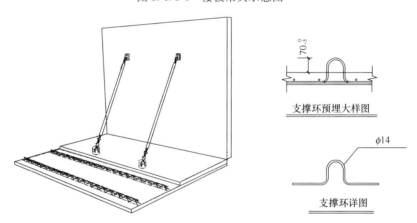

图 3.4.3-7 叠合楼板支撑环预埋示意图

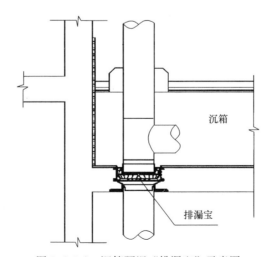

图 3.4.3-8 沉箱预埋"排漏宝"示意图

3.4.3.4 节点分析

楼板节点大样如图 3.4.3-9 所示。

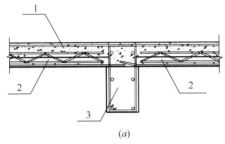
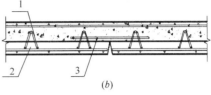
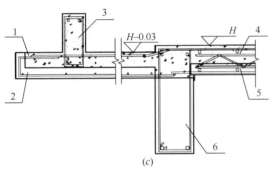
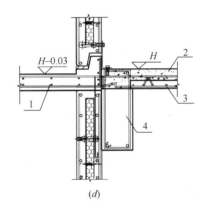

(a) 1—叠合楼板现浇层；2—叠合楼板预制层；3—叠合梁

(b) 1—叠合楼板现浇层；2—叠合楼板预制层；3—拼缝钢筋

(c) 1—叠合阳台板现浇层；2—叠合阳台板预制层；3—现浇反坎；4—叠合楼板现浇层；5—叠合楼板预制层；6—叠合梁

(d) 1—全预制空调板；2—叠合楼板现浇层；3—叠合楼板预制层；4—叠合梁

图 3.4.3-9 楼板节点图

本项目卫生间下沉 400mm，采用全预制沉箱做法（图 3.4.3-10），构件设计时应充分考虑构件之间装配间隙及沉箱四周搭接边钢筋的伸出形式，满足结构设计要求及建筑使用功能。

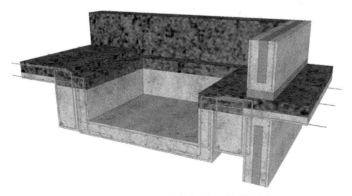

图 3.4.3-10 卫生间沉箱三维节点图

3.4.4 梁、内墙

由支座支承、承受的外力以横向力和剪力为主、以弯曲为主要变形的构件称为梁。预制梁，是采用工厂预制，再运至施工现场按设计要求位置进行安装固定的梁。根据预制完整程度分为叠合梁及全预制梁。

内墙，是指被外墙包围的，起分隔空间作用的梁墙一体的墙板。

3.4.4.1 平面图设计

预制梁（图 3.4.4-1 和图 3.4.4-2）与预制内墙（图 3.4.4-3 和图 3.4.4-4）平面拆分基本流程及影响因素：

（1）明确预制梁范围，若施工图中已明确为现浇梁以及对结构受力影响较大、不能满足设计要求的部位，则不进行预制；

（2）考虑梁底筋长度限制，底筋长度一般不应大于 12m；

（3）根据建筑平面图及结构梁平面图，区分叠合梁平面图以及预制内墙平面图，综合考虑梁高度、钢筋锚固长度、底筋避让等问题在平面图中用"A""B""C"表达构件的吊装顺序。

3.4.4.2 详图设计

本项目预制梁采用叠合梁（图 3.4.4-5）与全预制梁（图 3.4.4-6）两种形式。

预制梁详图（图 3.4.4-7）设计时应注意：

（1）预制梁和后浇混凝土叠合层之间的结合面设置不小于 6mm 粗糙面，预制梁端面应设置键槽且宜设置粗糙面；

（2）注意梁底筋水平方向与柱或者剪力墙边缘受力构件纵筋避让；

（3）横向穿梁预埋钢套管或预留孔洞时，需得到结构专业的确定，并做相应加强处理；竖向穿梁预埋套管应注意预制梁与梁下墙的对应关系以及避让梁底筋；

（4）梁底筋避让：考虑吊装、运输、现场支撑等问题，梁底筋锚接方式首选用直锚，其次选用弯锚，通过钢筋水平弯折或垂直弯折进行避让。本项目底筋避让有三种形式（图 3.4.4-8）。

预制内墙（图 3.4.4-9）是指梁墙一体预制的分户墙，内墙上部梁的位置、大小、高度、配筋设计注意事项参考叠合梁做法。

内墙详图（图 3.4.4-10）设计时应注意：

（1）内墙重量能否满足塔吊起吊要求，超重时需在梁下墙部分填充泡沫；

（2）考虑预制构件之间、预制构件与现浇墙体之间缝隙的后期装修抗裂处理，内墙（隔墙）在预制时需设计压槽（图 3.4.4-11）；

（3）户内强电箱、弱电箱优先采用预埋箱体，与配电箱相连的线管（未与 86 底盒相连）需标示线管属性，线盒与箱体的预埋高度应考虑建筑找平厚度，线管伸至内墙顶部处采用接管孔，接管孔为墙板厚度方向居中布置。线管伸至内墙底部处采用墙槽型接管孔，定位尺寸严格按照施工图设计（图 3.4.4-12、图 3.4.4-13）。

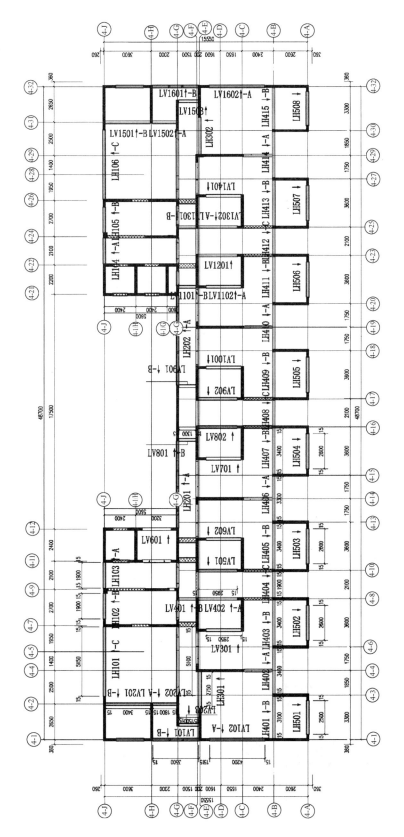

图 3.4.4-1 尖山印象公租房项目（4 号楼）标准层预制梁平面布置图

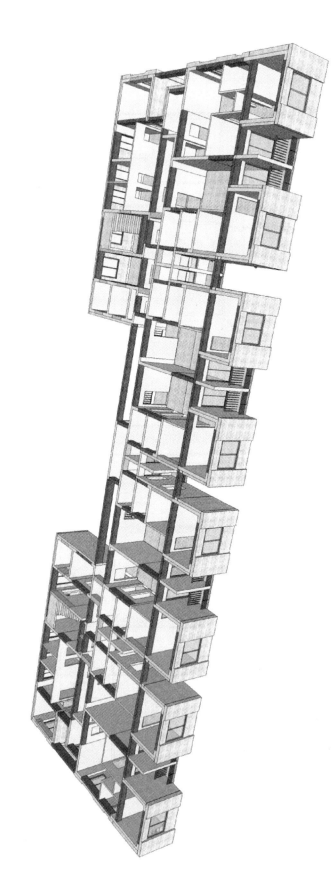

图 3.4.4-2 尖山印象公租房项目（4号楼）标准层预制梁模型图

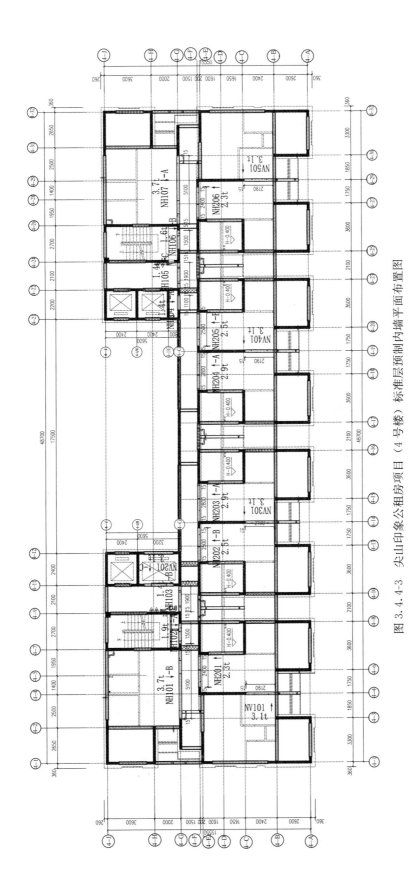

图 3.4.4-3 尖山印象公租房项目（4 号楼）标准层预制内墙平面布置图

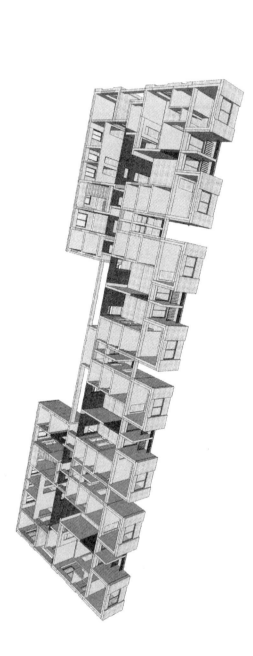

图 3.4.4-4 尖山印象公租房项目（4 号楼）标准层预制内墙模型图

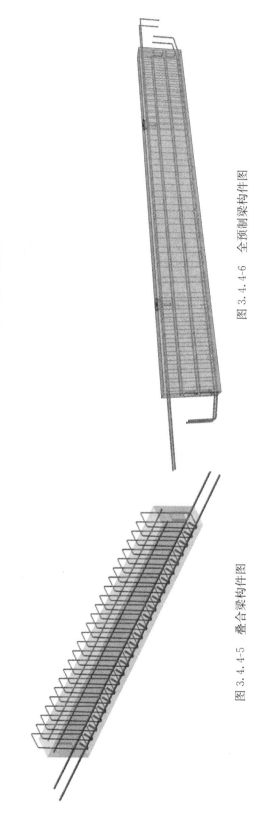

图 3.4.4-6 全预制梁构件图

图 3.4.4-5 叠合梁构件图

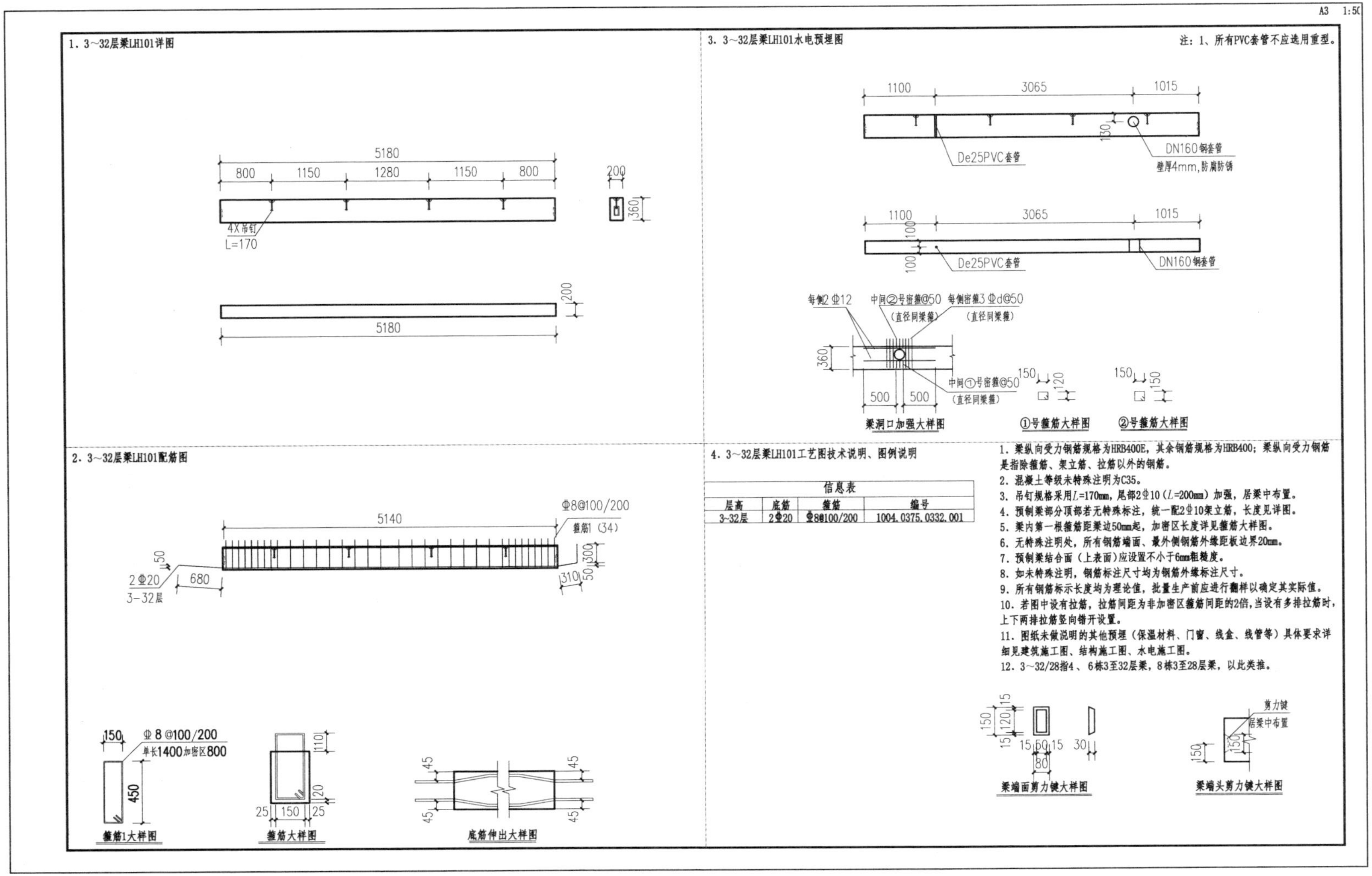

信息表			
层高	底筋	箍筋	编号
3~32层	2Φ20	Φ8@100/200	1004.0375.0332.001

图 3.4.4-7　梁详图举例

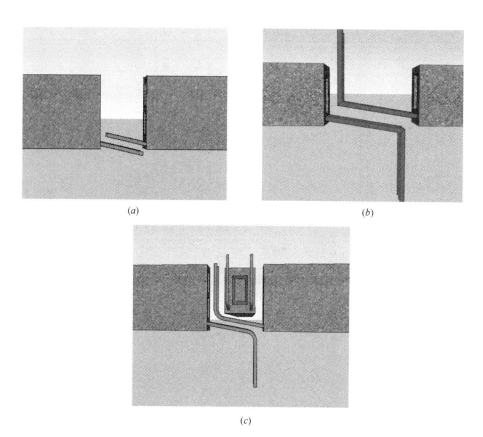

图 3.4.4-8 梁底筋避让示意图
(a) 两梁直锚；(b) 两梁弯锚；(c) 三梁相交

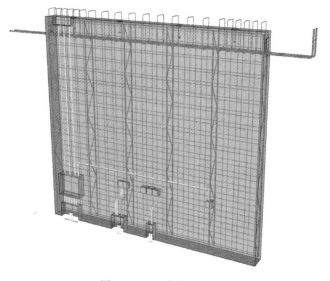

图 3.4.4-9 内墙构件图

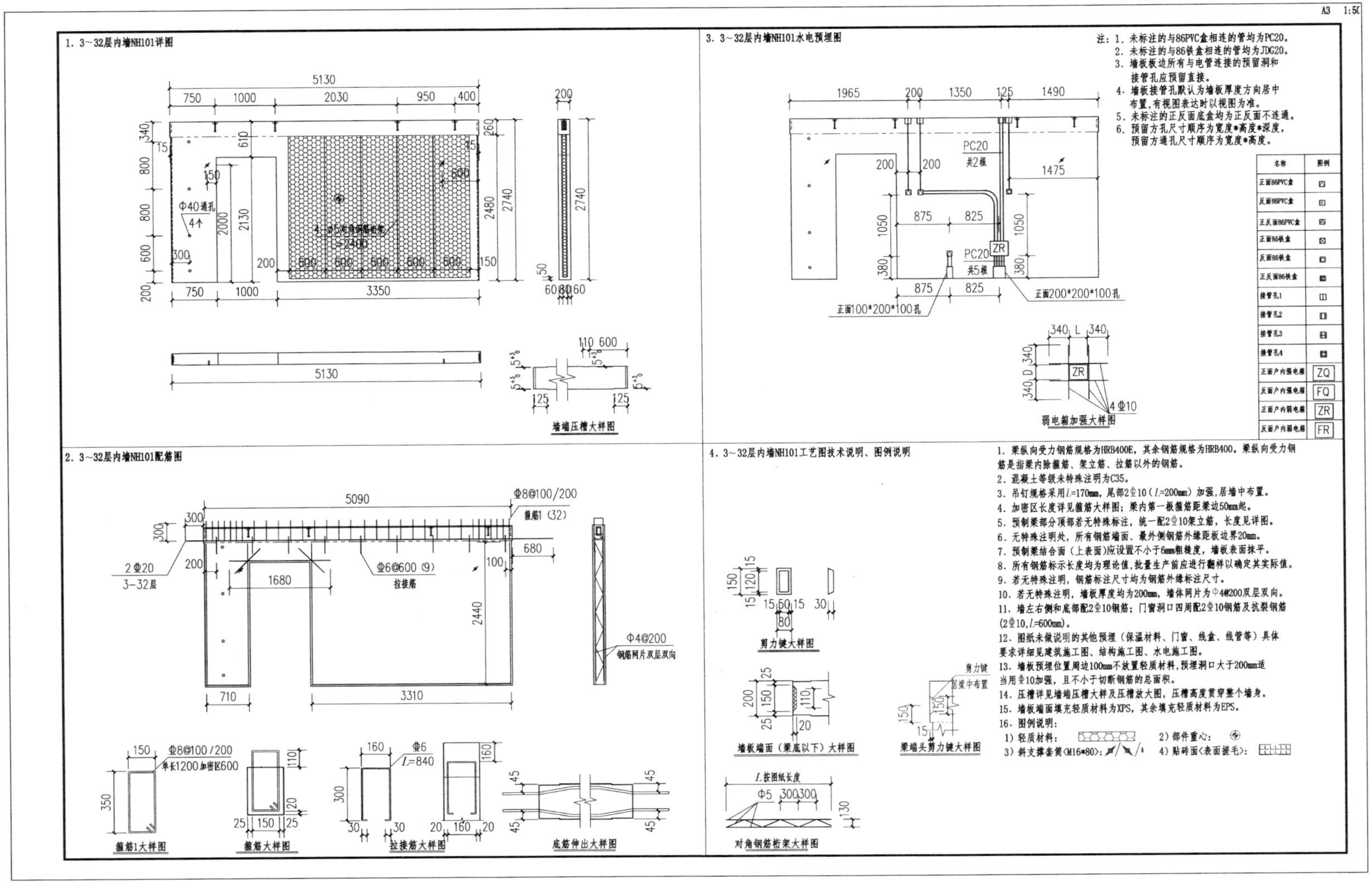

图 3.4.4-10 内墙详图举例

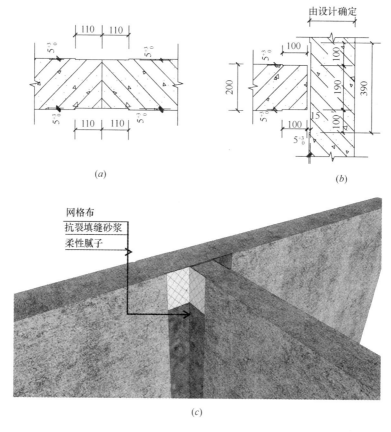

图 3.4.4-11 内墙、隔墙压槽节点图
(a) 内墙压槽节点—平接；(b) 内墙压槽节点—T形连接；(c) 内墙压槽做法三维图示

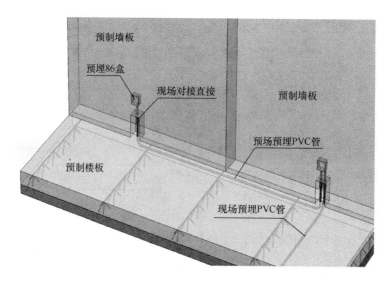

图 3.4.4-12 内墙水电预埋示意图

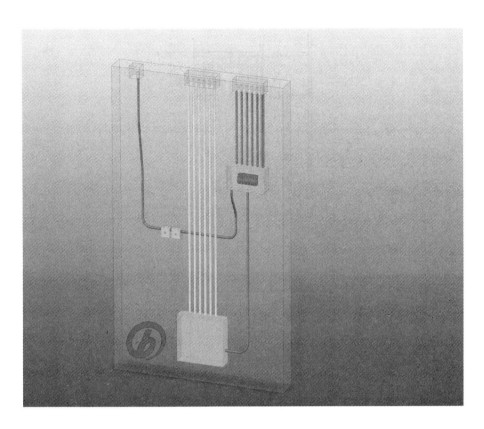

图 3.4.4-13 内墙与楼板连接处水电预埋示意图

3.4.4.3 节点分析

预制梁、内墙节点大样如图 3.4.4-14～图 3.4.4-16 所示。

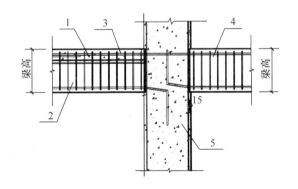

图 3.4.4-14 节点示意（一）
1—叠合梁现浇层；2—叠合梁预制层；3—全预制梁面筋伸入部分；
4—全预制梁；5—现浇剪力墙（柱）

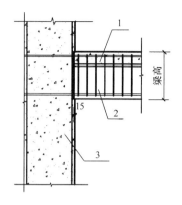

图 3.4.4-15 节点示意（二）
1—叠合梁现浇层；2—叠合梁预制层；3—现浇剪力墙（柱）

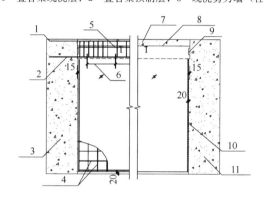

图 3.4.4-16 节点示意（三）
1—梁面筋；2—梁底筋；3—现浇柱或剪力墙；4—双层双向钢筋网片；5—构造筋；6—拉结筋；
7—现浇梁部分；8—叠合梁分界线；9—剪力键；10—轻质材料；11—现浇柱或剪力墙

3.4.5 隔墙

隔墙是分隔建筑物内部空间的墙。隔墙不承重，一般要求轻、薄，有良好的隔声性能。

3.4.5.1 平面图及详图设计

本项目隔墙采用预制混凝土构件的形式，隔墙的平面图（图 3.4.5-1 与图 3.4.5-2）布置通过建筑施工图确认，主要为楼板下部无梁处的墙体。隔墙与楼板主要通过预留的插筋孔由连接钢筋进行连接（图 3.4.5-3），考虑吊装的装配间隙与生产的公差，预制隔墙与现浇剪力墙间预留 10mm 间隙、隔墙顶部与叠合梁或现浇梁间预留 10mm 间隙。

隔墙详图（图 3.4.5-4）设计时应注意：

（1）隔墙与内墙压槽设计作用相同；

（2）注意隔墙插筋孔位置移动时，相应楼板插筋定位孔位置需同步移动；

（3）隔墙中间直径 100mm 通孔用于吊装时穿安全保护绳，吊装完毕后应现场进行封堵；

（4）隔墙水电管线预埋与内墙中水电预埋注意事项一致。

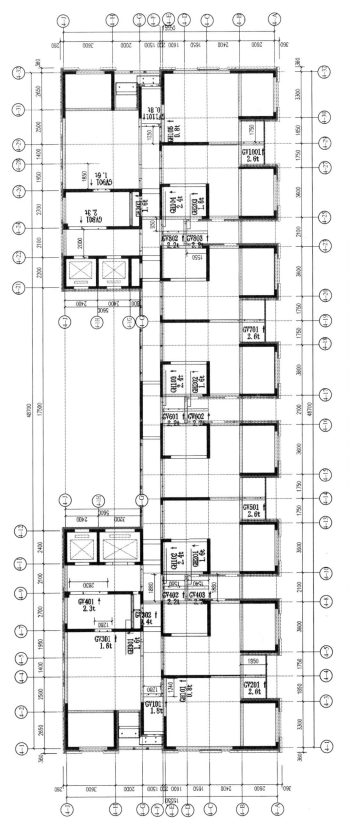

图 3.4.5-1 尖山印象公租房项目（4号楼）标准层隔墙平面布置图

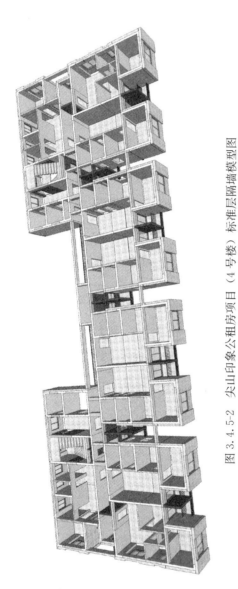

图 3.4.5-2 尖山印象公租房项目（4号楼）标准层隔墙模型图

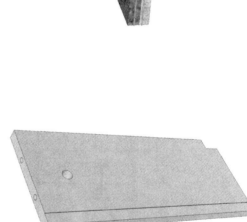

图 3.4.5-3 隔墙及连接节点三维示意图

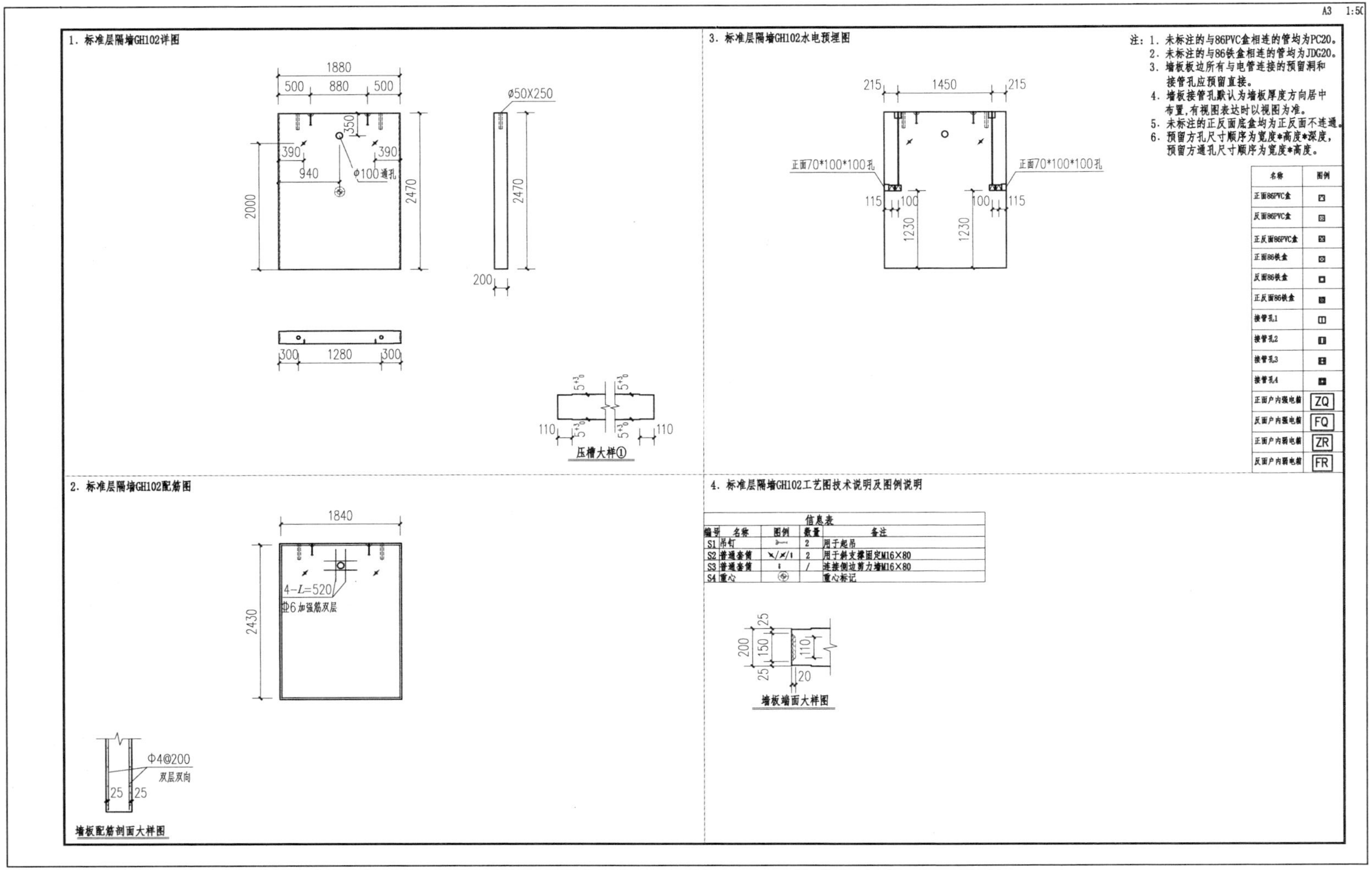

注：1. 未标注的与86PVC盒相连的管均为PC20。
2. 未标注的与86铁盒相连的管均为JDG20。
3. 墙板板边所有与电管连接的预留洞和接管孔应预留直接。
4. 墙板接管孔默认为墙板厚度方向居中布置，有视图表达时以视图为准。
5. 未标注的正反面底盒均为正反面不连通。
6. 预留方孔尺寸顺序为宽度*高度*深度，预留方通孔尺寸顺序为宽度*高度。

名称	图例
正面86PVC盒	
反面86PVC盒	
正反面86PVC盒	
正面86铁盒	
反面86铁盒	
正反面86铁盒	
接管孔1	
接管孔2	
接管孔3	
接管孔4	
正面户内强电箱	ZQ
反面户内强电箱	FQ
正面户内弱电箱	ZR
反面户内弱电箱	FR

信息表

编号	名称	图例	数量	备注
S1	吊钉		2	用于起吊
S2	普通套筒		2	用于斜支撑固定M16×80
S3	普通套筒		/	连接侧边剪力墙M16×80
S4	重心			重心标记

图 3.4.5-4　隔墙详图举例

3.4.5.2 节点分析

隔墙节点大样如图 3.4.5-5 所示。

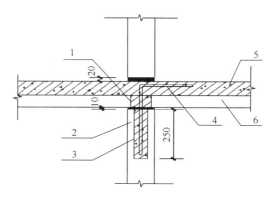

图 3.4.5-5 隔墙节点图
1—楼板 φ75 插筋孔；2—预制隔墙；3—隔墙 φ50 插筋孔；4—连接钢筋；
5—叠合楼板现浇层；6—叠合楼板预制层

3.4.6 楼梯

根据结构形式不同，钢筋混凝土楼梯分为：板式楼梯和梁式楼梯。其中，预制钢筋混凝土板式楼梯是装配式建筑中的常见形式，包含有预制双跑梯、预制剪刀梯。根据楼梯的连接方式不同又可分为：锚固式楼梯和搁置式楼梯。

3.4.6.1 详图设计

本项目楼梯为搁置式双跑楼梯（图 3.4.6-1），项目施工图设计时，已考虑各栋楼梯的标准化设计，楼梯宽度及梯段相同，楼梯预制构件相同，可共用一套楼梯模板，节省成本。预制楼梯梯段，一端为固定约束，另一端为滑动约束，相应的楼梯踏步设置防滑槽，楼梯侧面设置滴水线，其他结构配筋按照施工图确定。

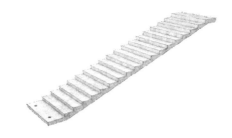

图 3.4.6-1 楼梯构件图

楼梯详图（图 3.4.6-2）设计时应注意：
（1）楼梯深化图纸包含楼梯详图、配筋图及楼梯装配图；
（2）楼梯装配图表达楼梯的装配关系，设计时需注意跑向及滴水线的对应位置；
（3）楼梯正面吊钉用于生产及施工时的吊装，侧面吊钉用于脱模；

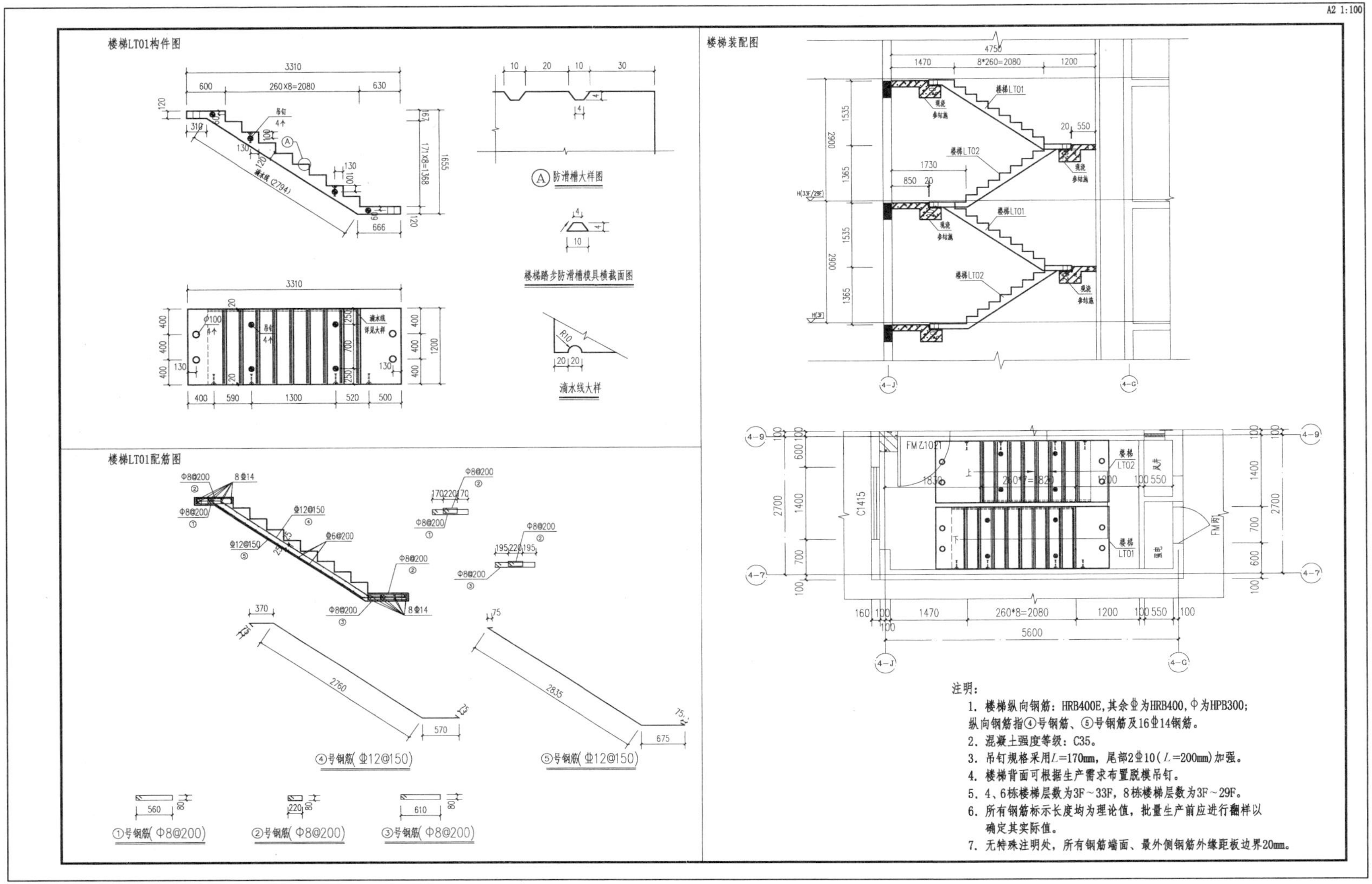
A2 1:100
楼梯LT01构件图
A 防滑槽大样图
楼梯踏步防滑槽模具横截面图
滴水线大样
楼梯LT01配筋图
④号钢筋(Φ12@150)
⑤号钢筋(Φ12@150)
①号钢筋(Φ8@200)
②号钢筋(Φ8@200)
③号钢筋(Φ8@200)
楼梯装配图
注明：
1. 楼梯纵向钢筋：HRB400E,其余Φ为HRB400,Φ为HPB300;
纵向钢筋指④号钢筋、⑤号钢筋及16Φ14钢筋。
2. 混凝土强度等级：C35。
3. 吊钉规格采用L=170mm，尾部2Φ10(L=200mm)加强。
4. 楼梯背面可根据生产需求布置脱模吊钉。
5. 4、6栋楼梯层数为3F~33F，8栋楼梯层数为3F~29F。
6. 所有钢筋标示长度均为理论值，批量生产前应进行翻样以确定其实际值。
7. 无特殊注明处，所有钢筋端面、最外侧钢筋外缘距板边界20mm。

图 3.4.6-2　楼梯详图举例

（4）配筋图需详细表达楼梯内部所有非直段钢筋大样，作为生产钢筋翻样及加工的依据。

3.4.6.2 节点分析

楼梯节点大样如图3.4.6-3所示。

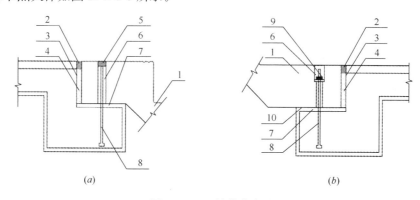

图3.4.6-3 楼梯节点图
（a）双跑楼梯固定约束；（b）双跑楼梯滑动约束
1—预制楼梯；2—打胶；3—PE棒；4—聚苯填充；5—砂浆封堵；6—C40级CGM灌浆料；
7—砂浆找平层；8—M16 C级螺栓；9—固定螺母及垫片；10—油毡一层

3.4.7 女儿墙

女儿墙是建筑物屋顶四周围的矮墙，主要作用除维护安全外，也会在低处施作防水压砖收头，以避免防水层渗水，或屋顶雨水漫流。

3.4.7.1 平面图设计

预制女儿墙平面图（图3.4.7-1）首先根据标准层外墙挂板的拆分原则进行拆分，保证同一位置外立面竖向缝在一条直线上，如竖缝无法与下层一致，其分缝应布置在现浇墙柱的位置且符合施工图的外立面要求。同时墙板拆分应考虑生产、运输、吊装方便，受力合理，建筑立面美观等因素，应尽量减少异形构件的出现，且尽可能达到标准化、少规格的分板要求。

根据女儿墙施工图，预制范围除百叶外，外围护墙体均预制，且电梯机房外围护墙板也采用预制形式。本项目女儿墙根据不同厚度区分为：①160mm的三明治夹心保温构件（60mm混凝土＋50mm挤塑聚苯板XPS＋50mm混凝土），②260mm的三明治夹心保温构件（160mm混凝土＋50mm挤塑聚苯板XPS＋50mm混凝土），③200mm的三明治夹心保温构件（60mm混凝土＋80mm挤塑聚苯板XPS＋60mm混凝土）。

北面女儿墙（图3.4.7-2）设计时需注意楼梯间、电梯机房处墙板竖向高度超过3.2m，故拆分时构件宽度方向必须小于3.2m（工厂钢台车宽度限制），相对于标准层此处分板会增加一道竖缝，在后期外墙填缝及装饰时处理。注意根据电梯机房层梁、板标高位置，判断此处女儿墙连接钢筋的定位。

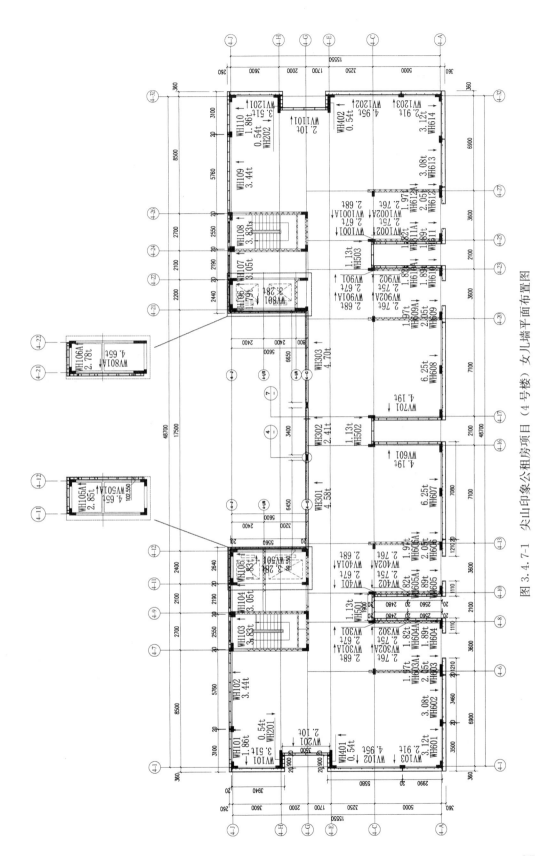

图 3.4.7-1 尖山印象公租房项目（4号楼）女儿墙平面布置图

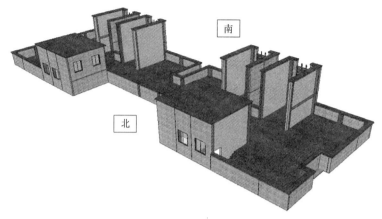

图 3.4.7-2　尖山印象公租房项目（4 号楼）预制女儿墙模型图（北向）

南面女儿墙（图 3.4.7-3）在拆分时主要考虑外立面造型的做法，注意根据此处出屋面后的梁、板标高位置，进行构件的横向拆分。

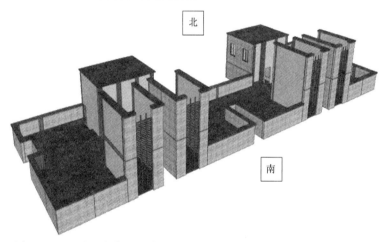

图 3.4.7-3　尖山印象公租房项目（4 号楼）预制女儿墙模型图（南向）

女儿墙设计时水电预埋应注意：女儿墙上压顶梁为预制时需参照规范要求预埋防雷支架（图 3.4.7-4），若压顶梁为现浇时需与施工方沟通做法，可不预埋防雷支架。

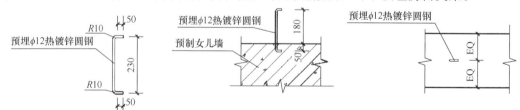

图 3.4.7-4　防雷支架预埋示意图

3.4.7.2　节点分析

女儿墙节点大样如图 3.4.7-5 所示。

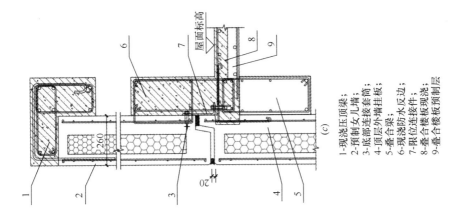

1-现浇压顶梁；
2-预制女儿墙；
3-底部连接套筒；
4-顶层外墙预挂板；
5-叠合梁；
6-现浇楼板现浇层；
7-限位连接件；
8-叠合楼板现浇层；
9-叠合楼板预制层

(c)

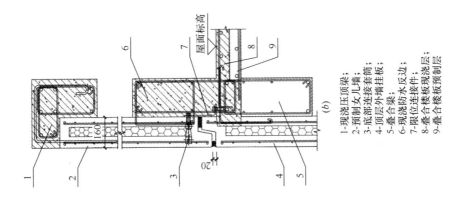

1-现浇压顶梁；
2-预制女儿墙；
3-底部连接套筒；
4-顶层外墙预挂板；
5-叠合梁防水反边；
6-现浇楼板现浇层；
7-限位连接件；
8-叠合楼板现浇层；
9-叠合楼板预制层

(b)

图 3.4.7-5 女儿墙连接节点图

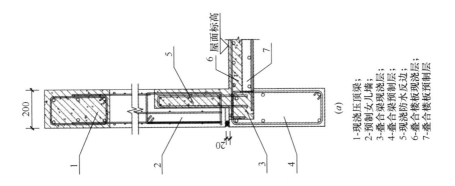

1-现浇压顶梁；
2-预制女儿墙；
3-叠合梁现浇层；
4-叠合梁预制层；
5-叠合梁防水反边；
6-叠合楼板现浇层；
7-叠合楼板预制层

(a)

3.5 PC生产工艺设计

3.5.1 PC生产工艺设计流程

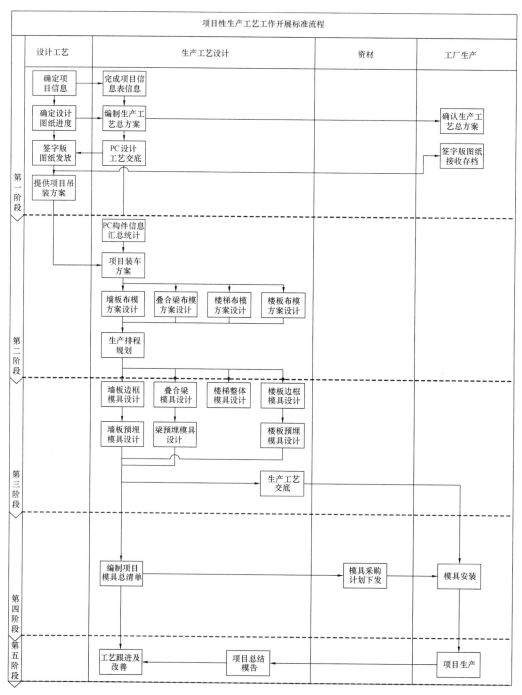

图 3.5.1-1 PC生产工艺设计流程

3.5.2 PC生产工艺设计内容

3.5.2.1 制定生产工艺总方案

根据构件详图的信息，将构件所组成的部分进行划分，细分为各个工艺步骤去完成。通过现场流水线生产模式，确定各个工艺步骤在流水线上的流转顺序。

在每个构件的生产过程中，涉及模具的拆装顺序、钢筋预埋的安装顺序、挤塑板的铺设顺序，生产工艺总方案需确认整个构件生产的全部流程。

确定模具的方案、材料和规格以及固定方式，确定水电预埋方案及拆装方式。在设计模具与工装的拆装顺序过程中，要充分考虑模具的拆装方式，消除模具挡边与挡边之间、模具与工装之间、模具与钢筋之间产生干涉而导致拆装困难。

确定各层网片、加强筋、箍筋笼、连接钢筋的放置顺序，确保放置过程中不产生干涉，同时有利于员工的操作。

以尖山4栋、6栋、8栋为例，表3-3显示了外墙挂板排模表。

3.5.2.2 项目装车方案

根据设计工艺提供的"尖山印象4、6、8栋项目吊装方案"、"PC构件信息表"，来确定"装车方案"，由"装车方案"来确定"堆码方案"。

如工厂采用的是整体存放架进行存放（表3-4），则需要按照运输架在现场吊装时两端依次往中间吊装构件的原则，结合每块构件对应的吊装顺序，布置好各个运输架中构件的存放位置。重量限制要求：车辆载重减去存放架5t为PC板整体重量控制标准，货架放置完毕后，左右板重量偏差控制在±0.5t，当装车布置顺序要求与重量限制要求冲突时，优先考虑重量限制要求。

如工厂采用的是普通存放架（表3-4），则需要先确认运输方案中各个整体运输架的构件明细，在工厂规划的存放架区域，按照单个运输架内的构件明细，将其摆放在存放架的相邻位置，确保同一个整体运输架内的构件，处在相邻的摆放位置，从而提高将构件从存放架吊装至整体运输架内的工作效率。

根据PC设计工艺提供的"尖山印象4、6、8栋项目吊装方案"，确定楼板的"装车方案"（表3-5）。

根据"装车方案"确定"堆码方案"，堆码要求需按照大板摆下、小板摆上以及先吊摆上、后吊摆下的原则；当两者冲突时优先采用大板摆下、小板摆上原则；板长宽尺寸差距在600mm范围内的，上下位置可以任意对调。通过调节应尽量保证先吊的摆上、后吊的摆下的原则。根据品质规范要求，确定叠合楼板可承受的最高堆码数量6~8层。

根据资材物流提供的车型，确定车辆存放区域尺寸及载重。

墙板装车方案设计：按照吊装顺序升序排列整个构件信息，根据资材提供的运输车辆的载重信息，按照吊装顺序从先到后确认每一台车内的构件信息，完成后统计整车的重量是否符合运输车载重要求，再统计整个板厚加上插销的间距，确保构件在整体存放架中存放不会超宽。如有超重或超宽，需减少运输架内构件数量。

PC构件信息统计表

表 3-3

PC数量	模具数量	台车	台车利用率	生产线	编制																		
52	52	18				4栋、6栋3~33层 8栋3~29层																	

标准层吊装顺序	楼层	编号	外框尺寸(mm)			窗洞尺寸1(mm)		窗洞尺寸2(mm)		窗洞尺寸3(mm)		PC面积(m²)	层用量	模量数量	台车	备注	吊灯	灌浆棒	正面150擦筋槽	M12×60套筒	M16×80套筒	正面86盒	反面86盒	方孔60×130	φ75通孔	φ350通孔	圆形磁铁	方管	节点大样1
			长	宽	厚	长	高	长	高	长	高																		
1	标准层	WV701	5780	2960	160							17.11	1	1	1														
2	标准层	WH104	2640	2960	160							7.81	1	1															
9	标准层	WV201	1680	2670	160	900	1450					4.49	1	1	2														
3	标准层	WH103	4760	2960	160	1400	1450	1400	1450			14.09	1	1															
4	标准层	WH102	5760	2960	160	900	1450	600	1450	900	1450	17.05	1	1															
5	标准层	WH101	3100	2960	160							9.18	1	1	3														
6	标准层	WV101	3940	2960	260	1600	1450					11.66	1	1															
7	标准层	WH201	2830	2880	160							8.15	1	1															
8	标准层	WH301	1910	2730	160							5.21	1	1	4														
10	标准层	WH401	900	2730	160							2.46	1	1															
11	标准层	WV102	5580	2960	260	600	1450	1600	1450			16.52	1	1															
12	标准层	WH103	2990	2960	260							8.85	1	1	5														
13	标准层	WH501	3920	2960	260	1800	1450					11.60	1	1															
14	标准层	WV301	2780	2960	160							8.23	1	1															
15	标准层	WV401	2780	2960	160							8.23	1	1	6														
16	2-29层	WH502	4120	2960	260	1800	1450					12.20	1	1															
	30-33层	WH502	4120	2960	260	1800	2050					12.20	1	1															
17	标准层	WV502	2560	2960	160							7.58	1	1	7														
18	标准层	WV501	4030	2960	260	600	1450	900	1450			11.93	1	1															
19	标准层	WV601	4030	2960	260	900	1450	600	1450			11.93	1	1															
20	标准层	WV602	2560	2960	160							7.58	1	1	8														
21	2-29层	WH503	4120	2960	260	1800	1450					12.20	1	1															
	30-33层	WH503	4120	2960	260	1800	2050					12.20	1	1															
22	标准层	WV702	2780	2960	160							8.23	1	1															
23	标准层	WV801	2780	2960	160							8.23	1	1															
24	标准层	WH504	4120	2960	260	1800	1450					12.20	1	1															

墙板存放架 表 3-4

示意图		
名称	3m 普通存放架	9m 整体存放架
内空尺寸	内宽 2850mm、高 2500mm	内长 8637mm、内宽 2057mm、高 2500mm
插销	板与板之间需加插销固定（插销直径 50mm），板与板之间间距为 60mm	

楼板存放架 表 3-5

示意图		
名称	单梁存放架	整体存放架
尺寸大小	单根长度 3000mm	长 3500mm、宽 3000mm

完成"装车存放方案"表后，根据确定好的每个运输架内的构件明细，完成"运输架构件存放示意图"，确定构件的存放位置，应满足如下几点要求：

（1）相对立的左右构件之间无干涉现象。

（2）构件位置摆放，应满足从运输架两侧往中间吊装的现场吊装，保证在吊装过程中能够实现由两端分别向中间吊装构件，保证运输架整体平衡。

楼板装车方案设计：根据吊装顺序，以及品质规范要求的楼板最高堆码数量，确定堆码垛数，按照吊装顺序确定每垛构件明细。如每垛可放置 7 块构件，可将吊装顺序前 7 块构件规划为第一个堆码，以此类推。

根据资材运输提供的车辆规格，确定车辆托运区域尺寸；再取每个堆码中尺寸最大的楼板进行摆放，确定每个车次上楼板堆码的数量，保证楼板及伸出钢筋均未超出车运输摆放区域，且整体重量未超过运输车载重。

确定运输车次后，再确定每个堆码中构件的堆码顺序。根据构件面积大小，采取大板堆下层，小板堆上层的原则，结合吊装顺序将优先吊装的构件放置在上层优先吊装的位置，如前后原则产生冲突，则优先将大板放置在下层，保证构件运输安全。至此，"楼板存放方案"表已经编制完成。

完成"楼板存放方案"后，根据堆码顺序及每车的堆码垛数，设计楼板堆码方案图。确定各层板的摆放位置和楼板吊具的摆放位置。表 3-6 和表 3-7 为尖山 4、6、8 栋墙板和楼板的装车计划。图 3.5.2-1 为楼板存放方案。

尖山4、6、8栋墙板装车计划　　　　　　　　　　　　　　　　　　　　　　　　　　　　　　　　　　　　　表3-6

序号	层次	PC板编号	长(mm)	宽(mm)	高(mm)	数量	单块重量(t)	装车顺序(运输架)左	装车顺序(运输架)右	吊装顺序	伸出钢筋 左	伸出钢筋 右	车次	装车重量(t)
1	标准层	WV701	5780	2960	160	1	4.70			1				
2	标准层	WV201	1680	2730	160	1	1.26			2				
3	标准层	WH104	2640	2960	160	1	2.15			3				
4	标准层	WH103	4760	2960	160	1	2.76			4			第1车	28.79
5	标准层	WH102	5760	2960	160	1	3.73			5				
6	标准层	WH401	900	2880	160	1	0.71			6				
7	标准层	WH101	3100	2960	160	1	2.52			7				
8	标准层	WV101	3940	2960	260	1	3.74			8				
9	标准层	WH201	2830	2880	160	1	2.24			9				
10	2-29层	WH301	1910	2730	160	1	1.43			10				
11	标准层	WV103	2990	2960	260	1	3.54			12				
						11	28.79353							
12	标准层	WV502	2560	2960	160	1	2.08			17				
13	标准层	WV501	4030	2960	160	1	2.68			18				
14	标准层	WV601	4030	2960	160	1	2.68			19				
15	标准层	WV602	2560	2960	160	1	2.08			20				
16	标准层	WH503	4120	2960	260	1	3.83			21			第2车	29.17
17	标准层	WV702	2780	2960	160	1	2.26			22				
18	标准层	WV801	2780	2960	260	1	2.26			23				
19	标准层	WH504	4120	2960	260	1	3.83			24				
20	标准层	WV902	2560	2960	160	1	2.08			25				
21	标准层	WV901	4030	2960	160	1	2.68			26				
22	标准层	WV1001	4030	2960	160	1	2.68			27				
						11	29.17							

尖山 4、6、8 栋楼板装车计划

表 3-7

序号	层次	PC板编号	长(mm)	宽(mm)	高(mm)	数量	单块重量(t)	装车顺序(托盘)	吊装顺序	伸出钢筋 左	伸出钢筋 右	车次	装车重量(t)	备注
1	标准层	FB14	5400	1930	50	1	1.30	第1垛	1					
2	标准层	FB10	5180	2210	50	1	1.43	第1垛	2					
3	标准层	FB02	5680	2700	50	1	1.92	第1垛	3					
4	标准层	FB03	5680	2700	50	1	1.92	第1垛	4					
5	标准层	FB06	4980	2725	50	1	1.70	第1垛	5					
6	标准层	FB07	4980	2725	50	1	1.70	第1垛	6					
7	标准层	FB05	1530	4680	50	1	0.90	第1垛	7					
8	标准层	FB09	2830	3440	50	1	1.22	第1垛	8					
9	标准层	FB11	3400	2430	50	1	1.03	第1垛	9					
10	标准层	FB01	3400	2480	50	1	1.05	第1垛	10			第9车		
11	标准层	FB08	3100	2430	50	1	0.94	第2垛	11					
12	标准层	FB12	2180	1600	50	1	0.44	第2垛	12					
13	标准层	FB19	2180	1600	50	1	0.44	第2垛	13					
14	标准层	FB16	2600	1330	50	1	0.43	第2垛	14					
15	标准层	FB15	1650	1330	50	1	0.27	第2垛	15					
16	标准层	FB18	1180	1300	50	1	0.19	第2垛	16					
17	标准层	FB04	1530	2520	50	1	0.48	第2垛	17					
18	标准层	KB01	1860	750	100	1	0.35	第2垛	18					
19	标准层	FB17	1930	3350	50/120	1	0.81	第3垛	19					
20	标准层	YB01	1815	1600	300/60	1	0.36	第3垛	20					
21	标准层	YB02	3200	1765	120/50	1	0.71	第3垛	21					

续表

序号	层次	PC板编号	长(mm)	宽(mm)	高(mm)	数量	单块重量(t)	装车顺序(托盘)	吊装顺序	伸出钢筋 左	伸出钢筋 右	车次	装车重量(t)	备注
22	标准层	FB37	5180	2210	50	1	1.43	第1垛	22			第10车		
23	标准层	FB41	5180	2210	50	1	1.43		23					
24	标准层	FB23	5180	2210	50	1	1.72		24					
25	标准层	FB27	5180	2210	50	1	1.43		25					
26	标准层	FB33	1330	3600	50	1	0.60		26					
27	标准层	FB39	1330	3600	50	1	0.60		27					
28	标准层	FB21	1330	3600	50	1	0.60		28					
29	标准层	FB31	3800	1330	50	1	0.63		29					
30	标准层	FB25	1330	3600	50	1	0.60	第2垛	30					
31	标准层	FB22	2830	3440	50	1	1.22		31					
32	标准层	FB26	2830	3440	50	1	1.22		32					
33	标准层	FB24	3400	2430	50	1	1.03		33					
34	标准层	FB28	3400	2430	50	1	1.03		34					
35	标准层	FB36	2830	3440	50	1	1.22		35					
36	标准层	FB40	2830	3440	50	1	1.22		36					
37	标准层	FB38	3400	2430	50	1	1.03		37					
38	标准层	FB42	3400	2430	50	1	1.03		38					
39	标准层	FB29	2180	1600	50	1	0.44		39					
40	标准层	FB34	2180	1600	50	1	0.44		40					
41	标准层	YB03	3100	1765	120/50	1	0.90	第3垛	41					
42	标准层	FB32	1930	3350	50/120	1	1.00		42					
43	标准层	YB04	3100	1765	120/50	1	0.90		43					

续表

序号	层次	PC板编号	长(mm)	宽(mm)	高(mm)	数量	单块重量(t)	装车顺序(托盘)	吊装顺序	伸出钢筋 左	伸出钢筋 右	车次	装车重量(t)	备注
44	标准层	FB53	5180	2210	50	1	1.43	第1垛	44			第11车		
45	标准层	FB60	4980	2725	50	1	1.70		45					
46	标准层	FB61	4980	2725	50	1	1.70		46					
47	标准层	FB55	5680	2700	50	1	1.92		47					
48	标准层	FB56	5680	2700	50	1	1.92		48					
49	标准层	FB46	5400	1930	50	1	1.30		49					
50	标准层	FB57	1530	4680	50	1	0.90	第2垛	50					
51	标准层	FB52	2830	3440	50	1	1.22		51					
52	标准层	FB58	3400	2480	50	1	1.05		52					
53	标准层	FB54	3400	2430	50	1	1.03		53					
54	标准层	FB62	3100	2430	50	1	0.94		54					
55	标准层	FB43	1300	1330	50	1	0.22		55					
56	标准层	FB47	2600	1330	50	1	0.43		56					
57	标准层	FB44	2180	1600	50	1	0.44	第3垛	57					
58	标准层	FB50	2180	1600	50	1	0.44		58					
59	标准层	FB49	1650	1330	50	1	0.27		59					
60	标准层	FB59	1530	2520	50	1	0.48		60					
61	标准层	KB02	1860	750	100		0.35		61					
62	标准层	YB06	1815	1600	300/60		0.36		62					
63	标准层	YB05	3200	1765	120/50		0.90		63					
64	标准层	FB48	1930	3350	50/120	1	1.00		64					

105

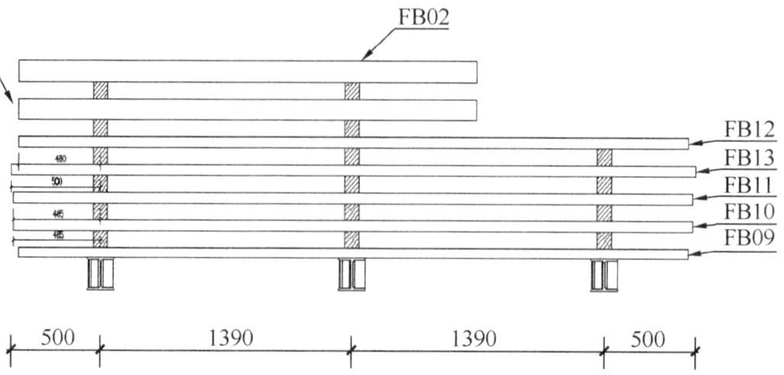

图 3.5.2-1 楼板存放方案——设计楼板堆码方案图

3.5.2.3 PC构件布模方案设计

根据尖山印象4、6、8栋项目施工进度和"堆码方案"来确定生产台车布置方案设计。

（1）PC构件台车布置是根据PC构件类型（外挂板、内墙、隔墙、梁、楼板、阳台板、空调板）进行规划；

（2）根据尖山印象4、6、8栋项目施工进度确定模具配比（根据吊装和生产的时间差来确定模具的配比，确定最少最优化模具数量），确定模具材料清单，使模具材料费用可控；

（3）钢台车布置时，要考虑提高台车利用率：台车面积利用率＝布置PC板总面积/台车总面积（利用率经验值为45%～70%），台车尺寸如表3-8所示；

台车尺寸表　　　　　　　　　　　　　　　　　表3-8

名称	8m钢台车	9m钢台车	12m钢台车
台车尺寸	8m*3.5m	9m*3.5m	12m*3.5m
台车面积	28m²	31.5m²	42m²

（4）PC构件台车布置时必须考虑布置的重心，长久流转或堆码养护窑吊装时，应防止钢台车变形。

根据"装车方案"进行布模，布模表应当按照装车图来布置，保证脱模顺序能按照装车的顺序进行脱模，同时尽可能满足产品脱模后吊装至整体运输架的要求。PC构件以一车为单位进行布模，遇到台车利用率较低的可以微调，基础信息可从"PC构件信息统计表"中提取，编制"布模设计清单表"如表3-9和表3-10所示。

布模图是为了简化生产装模工作、减少工人计算误差及控制PC构件实现模具布置标准化。布模图根据布模设计清单而生成，每块布模PC构件上均需要标示PC板编号、重量、装车号等信息；墙板在同一台车上多块PC板布置时，按照大板居中、小板左右的原则，尽量保证重量居中平衡；楼板在同一台车上多块PC板布置时，以台车宽度方向居中布置，尽量保证重量居中平衡；所有PC构件布模图，均以PC详图主视图为主。如图3.5.2-2所示。

尖山4、6、8栋外墙挂板排模表

表3-9

PC数量	模具数量	台车	台车利用率	生产线	编制	4、6栋3~33层 8栋3~29层								
52	52	18												

标准层			外框尺寸（mm）			窗洞尺寸1（mm）		窗洞尺寸2（mm）		窗洞尺寸3（mm）		PC面积（m²）	层用量	模具数量	台车	备注
吊装顺序	楼层	编号	长	宽	厚	长	高	长	高	长	高					
1	标准层	WV701	5780	2960	160							17.11	1	1	1	
2	标准层	WH104	2640	2960	160							7.81	1	1	1	
9	标准层	WV201	1680	2670	160	900	1450					4.49	1	1	1	
3	标准层	WH103	4760	2960	160	1400	1450	1400	1450			14.09	1	1	1	2
4	标准层	WH102	5760	2960	160	900	1450	600	1450	900	1450	17.05	1	1	1	
5	标准层	WH101	3100	2960	160							9.18	1	1	1	3
7	标准层	WH201	2830	2880	160							8.15	1	1	1	
8	标准层	WH301	1910	2730	160							5.21	1	1	1	
10	标准层	WH401	900	2730	160							2.46	1	1	1	
6	标准层	WV101	3940	2960	260	1600	1450					11.66	1	1	1	4
11	标准层	WV102	5580	2960	260	600	1450	1600	1450			16.52	1	1	1	
12	标准层	WV103	2990	2960	260	1800	1450					8.85	1	1	1	5
13	标准层	WH501	3920	2960	160							11.60	1	1	1	
14	标准层	WV301	2780	2960	160	600	1450	900	1450			8.23	1	1	1	
15	标准层	WV401	2780	2960	160							8.23	1	1	1	
26	标准层	WV901	4030	2960	160	600	1450	900	1450			11.93	1	1	1	6
17	标准层	WV502	2560	2960	160	600	1450					7.58	1	1	1	
18	标准层	WV501	4030	2960	160	600	1450	900	1450			11.93	1	1	1	
19	标准层	WV601	4030	2960	160	900	1450	600	1450			11.93	1	1	1	7
20	标准层	WV602	2560	2960	160							7.58	1	1	1	

107

续表

吊装顺序	楼层	编号	外框尺寸 (mm) 长	外框尺寸 (mm) 宽	外框尺寸 (mm) 厚	窗洞尺寸1 (mm) 长	窗洞尺寸1 (mm) 高	窗洞尺寸2 (mm) 长	窗洞尺寸2 (mm) 高	窗洞尺寸3 (mm)	PC面积 (m²)	层用量	模具数量	台车	备注
21	2~29层	WH503	4120	2960	260	1800	1450				12.20	1	1	8	
	30~33层	WH503	4120	2960	260	1800	2050				12.20	1	1		模具改制
22	标准层	WV702	2780	2960	160						8.23	1	1		
23	标准层	WV801	2780	2960	160						8.23	1	1		
24	标准层	WH504	4120	2960	260	1800	1450				12.20	1	1	9	
	2~29层	WH502	4120	2960	260	1800	1450				12.20	1	1		
16	30~33层	WH502	4120	2960	260	1800	2050				12.20	1	1		模具改制
25	标准层	WV902	2560	2960	160						7.58	1	1		
27	标准层	WV1001	4030	2960	160	900	1450	600	1450		11.95	1	1	10	
28	标准层	WV1002	2560	2960	160						7.58	1	1		
29	标准层	WH505	4120	2960	260	1800	1450				12.20	1	1		
30	标准层	WV1101	2780	2960	160						8.23	1	1	11	
31	标准层	WV1202	2780	2960	160						8.23	1	1		
	2~29层	WH506	4120	2960	260	1800	1450				12.20	1	1		
32	30~33层	WH506	4120	2960	260	1800	2050				12.20	1	1		模具改制
33	标准层	WV1302	2560	2960	160						7.58	1	1	12	
34	标准层	WV1301	4030	2960	160	900	1450	600	1450		11.93	1	1		
35	标准层	WV1401	4030	2960	160	900	1450	600	1450		11.93	1	1		
36	标准层	WV1402	2560	2960	160						7.58	1	1		
37	2~29层	WH507	4120	2960	260	1800	1450				12.20	1	1	13	
	30~33层	WH507	4120	2960	260	1800	2050				12.20	1	1		模具改制
38	标准层	WV1501	2780	2960	160						8.23	1	1		
39	标准层	WV1601	2780	2960	160						8.23	1	1		

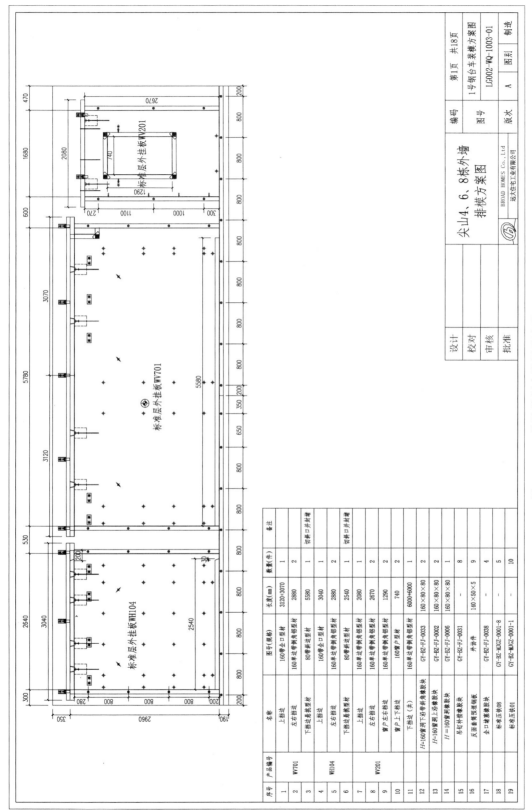

图 3.5.2-2 外墙挂板布模图及清单

尖山4、6、8栋楼板排模表　　　　　　　　　　　　　　　　　　　　　　　　表3-10

	PC数量	模具数量	台车	生产线	编制		4、6栋：3～33层		
标准层	64	64	23				8栋：3～29层		

序号	楼层	编号	外框尺寸（mm）			面积 (m²)	模具数量	台车	叠	车次	说明
			长（型材）	宽（角铁）	厚						
2	标准层	FB02	5680	2700	50	15.34		T251	第1叠	第1车	
7	标准层	FB07	4980	2725	50	13.57					
3	标准层	FB03	5680	2700	50	15.34		T061			
6	标准层	FB06	4980	2725	50	13.57					
10	标准层	FB10	5180	2210	50	11.45		T155			
14	标准层	FB14	5400	1930	50	10.42					
1	标准层	FB01	3400	2480	50	8.43		T137			
9	标准层	FB09	2830	3440	50	9.74					
11	标准层	FB11	3400	2430	50	8.26					
5	标准层	FB05	1530	4680	50	7.16		T057			
4	标准层	FB04	1530	2520	50	3.86					
8	标准层	FB08	3100	2430	50	7.53			第2叠		
12	标准层	FB12	2180	1600	50	3.49		T272			
19	标准层	FB19	2180	1600	50	3.49					
15	标准层	FB15	1650	1330	50	2.19					
16	标准层	FB16	2600	1330	50	3.46					
18	标准层	FB18	1180	1300	50	1.53					
63	标准层	YB02	3200	1765	120/50	5.65			第3叠		
65	标准层	YB01	1815	1600	300/60	2.90					
17	标准层	FB17	1930	3350	50/120	6.47					
66	标准层	KB01	1860	750	100	1.40					
21	标准层	FB21	1330	3600	50	4.79		T115	第1叠	第2车	
25	标准层	FB25	1330	3600	50	4.79					
33	标准层	FB33	1330	3600	50	4.79					
39	标准层	FB39	1330	3600	50	4.79					
31	标准层	FB31	3800	1330	50	5.05					
23	标准层	FB23	5180	2210	50	11.45		T043			
27	标准层	FB27	5180	2210	50	11.45					
37	标准层	FB37	5180	2210	50	11.45		T001			
41	标准层	FB41	5180	2210	50	11.45					
22	标准层	FB22	2830	3440	50	9.74		T101			
26	标准层	FB26	2830	3440	50	9.74					
36	标准层	FB36	2830	3440	50	9.74					
24	标准层	FB24	3400	2430	50	8.26		T164	第2叠		
28	标准层	FB28	3400	2430	50	8.26					
38	标准层	FB38	3400	2430	50	8.26					
40	标准层	FB40	2830	3440	50	9.74		T092			
42	标准层	FB42	3400	2430	50	8.26					
29	标准层	FB29	2180	1600	50	3.49					
34	标准层	FB34	2180	1600	50	3.49					
34	标准层	FB32	1930	3350	50/120	6.47					
67	标准层	YB03	3100	1765	120/50	5.47		T056	第3叠		
68	标准层	YB04	3100	1765	120/50	5.47					

续表

	PC数量	模具数量	台车	生产线	编制		4、6栋：3～33层 8栋：3～29层			
标准层	64	64	23							
序号	楼层	编号	外框尺寸（mm）			面积 (m²)	模具 数量	台车	叠	车次	说明
			长（型材）	宽（角铁）	厚						
55	标准层	FB55	5680	2700	50	15.34		T171	第1叠	第3车	
60	标准层	FB60	4980	2725	50	13.57					
61	标准层	FB61	4980	2725	50	13.57		LG311			
56	标准层	FB56	5680	2700	50	15.34					
46	标准层	FB46	5400	1930	50	10.42		T048			
53	标准层	FB53	5180	2210	50	11.45					
57	标准层	FB57	1530	4680	50	7.16		T040			
59	标准层	FB59	1530	2520	50	3.86					
47	标准层	FB47	2600	1330	50	3.46					
49	标准层	FB49	1650	1330	50	2.19					
43	标准层	FB43	1300	1330	50	1.73					
44	标准层	FB44	2180	1600	50	3.49					
50	标准层	FB50	2180	1600	50	3.49					
64	标准层	KB02	1860	750	100	1.40					
70	标准层	YB06	1815	1600	300/60	2.90					
54	标准层	FB54	3400	2430	50	8.26		T029			
58	标准层	FB58	3400	2480	50	8.43					
62	标准层	FB62	3100	2430	50	7.53					
52	标准层	FB52	2830	3440	50	9.74		T203			
48	标准层	FB48	1930	3350	50/120	6.47					
69	标准层	YB05	3200	1765	120/50	5.65					
		合 计				430.96	0				

（1）尺寸标注：需标注产品的外形尺寸及门窗洞、缺口尺寸；产品在钢台车上的位置尺寸。

（2）布模图纸内模具材料清单分为：挡边模具材料清单，辅助模具材料清单。挡边模具材料清单包括铝型材、槽钢、钢板焊接件；辅助模具材料清单包括模具固定件（丝杆、螺帽、压铁、垫片），模具连接件（螺栓、螺帽、垫片、铁销），模具补偿件（各种翻边、缺口、剪力件、门窗橡胶补偿件、门槛等）。

3.5.2.4 墙板边框模具设计

根据签字版构件详图中确定的产品外框尺寸和其外框尺寸对应目前所使用的型材规格优先使用型材。对于墙板外框不能适用型材或型钢的产品构件，均需要采用钢板拼接外协件制作模具挡边，具体挡边外协图应根据产品外框结构进行设计（图3.5.2-3）。

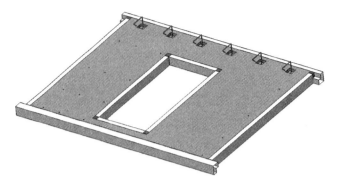

图 3.5.2-3 墙板模具图

3.5.2.5 叠合梁模具设计

(1) 梁模具分为上下挡边、左右暗梁端模,标准梁厚度为 200mm,模具材料统一采用[20a 槽钢。

(2) 下挡边统一固定在台车上,通过焊接固定,底部两边均需进行点焊以保证焊接强度。左右暗梁端模分为两段,下段与台车面通过焊接固定,焊接位置保证槽钢上端面与梁底筋相切,保证底筋的保护层厚度,从而保证箍筋的伸出长度。

(3) 上端通过螺杆与上挡边连接,上端开 U 形槽缺口以避开梁底筋伸出,U 形槽上挡边采用[20a 槽钢,在与箍筋伸出对应位置居中开。特殊外形结构的梁,需经讨论确定模具方案,完成模具设计工作,梁模具如图 3.5.2-4 所示。

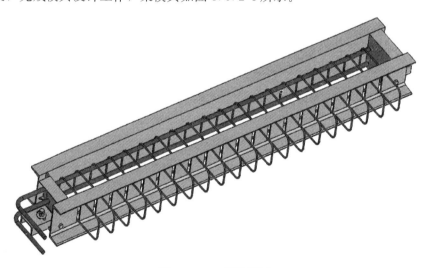

图 3.5.2-4 梁模具图

3.5.2.6 楼梯整体模具设计

楼梯整体模具设计需根据工艺提供的尖山印象 4、6、8 栋项目楼梯详图,讨论确定模具方案,完成模具设计工作。楼梯模具总装图如图 3.5.2-5 所示。

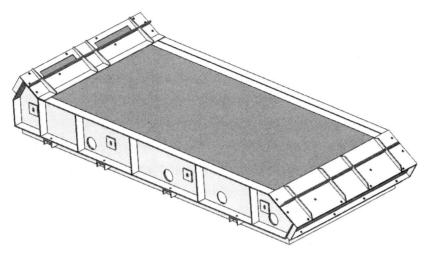

图 3.5.2-5　楼梯模具总装图

3.5.2.7　楼板边框模具设计

楼板边框根据构件详图，对没有钢筋伸出的挡边，应优先使用铝型材，型材的选择按照厚度执行，对有钢筋伸出或构件高度无法使用型材的楼板，优先选择型钢开缺加工，固定方式根据选择的型钢类型，确定固定方案（图3.5.2-6）。

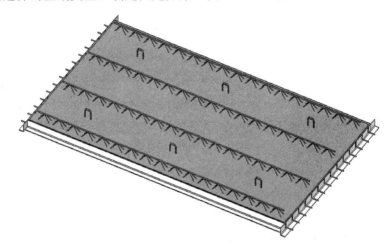

图 3.5.2-6　楼板模具图

如出现特殊结构的楼板外框，需经讨论确定模具方案，完成模具设计工作。

3.5.2.8　预埋模具方案设计

尖山印象4、6、8栋项目各构件中所有预埋模具方案按照图纸要求执行（图3.5.2-7～图3.5.2-9），如尖山印象4、6、8栋项目有归类为特殊的预埋件，需内部讨论工艺方案后，确定该预埋模具方案。

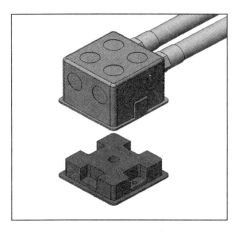

图 3.5.2-7 线盒预埋方案

图 3.5.2-8 手孔预埋方案

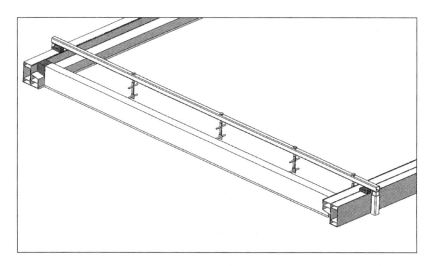

图 3.5.2-9 预埋件示意图

3.5.2.9 编制尖山印象4、6、8栋项目模具总清单

在确定尖山印象4、6、8栋项目所有模具及预埋方案、完成所有图纸设计后，需编制一份"尖山印象4、6、8栋项目模具总清单"，对整个尖山印象4、6、8栋项目需要的模具量进行统一汇总，完成后将此清单与模具图纸一并发放给资材部门进行模具采购计划，如表3-11所示。

尖山印象4、6、8栋项目模具总清单表　　　　　　表 3-11

序号	材料名称	规格	图号	数量	单位	备注
1	企口堵塞橡胶块		GY-BZ-FJ-0038	110	个	
2	双线管方形橡胶块		GY-BZ-FJ-0009	35	个	
3	86线盒定位块		GY-BZ-FJ-0025	110	个	
4	86线盒定位块（厚的楼板用）			120	个	

续表

序号	材料名称	规格	图号	数量	单位	备注
5	D=100 方形预埋橡胶块	100*80	GY-BZ-FJ-0019	43	个	
6	D=110 圆形预埋橡胶块	φ120*80	GY-BZ-FJ-0034	50	个	
7	D=160 圆形预埋橡胶块	φ170*80	GY-BZ-FJ-0035	34	个	
8	D=180 圆形预埋橡胶块	φ190*80	GY-BZ-FJ-0036	2	个	
9	D=90 圆形预埋橡胶块	φ90*80	GY-BZ-FJ-0020	22	个	
10	H=160 窗洞上沿橡胶块	160*80*80	GY-BZ-FJ-0002	80	个	
11	H=160 窗洞下沿带斜边橡胶块	160*80*80	GY-BZ-FJ-0033	80	个	
12	H=160 窗洞橡胶块	160*80*80	GY-BZ-FJ-0006	50	个	
13	H=200 窗洞橡胶块	200*80*80	GY-BZ-FJ-0007	100	个	
14	φ50 橡胶棒	φ50*100	GY-BZ-FJ-0026	54	个	1个切成2个用
15	波胶补偿橡胶块		GY-BZ-FJ-0031	220	个	
16	单线管圆形橡胶块（节点1）	48*40	GY-BZ-FJ-0008	40	个	
17	波胶			200	个	丝杆长度200mm
18	波胶			282	个	丝杆长度50mm
19	波胶			80	个	丝杆长度120mm
20	标准压铁01		GY-BZ-MJGZ-0001-1	260	个	
21	标准压铁03		GY-BZ-MJGZ-0001-3	40	个	
22	标准压铁08		GY-BZ-MJGZ-0001-8	500	个	
23	滴水线槽	20*10		25	米	阳台板和空调板用
24	反面套筒预埋钢板	140*50*5		150	个	
25	反面预埋铁盒（单根线管）	200*100*80		10	个	
26	正面预埋铁盒（单根线管）	200*100*80		20	个	
27	六角自攻自钻钉	M12*100		6000	个	彩锌
28	螺母	M16		###	个	
29	50垫片	φ50		4000	个	
30	螺栓	M16*200		200	个	全丝、8.8级
31	螺栓	M16*250		80	根	全丝、8.8级
32	螺栓	M16*160		40	根	全丝、8.8级
33	门槛	200*1000		2	个	单层数量备10层
34	门槛	1200*200		2		单层数量备10层
35	门槛	1800*200		1		单层数量备10层
36	门槛	1000*200		8		单层数量备10层
37	门槛	1100*200		1		单层数量备10层
38	墙槽	1050*50		8	根	
39	墙槽	550*50		12	根	
40	墙槽	1250*50		12	根	

续表

序号	材料名称	规格	图号	数量	单位	备注
41	方钢	40＊4		＃＃＃	米	
42	堵浆件	165＊18	GY-BZ-FJ-0023	＃＃＃		梁
43	堵浆件	165＊18	GY-BZ-FJ-0023	500		内墙
44	尼龙件	φ160＊100		18	个	沉箱用、外协件
45	楼板橡胶卡槽			＃＃＃	个	
46	剪力键			162		

3.5.2.10 模具安装工艺交底

在完成模具设计后，由该尖山印象 4、6、8 栋项目的模具设计负责人，对工厂生产部（含生产线班组长）、品质部、资材部等部门进行项目生产工艺技术交底。

主要技术交底内容有：
(1) 各类构件的模具方案、挡边组成及固定方案；
(2) 各类构件模具安装方案、挡边安装顺序。
(3) 各类预埋方案及安装方案；
(4) 拆模过程中各类挡边及预埋的拆卸方式和拆卸顺序。

3.5.3 生产过程

生产流程如图 3.5.3-1 所示。

图 3.5.3-1 生产过程流程图

3.5.3.1 模具及台车清理

(1) 使用工具清理台车及模具挡边的残留混凝土和其他杂物（图 3.5.3-2 和图 3.5.3-3）。

图 3.5.3-2　模具及台车清理　　　　　图 3.5.3-3　模具及台车清理

（2）所有模具拼接处均使用铁铲清理干净，保证无杂物残留。
（3）清理下来的混凝土残灰需及时清理收集至指定垃圾筒。

3.5.3.2　模具的安装

模具安装步骤如下（图 3.5.3-4、图 3.5.3-5）：

图 3.5.3-4　模具的安装　　　　　　　图 3.5.3-5　模具的安装

（1）组装前检查清模是否到位，如发现模具未清理干净，不得进行组模。
（2）组模时应仔细检查模具是否有损坏、缺件现象，损坏、缺件的零件应及时维修或更换。
（3）各部件螺栓需校紧，模具拼接处不得有间隙，控制尺寸偏差。
（4）涂洒脱模剂。

3.5.3.3　钢筋加工安装

钢筋加工和安装步骤如下（图 3.5.3-6、图 3.5.3-7）：

图 3.5.3-6 钢筋加工　　　　图 3.5.3-7 钢筋安装

（1）钢筋加工应严格按照设计和标准要求进行加工。
（2）钢筋网片、骨架经检验合格后，吊入模具并调整好位置，垫好保护层垫块。
（3）检查外露钢筋尺寸和位置。

3.5.3.4 预埋件安装

预埋件安装步骤如下（图 3.5.3-8、图 3.5.3-9）：

图 3.5.3-8 预埋件安装　　　　图 3.5.3-9 预埋件安装

（1）安装钢筋连接套筒，用固定装置将套筒固定在模具上。
（2）用工装固定预埋件及电器盒位置，将工装固定在模具上。

3.5.3.5 混凝土浇筑及表面处理

（1）混凝土的浇筑及振捣应严格按照现场作业指导书来执行（图 3.5.3-10）。
（2）挤塑板及连接件的安装按照布置图依次放好，并安装钢筋网片，进行第二次浇捣。
（3）构件浇捣完成后进行表面抹平或拉毛处理，均应按照先关参数执行（图 3.5.3-11）。

图 3.5.3-10 混凝土浇筑

图 3.5.3-11 混凝土表面处理

3.5.3.6 养护

入养护窑应严格按照现场作业指导书来执行（图 3.5.3-12、图 3.5.3-13）。

图 3.5.3-12 养护

图 3.5.3-13 养护

3.5.3.7 脱模

（1）待构件强度达到脱模要求后可进行脱模（图 3.5.3-14、图 3.5.3-15）。

图 3.5.3-14 脱模

图 3.5.3-15 脱模

(2) 模具拆装完成后,所有模具需清理完成统一存放以便于下一步工作的开展。

3.5.3.8 PC构件存放

(1) 构件的存放场地宜为混凝土硬化地面或经人工处理的自然地坪,构件运输与堆放时的支承位置应经计算确定并应满足平整度和地基承载力要求,场地应有排水措施。

(2) 构件应按型号、出厂日期分别存放。

(3) 放置标准:

1) 预制柱构件存储宜平放,且采用两条垫木支撑,堆放层数不宜超过1层。

2) 桁架叠合楼板宜采用平放,以6层为基准,在不影响构件质量前提下,可适当增加1~2层。

3) 预制阳台板、空调板构件存储宜平放,且采用两条垫木支撑,堆码层数不宜超过2层。

4) 预制沉箱构件存储宜平放,且采用两条垫木支撑,堆码层数不宜超过2层。

5) 预制楼梯构件存储宜平放,采用专用存放架支撑,叠放存储不宜超过6层。

6) 墙板用存放架堆放,存放架应具有足够的承载力和刚度,与地面倾斜角度宜大于80度。墙板直立堆放,且有固定销固定到位;墙板对称存放且外饰面朝外,构件上部宜采用木垫块隔离(图3.5.3-16、图3.5.3-17)。

图3.5.3-16 PC构件存放

图3.5.3-17 PC构件存放

3.5.3.9 标识

(1) 预制构件检验合格后,应立即在其表面显著位置,按构件制作图编号对构件进行喷涂标识。

(2) 预制构件检验合格出厂前,应在构件表面粘贴产品合格证。

3.5.3.10 运输

1. 墙板装车方案图

(1) 墙板整体运输架,尺寸内长 $L=8637$mm,内宽 $D=2057$mm,具体尺寸如图3.5.3-18所示。

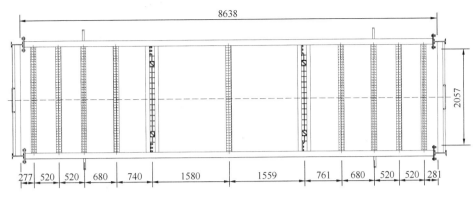

图 3.5.3-18 墙板整体运输架

(2) 墙板布置顺序要求：按照吊装顺序进行布置，优先将重板放中间，先吊装的 PC 板放置在货架外侧，后吊装的 PC 板放置在货架内侧。保证在现场吊装过程中，从两端往中间依次吊装。

(3) 重量限制要求：PC 板整体重量控制在 30t 以下，货架放置完毕后，上下板重量偏差控制在±0.5t。

(4) 当装车布置顺序要求与重量限制要求冲突时，优先考虑重量限制要求。

(5) 板与板之间需加插销固定。

(6) 如板有伸出钢筋，在装车过程中需考虑钢筋可能产生的干涉问题。

2. 楼板堆码

(1) 每块 PC 楼板上均需要标示 PC 板编号、重量、吊装顺序信息，所有 PC 楼板图，均以 PC 详图俯视图为主。

(2) 堆码要求：需按照大板摆下，小板摆上以及先吊摆上、后吊摆下的原则；当两者冲突时优先采用大板摆下、小板摆上的原则；板长宽尺寸差距在 400mm 范围内的，上下位置可以任意对调。通过调节尽量保证先吊的摆上、后吊的摆下。

(3) 限制要求：车辆载重减去存放架 5t 为板整体重量控制标准；PC 板叠加量，叠合楼板控制在 6~8 层。

3.5.3.11 起吊装车

(1) 工厂行车、龙门吊、提升机主钢丝绳、吊装、安全装置等，必需按照"安全隐患检查表"的要求进行检查，并保留点检记录，确保无安全隐患。

(2) 工厂行车、龙门吊操作人员必须培训合格，持证上岗。

(3) PC 件装架和（或）装车均以架、车的纵心为重心，以保证两侧重量平衡的原则摆放。

(4) 采用 H 型钢等金属架枕垫运输时，必须在运输架与车厢底板之间的承力段垫橡胶板等防滑材料。

(5) 墙板、楼板每垛捆扎应不少于两道，必须使用直径不小于 10mm 的天然纤维芯钢丝绳将 PC 件与车架载重平板扎牢、绑紧，如图 3.5.3-19 和图 3.5.3-20 所示。

(6) 墙板运输架装运须增设防止运输架前、后、左、右四个方向移位的限位块，如图 3.5.3-21 和图 3.5.3-22 所示。

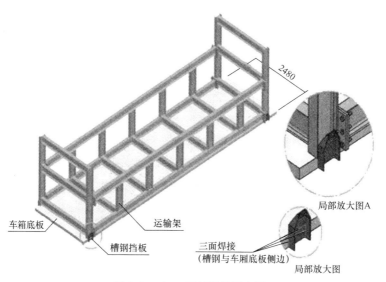

图 3.5.3-19 楼板捆扎示意图

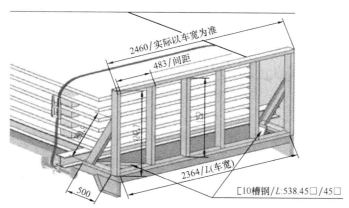

说明:
1. 此工装为楼板运输专用车前挡边工装;
2. 工装材料为[10槽钢;
3. 工装焊接采用满焊焊接,无虚焊,焊接牢固;
4. 工装与车接触面焊接;
5. 工装完成后,表面打磨后涂刷双层油漆,底层为防锈漆,表层为黄色面漆。

图 3.5.3-20 墙板捆扎示意图

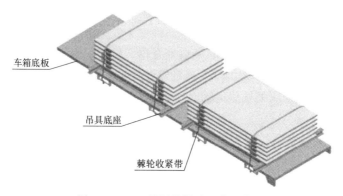

图 3.5.3-21 楼板前挡边工装示意图

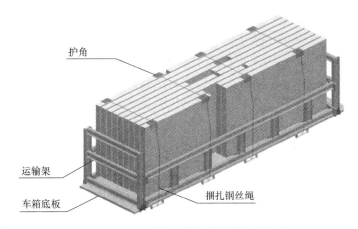

图 3.5.3-22　墙板运输架装车限位示意图

（7）PC 板上、下部位均需有铁杆插销，运输架每端最外侧上、下部位，装 2 根铁杆插销，如图 3.5.3-23 所示。

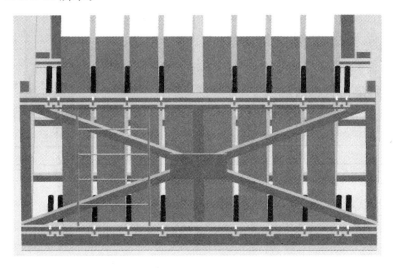

图 3.5.3-23　插销位置及数量示意图

（8）装车人员必须保证插销紧靠 PC 件，三角固定销敲紧。
（9）运输发货前，物流发货员、安全员对运输车辆、人员及捆绑情况进行安全检查，填写"出货点检卡"，检查合格方能进行 PC 运输。

3.5.3.12　运输要求

（1）各类构件首车运输时，工厂必须有专人跟车，以便于发现运输过程中的异常。明确重点管控路段、注意事项。如有改进、调整时，须再次确认。
（2）重载车辆必须按照确定的运输路线行驶，不得随意变更。
（3）运输途中，行驶里程达 30km 左右时，必须停车检查构件捆绑状况；每隔 100km，必须停车检查，并保留记录及拍照留底。
（4）工厂务必严格监管 PC 运输时的车辆行驶速度。道路条件与相应的行驶速度要求如下：

1）大于6％的纵坡道、平曲半径大于60m弯道的完好路况限速40km/h；

2）大于6％小于9％的纵坡道、平曲半径小于60m大于15m的弯道等路域限速5km/h；

3）厂区、9％的纵坡道、平曲半径15m的弯道、二级路面及项目工地区域限速5km/h；

4）各工厂须在项目发运前，与项目确认工地路况已达基本发运要求；

5）低于限速5km/h及三级路面（土路、碎石、连续盘山路面、坡度10°、有20cm以下的硬底涉水及冰雪覆盖的2级）的路况须停运。

3.5.3.13 卸车要求

（1）应当由专业人员进行起吊卸车；

（2）PC构件应卸放在指定位置，地面应平整稳固；

（3）卸车时应注意车辆重心稳定和周围环境安全，避免翻车。

3.5.4 项目质量控制方案

3.5.4.1 项目品质管控流程

项目品质管控流程如图3.5.4-1所示。

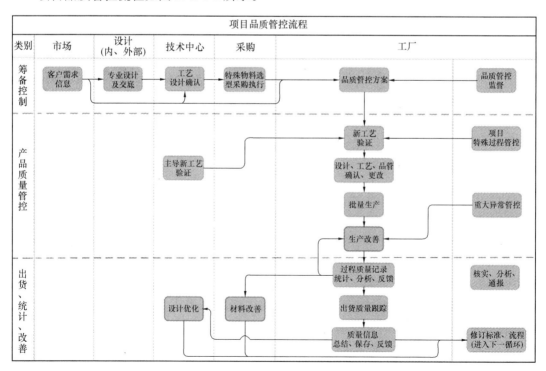

图3.5.4-1 项目品质管控流程

3.5.4.2 质量管理系统架构

质量管理系统架构如图 3.5.4-2 所示。

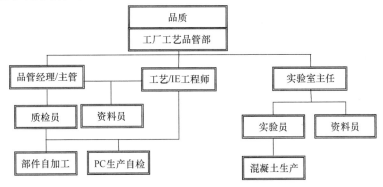

图 3.5.4-2 质量管理系统架构

3.5.4.3 相关质量部门职责

(1) 生产管理部

1) 负责执行并达成工厂质量管理目标；
2) 负责安全生产，并进行全过程安全控制；
3) 负责营造全员品质管理氛围，提高全员安全、品质意识，持续改善品质；
4) 定期参加品管部质量周、月例会；
5) 处理重大质量异常及项目投诉；
6) 严格按工艺要求进行产线作业；
7) 执行质量标准；
8) 进行质量异常的反馈、协调处理。

(2) 工艺品管部——品管

1) 负责监督并达成工厂质量管理目标；
2) 工厂内部质量管理日常运作与管控，严格执行质量标准；
3) 主导解决工厂内部品质异常及跟进；
4) 定期组织并召开品质培训及品质周例会，提高工厂全员品质意识，全面推行质量管理工作；
5) 协调工厂与项目工地品质异常及处理；
6) 主导工厂内品质改善的推动。

(3) 工艺品管部——工艺

1) 贯彻与实施公司工艺标准；
2) 进行生产工艺的改善、异常反馈；
3) 进行新工艺、新技术的实施与反馈；
4) 协助工厂质量改善、提升。

(4) 操作者质量职责

1) 严格执行质量标准，按工艺要求进行作业；

2）按标准要求操作设备，安全生产，定期对设备进行保养；
3）自检、互检产品过程质量，并做好产品质量记录；
4）进行质量异常的反馈、协助处理。

3.5.4.4 项目质量的一般控制与管理

1. 目标管理

（1）质量目标分解。各工厂依据项目年度质量目标进行分解，需分解到季度和部门；当目标与实际现状偏差较大时，应对目标进行适当调整。

（2）目标达成。按季度对目标达成状况追踪，目标未达成应进行分析、制定对策。

2. 质量文件管理

按照标准、流程制度、记录表单3个类别建立相应清单。

3. 技术工艺文件管理

（1）台账内文件应在归类保存、文件变更后，及时回收上交，保存新版。

（2）按照项目图纸、设计说明、工艺方法对本部门进行宣贯。

4. 品质评价

（1）质量管理评价：1次/月；

（2）产品品质评价：每日进行；样品取样需包含所有生产线体，各类构件样本数量应符合要求。

（3）工厂应依据评价结果进行分析，明确改善项目，责任部门应按要求向品管提交改善计划，品管负责监督计划的有效落实。

（4）工厂评价应按照评价表明细真实有效地进行，季度监督审核评价发现的严重不符合项，工厂在近期开展的月度评价内容应有所体现。

（5）工厂应对部门、线体进行评价。

5. 品质改善执行

（1）工厂应建立阶段性（月）改善计划和专项改善计划。

（2）改善计划/专项改善计划需明确责任人、改善时间，有效落实。

6. 质量培训

（1）各工厂依据需求，开展质量意识、新员工、实时标准3类培训，制定相应培训计划，明确培训目的，根据情况确定是否考核。

（2）按要求组织培训并签到，保存培训课件资料。

（3）依据培训计划明确考核要求，对相应人员进行考核。

7. 外协部门质量管控

（1）厂内外协应与工厂部门、员工管控方式一致。

（2）定期对外协厂进行质量意识、新员工、实时标准3类培训。

（3）由品管负责对外协厂商进行QEM评价（每月≥1次）。

8. 质量奖惩

在产品质量方面表现突出或因人为因素造成质量异常、损失的部门及个人，应按照公司相关规定进行奖惩，并归类存档。

3.5.4.5 筹备期质量控制

1. 客户需求信息

主要由市场部负责项目的沟通，明确客户质量需求。

2. 专业设计及交底

由设计部门及工艺部门负责技术方案的编制，明确质量技术要求和相关注意事项，协调生产和采购满足产品质量要求。

3. 物料采购

（1）主要由采购部对采购物料的质量进行监督，负责协调来料质量异常的处理。

（2）确定合格的供应商，检验前核对供应商出厂产品合格证、产品质量检测报告、使用说明书等相关证明资料，并归类存档。根据"来料检验管理规定"对供应商进行监控，确保工厂所用的物料在合格供应商清单中。

4. 来料检验控制

（1）来料检验

依据来料检验标准完成物料检验工作，并保存记录。

（2）异常处理

对检验不合格物料及时进行标识和隔离，按照"品质异常管理规定"处理。

（3）质量统计

及时、有效地将检验结果录入电子档"原材料质量统计报表"中，并定期进行分析。

（4）物料状态标示

仓库应设立待检区及不良物料放置区域，并按照要求有效执行；生产现场各线体设置不良物料放置区，并按照要求执行。

（5）主要材料符合性管控

工厂应明确主要原材料符合性管控流程，确保主要原材料符合甲方及设计要求。

3.5.4.6 生产过程质量控制

1. 装模控制

（1）新模具初装完毕，依据"制程控制管理规定"进行全检，并形成"模具检验记录表"保存，同时建立装模检验清单。

（2）涉及模具更改的，应对模具更改部分（含预留预埋定位）重新进行检验，并形成记录保存。

（3）清模过程标准执行按表3-12进行。

清 模 标 准　　　　　　　表3-12

序号	名　称	标　准　要　求	备注
1	钢台车工作面清理	钢台车工作面脚印、异物需清理干净，改模多余焊点需打磨平整、改模后螺母需处理干净	
2	整体模具及边模清理	对挡边模具混凝土渣残留、表面氧化层清理干净	
3	脱模剂使用	与构件接触的面用水性脱模剂；非接触面用油性脱模剂；涂刷均匀，不留死角	

(4) 组模过程标准执行按表 3-13 进行。

组 模 标 准   表 3-13

序号	名称	标准要求	备注
1	模具组装	模具安装尺寸应符合图纸要求，垂直度、直线度、拼接缝等应符合要求	
2	模具固定	模具边模、门窗洞固定应按工艺要求固定牢固	
3	模具变形	模具确保无严重变形，边模弯曲度大于3mm的，需要使用夹具校正	
4	露骨料剂涂刷	露骨料剂涂刷应均匀，防止局部漏涂	

2. 首件控制

（1）新项目质量管控方案包括：材料、质量控制、交付等要求。

（2）首件确认：新模具初装完成后，品管按项目、户型、构件类型中的类别抽 1～2 个构件进行生产过程首件检查，并填写"产品首批检验确认表"。

（3）首件异常处理：生产过程首件检查不合格，应追踪已生产的同类别产品状况，同时对未生产的同类别产品及时进行整改，整改完成后重新进行生产过程首件检验。

3. 钢筋加工控制

（1）钢筋加工品管每班不少于两次巡检，同类型钢筋现场抽样检验，数量不应少于 3 件，并记录综合数据。焊接网片、桁架钢筋巡检：每班同类型钢筋、同一加工设备，由现场品管抽样检验，数量不应少于 3 件，并记录综合数据；品管应对钢筋焊接、成型标准进行宣贯，并监督现场按要求执行。

（2）钢筋加工过程标准执行按表 3-14 进行。

钢筋加工标准   表 3-14

序号	名称	标准要求	备注
1	作业人员	各钢筋加工主操作人员需培训考核合格后，方可上岗作业	
2	钢筋调直、裁切	①调直直线度：≤4mm/m； ②下料长度： 梁受力钢筋及其他钢筋下料长度偏差±10mm； 板伸出钢筋下料长度＝图纸长度+10mm，偏差±10mm	
3	钢筋弯曲	光圆钢筋：弯芯直径≥2.5d 螺纹钢筋：335MPa/400MPa 弯芯直径≥4d 500MPa：①钢筋直径≥28mm，弯芯直径≥28mm*7； ②钢筋直径＜28mm，弯芯直径≥6d	
4	箍筋加工	①非抗震：箍筋弯钩弯折角度≥90°；平直段长度≥5d ②抗震：箍筋弯钩弯折角度≥135°；平直段长度≥10d，且≥75mm	
5	钢筋连接工艺	连接方式：受拉钢筋不可选用绑扎连接；连接点位置设置、连接长度符合钢筋加工规范	

(3) 钢筋安装过程标准执行按表 3-15 进行。

钢筋安装标准 表 3-15

序号	名称	标准要求	备注
1	钢筋规格、型号、尺寸	钢筋规格、型号、尺寸等符合图纸要求	
2	网片搭接	①水平构件网片不允许搭接，竖向构件允许搭接：搭接长度不小于 1 网格，搭接区域交叉点满扎。 ②手扎网片间距为 200mm，四周满扎，中间隔点绑扎；手扎网片间距＜200mm，四周满扎，中间隔 2 点绑扎	
3	钢筋绑扎	①底筋、腰筋与箍筋交叉点呈"八"字满扎； ②手扎网片间距为 200mm，四周满扎，中间隔点绑扎；手扎网片间距＜200mm，四周满扎，中间隔 2 点绑扎	
4	钢筋保护层	各类构件钢筋保护层应符合工艺要求	
5	钢筋放置	各类钢筋的数量、安装位置、方向等应符合工艺要求	
6	钢筋限位	各线体应按照要求制作工装对受力钢筋伸出长度、垂直度、箍筋高度伸出长度、楼板弯起钢筋进行控制	
7	预应力钢筋	预应力钢筋张拉力、放张时机、锚具的选用应符合工艺要求	

4. 过程品质管控

(1) 过程检验。依据"制程控制管理规定"执行过程检验，按要求记录，样本量不少于 5 个/线，生产量不足 5 个时，应进行全检。

(2) 循环检验。依据"品质评价管理标准"各线分别执行成品检验，样本量不少于 2 个/天，且成品检验的产品必须已经执行过程检验，实行过程检验与成品检验相对应。

(3) 品质异常巡查。依据"品质异常管理规定"开展异常巡查工作，发现制程（成品）出现品质异常，应进行处理（纠错），品管人员应及时将异常情况记录于"品质异常登记表"，进行统计分析。

(4) 工艺变更监督。工厂品管应对工艺变更生产执行情况进行监督，若生产未执行，应及时反馈，并要求生产改善。

(5) 预留预埋过程标准执行按表 3-16 进行。

预留预埋安装标准 表 3-16

序号	名称	标准要求	备注
1	起吊件预埋	起吊件数量、位置应按照图纸施工，预埋安装时需垂直绑扎，并按照工艺要求进行加强	
2	预埋件规格、数量、表面质量	在预埋件安装时，其规格、数量应符合图纸要求，预埋件不可有破损或严重变形等不良现象	
3	预埋件位置	预埋件安装位置应符合图纸要求	
4	安装固定方法、工装完好	线盒固定块、方管定位、预留孔洞、套筒等固定方法应符合工艺要求；预埋工装应做好日常保养，对变形、破损等不良现象预埋工装应及时处理、更换	

续表

序号	名称	标准要求	备注
5	XPS安装	XPS的安装应按照拼接方案执行，必须在混凝土失去流动性之前安装，XPS等级、厚度应符合图纸要求	
6	连接件安装	连接件排列原则、数量应符合图纸要求，玻纤连接件应垂直安装且安装前XPS需开引孔，并于混凝土失去流动性前安装，连接件的安装方法、固定等要求应符合工艺要求	

（6）浇捣、后处理过程标准执行按表3-17进行。

浇捣、后处理标准　　　　　　　　　　表3-17

序号	名称	标准要求	备注
1	布料质量	混凝土浇捣方法应符合工艺要求，浇捣按照操作规程浇捣，布料均匀，混凝土异常需及时报告处理，严禁人为加水，发生较大异常，必须采取处理措施达到要求后，方可继续生产	
2	振捣质量	混凝土振捣时间、振捣方法应符合工艺要求，根据生产要求需打振动棒的产品，使用合适的振动棒打到位，不允许未振动到位或过振	
3	堵浆措施	堵浆材料的使用、现场堵浆方式应符合工艺要求，并按要求固定到位；预埋件堵浆方式应符合工艺要求，相应工装拆取时机应符合要求，避免预埋件进浆、堵塞	
4	后处理	埋件拆除时机应符合要求，孔洞周边质量控制应符合制程管理规定	

5. 重大异常处理

（1）重大异常登记。依据"品质异常管理规定"，涉及吊装安全、结构性能不良或其他同一不良现象连续出现三次及以上的批量质量事故的重大品质异常，品管人员应立即开出"品质异常处理单"，并上报品管主管。

（2）异常处理/追踪结案。异常单开出后，由品管主管召集生产、实验室、生产工艺、采购等相关部门人员分析原因，并提出临时处理措施，明确责任单位，由责任单位在一个工作日内回复"品质异常处理单"；品管根据责任单位回复的改善措施追踪确认，落实改善状况及改善效果，如异常追踪两次均未改善，则由品管重新开立"品质异常处理单"。

6. 隐蔽资料管控

（1）依据制程管控规定，记录隐蔽资料（隐蔽对象包括结构性能、安全性能、安装使用性能等），格式按照当地质监要求；

（2）按项目、栋号、层数，各类型构件总数量取5%且不少于3件（若与当地质监要求冲突，以当地质监要求为准）。

（3）依据隐蔽工程验收规定在浇捣前进行影像资料记录，影像资料按照项目（栋号）、构件类型、生产日期、线体、全景、局部进行拍摄，并存档。

7. 关键控制点管控

（1）明确关键控制点。品管人员应监督关键控制点推行工作，并熟悉品质关键控制点内容。

（2）关键岗位人员监控。品管人员需对负责线体品质关键人员信息熟悉，品管每天进行监控，抽查核对关键岗位人员登记情况，同时检查关键岗位人员作业是否符合要求，并签字确认。

（3）关键控制点执行标准按表 3-18 进行。

关键控制点标准　　　　　　　　　　　　　　　表 3-18

序号	关键控制点	涉及面	标准要求	备注
1	起吊件预埋	吊钉、吊环起吊套筒、桁架	严格按照图纸和工艺要求进行预埋、固定、加强，控制埋入深度	
2	安装件预埋	斜支撑套筒、装模套筒	严格按照图纸要求，确保预埋质量（数量、位置、进浆、埋入深度）	
3	钢筋	加强筋、受力筋	严格按照图纸要求，确保钢筋规格、等级、数量、安装位置、保护层厚度	
4	混凝土质量	混凝土配合比、振捣质量	①混凝土配合比：根据设计要求确保 PC 产品强度 ②振捣：保证结构受力件、梁（暗梁）、吊钉（吊环）、套筒位置混凝土振捣密实，需用振动棒作业的应严格按要求执行到位	
5	脱模吊装	吊具、起吊点、起吊强度	①使用适宜的吊具，严格按照起吊点数量起吊。 ②构件在工厂内脱模起吊前，构件强度必须≥15MPa 方可脱模（预应力楼板执行强度要求≥20MPa）	
6	发货检查	定专人检查起吊件和混凝土质量	①起吊件预埋：检查预埋数量、预埋质量，起吊件周边混凝土不允许出现开裂、疏松等异常现象。 ②混凝土质量：PC 构件在出厂发货前，构件强度必须大于等于设计强度的 75%方可出厂	
7	构件修补	修补方案、专业人员	涉及结构安全、吊装安全的构件修补必须出具修补方案，且指定专人修补	
8	钢筋加工	加工标准、方法	包括受力钢筋下料、箍筋成型、钢筋调直、吊装预埋件成型、钢筋焊接、螺纹加工、螺纹连接装配	

8. 成品控制

（1）外观质量控制按表 3-19 进行。

外观关键控制点标准　　　　　　　　　　　　　表 3-19

序号	检验项目	标准要求	严重缺陷	一般缺陷
1	露筋	不允许	纵向受力钢筋有露筋	其他钢筋有少量露筋
2	蜂窝	不允许	构件主要受力部位有蜂窝	其他部位有少量蜂窝

续表

序号	检验项目	标准要求	严重缺陷	一般缺陷
3	孔洞	不允许	构件主要受力部位有孔洞	其他部位有少量孔洞
4	夹渣	不允许	构件主要受力部位有夹渣	其他部位有少量夹渣
5	疏松	不允许	构件主要受力部位有疏松	其他部位有少量疏松
6	裂缝	不允许出现有害裂缝	构件主要受力部位有影响结构性能或使用功能的裂缝	其他部位有少量不影响结构性能或使用功能的裂缝
7	连接部位缺陷	不允许	连接部位有影响结构传力性能的缺陷	连接部位有基本不影响结构传力性能的缺陷
8	外形缺陷	阳角处允许有小于等于30mm的缺棱掉角,其他不允许	清水混凝土构件内有影响使用功能或装饰效果的外形缺陷	其他混凝土构件有不影响使用功能的外形缺陷
9	外表缺陷	色差、油污、起皮、麻面、脚印等不允许	具有重要装饰效果的清水混凝土构件有外表缺陷	其他混凝土构件有不影响使用功能的外表缺陷
10	外立面、门窗洞内侧气孔	①外径或深度>5mm,不允许 ②3mm<外径且深度<5mm,个数>5个/m²,不允许 ③1mm<外径≤3mm,个数>10/dm²,不允许		
11	表面处理	楼板上表面粗糙度≥4mm（设计要求） 墙板正面粗糙度≤2mm（拉细毛）		
12	产品修补	无修补痕迹与色差		
13	产品标识	按规定要求标识		
14	产品清理	不允许有毛边、泡沫、胶带、杂物		

（2）夹心外墙板（图3.5.4-3）外形尺寸允许偏差及检验标准按表3-20进行。

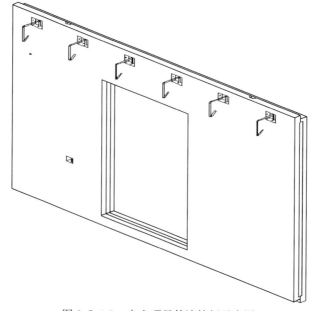

图3.5.4-3 尖山项目外墙挂板示意图

剪力外墙检验标准   表 3-20

检验项目	标准要求（mm）	检验方法
长度	尺寸偏差：-2，+4	尺量
	测量数据极差值≤5	计算
高度	尺寸偏差：0，+4	尺量
	测量数据极差值≤5	计算
厚度	±4	卡尺测量
对角线差	≤10	尺量两对角线
侧向弯曲	<L/1000，且≤10mm	拉线，尺量最大弯曲处
对角翘曲（外墙挂板、预应力楼板）	<L/1000，且≤10mm	对角拉线
表面平整度	≤3mm	2m靠尺、塞尺测量
吊点	数量、牢固性、不影响安装	目测
预埋套筒	①爬架筒位置：±3 ②爬架套筒间距：±2 ③连接套筒、拉杆套筒位置：±5 ④斜撑套筒位置：±30 ⑤套筒深度差：-5，0 ⑥垂直度：200mm高度的偏移量≤5mm ⑦试配螺栓顺畅（无堵塞、进浆等）	尺量
线盒	①位置偏差：±5 ②水平度≤3 ③埋入深度：-5，0 ④相邻线盒高差：3 ⑤相邻线盒中心距：90（±4） ⑥无反向、堵塞、破损	尺量或目视
预留孔洞墙槽	中心线位置：±5 形状尺寸：0，+5	
剪力槽	按标准预留，无遗漏、破损	目视
滴水线槽口	①形状尺寸：符合图纸要求 ②位置偏差：±3 ③直线度：≤2	尺量
侧面挤塑板居中位置偏移	≤10mm	尺量
梁伸出受力筋，剪力墙水平筋	①直筋水平长度偏差：-20，+20 ②弯锚筋水平长度偏差：-20，0 ③弯锚端头成型尺寸：-20，+20	尺量
其他钢筋	-20，+50	尺量或目测
箍筋的高度	±5	尺量
主筋保护层厚度	-3，+3	尺量或保护层厚度测定仪器测量

续表

检验项目	标准要求（mm）	检验方法
预留门窗洞	①洞口高度：0，+5 ②洞口宽度：0，+5 ③窗洞标高：0，+5 ④对角线差：≤5 ⑤与墙面垂直度：≤2 ⑥水平位置偏差：≤10 ⑦平行度：≤3	尺量
预埋窗户	①窗外侧墙体厚度标准偏差：±2 ②窗外侧墙体厚度极差：≤2 ③对边型材外露高度差：≤3 ④窗框对角线长度差：≤3 ⑤窗户预埋方向：符合要求	尺量、目视

（3）桁架叠合楼板（图3.5.4-4）外形尺寸允许偏差及检验标准按表3-21进行。

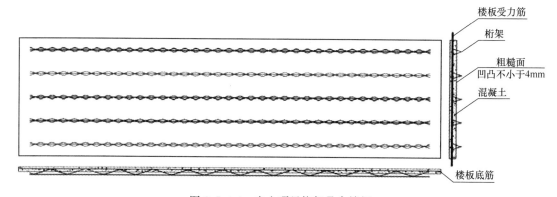

图3.5.4-4 尖山项目桁架叠合楼板

桁架楼板检验标准　　　　　　　　　　　　　　表3-21

检验项目	标准要求（mm）	检验方法
长度	尺寸偏差：−2，+8	尺量
	测量数据极差值≤5	计算
高度	尺寸偏差：±5	尺量
	测量数据极差值≤5	计算
厚度	±3	卡尺测量
对角线差	≤10	尺量两对角线
侧向弯曲	<$L/750$，且≤10mm	拉线，尺量最大弯曲处
对角翘曲	<$L/750$，且≤10mm	对角拉线
表面平整度	≤3mm	2m靠尺、塞尺测量
吊点、斜支撑环	①规格和数量是否正确 ②外露高度：−10，+5	尺量或目测

续表

检验项目	标准要求（mm）	检验方法
预埋线盒	①类型和数量符合图纸要求 ②入盒锁扣露出表面	目视
预留孔洞墙槽	中心线位置：±5 形状尺寸：0，+5	尺量
伸出受力筋	水平长度偏差：-20，+20	尺量
其他钢筋	-20，+50	尺量或目测
桁架	外露高度：-10，+10	尺量
钢筋保护层厚度	-3，+3	尺量或保护层厚度测定仪器测量

（4）基本结构性能及检验标准按表3-22进行。

基本结构性能及检验标准　　　　表3-22

检验项目	标准要求	检验方法
混凝土强度	①构件出厂强度≥设计强度的75% ②构件28天强度满足设计要求	用回弹仪检测
受力结构钢筋规格、数量、等级	依图纸要求	目视
受力钢筋弯曲	机械弯曲	目视
吊钉、吊环、吊具	不影响安装、起吊	目视、试配
套筒试配螺栓	试配无异常	试配

（5）沉箱外形尺寸允许偏差及检验标准按表3-23进行。

沉箱检验标准　　　　表3-23

检验项目	标准要求（mm）	检验方法
长度	外框：-8，0；极差：≤5	尺量
	内框：-5，+5；极差：≤5	计算
宽度	外框：-8，0；极差：≤5	尺量
	内框：-5，+5；极差：≤5	计算
高度	±3	卡尺测量
对角线差	≤10	尺量两对角线
弯曲	<$L/750$，且≤10mm	拉线，尺量最大弯曲处
对角翘曲	<$L/750$，且≤10mm	对角拉线
吊点	①规格和数量是否正确 ②吊环外露高度：-10，+5 ③吊钉外露高度：-20，+30	尺量或目视
套筒	①规格数量是否正确 ②预埋深度：-5，0 ③位置、间距：±5	尺量或目视

续表

检验项目	标准要求（mm）	检验方法
预埋PVC管	①规格和数量是否正确 ②无堵塞、变形等	目视
预留孔洞墙槽	中心线位置：±5 形状尺寸：0，+5	尺量
伸出受力筋	水平长度偏差：−20，+20	尺量
其他钢筋	−20，+50	尺量或目测
钢筋保护层厚度	−3，+3	尺量或保护层厚度测定仪器测量

（6）其他要求见表3-24。

其他要求 表3-24

序号	名称	标准要求	备注
1	脱模起吊	生产现场依据实验室给出的脱模龄期脱模起吊，起吊强度应符合工艺要求	
2	脱模强度	生产现场依据实验室给出的脱模龄期脱模起吊，起吊强度应符合工艺要求	
3	产品清理	产品脱模后，脱模人员应将预埋工装、磁铁等及时取出，对产品飞边、封口胶带、堵浆泡沫条等进行清理	
4	产品标识	产品脱模后，脱模吊装人员应依据各类产品标准对产品进行标识	
5	产品堆码	①堆码场地应平整，并硬化处理； ②堆码存放方式、数量及相应枕垫材料的选用，枕垫位置，固定方式等应按各类产品标准堆码存放标准要求执行	
6	涉及结构、安全、批量性返修	涉及结构、安全、批量性返修，由工艺出具返工返修方案，按照作业方案内容执行生产	
7	返修其他要求	各工厂应明确返工返修时效要求，返工返修结果必须确保安全、结构、使用、整体外观等符合要求	
8	不合格品管控	经判定不合格产品需及时贴"不合格标签"，不合格标签内容应符合要求，与合格品区分进行存放	
9	产品可追溯性	出货产品可通过标识信息追溯到班组人员	

3.5.4.7 出货控制

1. 装车质量检查

（1）PC外观质量。整车外观质量、单个构件外观质量应符合要求。

（2）出厂强度。出厂强度大于等于设计强度的75%。

(3)出厂单。产品出货质量合格，品管在发货单上签字。

2. 堆码合理性、安全性

(1)各类型装车堆码需符合工艺标准要求。

(2)装车固定方式、防护措施（如钢丝绳绑扎、插销、护角、防护栏杆等）按照装车规定执行。

3.5.4.8 售后质量控制

(1)客诉渠道：按项目监理纸质档建立客诉渠道，明确部门、人员。

(2)客诉台账：对客户反馈的信息进行甄别，所有客退品登记在"客户退回不良品清单"中形成记录。

(3)客户退回品标识应区分放置，并按要求贴上不合格标签。

(4)客退品不可修复：执行报废处理流程；客退品可修复：依据返工返修规定操作（返修单、作业方案等）。

(5)客诉改善。客诉问题需在周（月）会议体现，并需明确责任改善单位、改善时间，进行跟踪。

3.6 施工管理

尖山印象项目采用装配整体式现浇剪力墙结构体系，项目施工管理的安全、进度、质量、成本等基本要素与传统建筑项目基本一致。本章内容主要介绍项目在施工策划和主体施工阶段需要重点考虑的问题、与传统建筑项目存在区别的专项施工方案以及预制装配式建筑需要的项目管理资料。

3.6.1 施工策划

本项目施工策划中针对预制装配式结构的主要内容包括施工现场的总平面布置、PC构件运输车场地内外的运输路线、PC构件的临时堆放场地、起重设备的选择、PC构件的吊装顺序、PC构件的支撑体系、竖向构件的斜支撑，以及水平构件的支撑、现浇构件的模板体系、轻质隔墙的施工、外防护体系等。其中，塔吊是预制装配式建筑施工最常用的施工起重设备，塔吊布置数量、布置位置以及型号，将直接影响整个项目的工期和PC构件的拆分设计，需慎重考虑。

3.6.1.1 场外道路

PC构件运输车辆均为重型车辆，确认PC构件生产工厂后，工厂计划部需确定数个运输路线。人员随PC板运输车依次考察道路的舒适度、行车里程、过路费、限高、限重、限宽路段、夜间通行限制、危险弯道、交通拥挤密度等各类影响因素，综合计算成本、最短里程、优良路况等因素选择最佳的场外运输路线。图3.6.1-1为尖山项目位置，表3-25汇总了项目周边的道路情况。

图 3.6.1-1 项目位置示意图

周边道路情况表　　　　　　　　　　　　　　　表 3-25

项目名称	项目方向	道路名称	车流情况	毗邻建筑物	出入口设置
尖山印象	东面	东方红路	主干道，车流较多	无	大门次入口
	西面	金相路	车流较少	无	无
	南面	青山路	主干道，车流较多	无	大门主入口
	北面	金湖路	车流较少	无	大门次入口

3.6.1.2　场内平面布置

1. 现场道路

现场道路布置应参考以下原则：

（1）施工道路宜根据永久道路布置，车载重量参照运输车辆最大载重量，一般总重量（车重+构件）约为 50t，道路需满足载重量要求；

（2）若需过地下室顶板时，需对顶板进行加固，且需经原设计单位核算；

（3）道路宽度不小于 4m，转弯半径不小于 15m，会车区道路不小于 8m；

（4）尽量采用环形道路。

本项目道路根据项目后期永久道路布置，采用环形道路，主干道宽度设计为 7m，转弯半径 15m，会车区道路宽 8m。道路两侧根据具体情况做好排水沟、集水井等排水措施，具体见平面布置图。经过地下室顶板时，提前规划行车路线，对路线范围内的地下室顶板结构在设计阶段通过验算做加强处理，并采用顶板底搭设钢管支撑架加固（经原设计单位验算），确保施工完成后 PC 构件运输车能直接上地库顶板运输（图 3.6.1-2）。

2. PC 板吊装区域

在每栋拟建建筑物周围宜设置 PC 板吊装区域，方便 PC 板运输车辆的停放或现场存货，避免吊装过程中发生缺板或 PC 板供应不及时现象，且有效地降低劳动力的浪费。每栋建筑物旁拟建满足 2~4 辆车停放的吊装区域，此吊装区域根据以下 4 个原则布置：

（1）停放此区域的 PC 板在塔吊的臂长半径以内；

（2）PC 板满足塔吊的起吊重量要求；

（3）此区域施工道路设计满足 PC 板车满车载重要求；

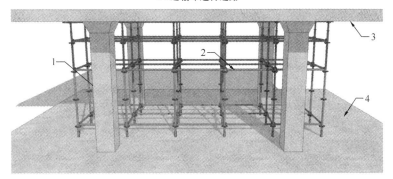

图 3.6.1-2 PC 运输车通行道路地库顶板加固图
1—地库柱；2—支撑架体；3—地库顶板；4—地库底板

（4）此吊装区域与 PC 板主运输通道相分离，不影响主干道的交通。

根据现场实际情况在每栋拟建建筑物的塔吊的吊臂范围内设置一处 PC 板吊装区域，具体见图 3.6.1-3。

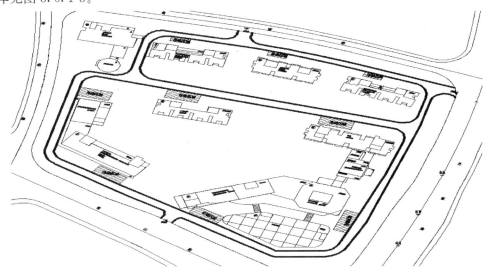

图 3.6.1-3 道路及 PC 板吊装区域平面布置图

3. 测量控制网

建立测量控制网点，按照总平面图要求布置测量点；设置永久件的经纬坐标桩及水平桩，组成测量控制网。

3.6.1.3 工人配置

本项目工人配置根据预制装配式建筑人工工效时间、各栋标准层面积、同时施工栋数、计划工期及实际进度进行综合考虑，随时调整。预制装配式建筑人工工效时间根据经验参照如下：

（1）外墙挂板约为 15min 一块；预制剪力墙板约为 30min 一块；内墙板、隔墙板约为 15min 一块；叠合梁和叠合楼板约为 12min 一块；楼梯梯段吊装约为 15min 一块；

（2）若大模板需要塔吊配合安装时，模板吊装构件长度大于 2.5m 约为 10min 一块，其余均约按 6min 每块安排；

（3）剪力墙混凝土吊运为 1.5m³ 每次，每次每斗约为 20min；楼板混凝土每斗每次约为 10min；

（4）剪力墙钢筋绑扎、楼板钢筋绑扎约为 20m²/每人每工日；

（5）模板安拆约为 15m²/每人每工日；

（6）水电预埋约为 50m²/每人每工日；

（7）支撑搭设约为 100m²（标准层面积）/每人每工日。

尖山印象不同楼栋标准层面积如表 3-26 所示。

尖山印象标准层面积统计表　　　　　　　　　　　　　表 3-26

户型	2 栋	4、6、8 栋	5 栋	7 栋
面积（m²）	970.48	606.11	600.79	829.82

3.6.1.4　进度计划

本项目计划标准层施工周期为 6 天，单栋地上楼层数最高为 33 层，地上楼层总完成时间约为 198 天；考虑屋面施工周期约为 50 天；主体全部完成时间约为 248 天。

3.6.1.5　材料计划

预制装配式建筑材料计划除传统结构物资计划外需考虑 PC 预制构件的数量及供应，吊装各类辅材及工具。具体以 4 栋户型标准层为例进行分析，详见主体施工方案。

3.6.1.6　预制构件起重设备的选择

本项目预制构件起重设备主要根据以下因素确定：

（1）塔吊布置根据该项目预制构件的重量及总平面图初步确定塔吊所在位置；综合考虑塔吊最终位置并且考虑塔吊附墙长度是否符合规范要求，然后根据塔吊参数，以 5m 为一个梯段找出最重构件的位置，来确定塔吊型号及臂长。本项目 4 栋吊距较远且重量最重的预制构件为 WV102，构件重量为 5.1t（图 3.6.1-4）。

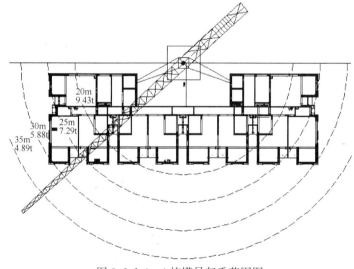

图 3.6.1-4　4 栋塔吊起重范围图

根据以上分析确定每栋主楼各布置一台塔吊,一期共布置 9 台塔吊(图 3.6.1-6),塔吊型号 TC6517B-10 型塔式起重机(图 3.6.1-5)。现场图如图 3.6.1-7 所示。

45m 臂起重性能特性

幅度(m)		2.5~18.7	20.0	22.5	25.0	27.5	30.0	32.5	35.0	37.5	40.0	42.5	45.0
起重量 (t)	两倍率	5.00							4.89	4.50	4.16	3.86	3.60
	四倍率	10.00	9.25	8.08	7.15	6.39	5.77	5.24	4.79	4.40	4.06	3.76	3.50

45m 臂起重性能特性

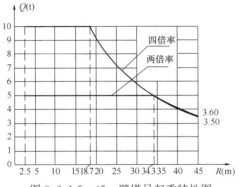

图 3.6.1-5　45m 臂塔吊起重特性图

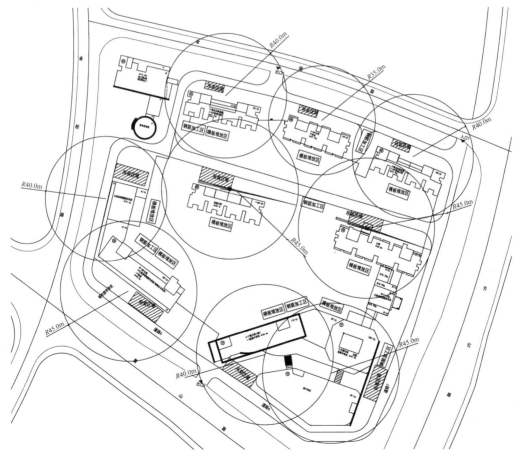

图 3.6.1-6　塔吊平面布置图

图 3.6.1-7 塔吊布置现场图

(2) 平面中塔吊附着方向与标准节所形成的角度应在 30°～60°之间，附着所在剪力墙的宽度不得小于埋件宽度，长度需满足要求；附着尽量设置在剪力墙柱上，设在叠合梁上需经过结构设计确定。尖山印象塔吊附着方向与标准节所形成的角度在 60°左右；附着设置在剪力墙上。

(3) 塔吊基础参照设备厂家资料，不满足地基承载力要求的需对地基承载力进行处理。本项目采用桩基础承台作为塔吊基础。

(4) 塔吊塔臂覆盖范围在总平面图中尽量避免居民建筑物、高压线、变压器等，如有特殊情况应满足安全和规范要求。塔吊塔臂覆盖范围尽量避开临时办公区、人员集中地带，如有特殊情况，应做好安全防护措施。

(5) 塔吊之间的距离满足安全规范要求，相邻塔吊的垂直高度应错开 1～2 个标准节。本项目采用 35m、40m、45m 不同臂长，保证塔吊之间不互相干扰。

(6) 塔吊所在位置应满足塔吊拆除要求，即塔臂平行于建筑物外边缘之间净距大于等于 1.5m；塔吊拆除时前后臂正下方不得有障碍物。本项目塔吊与建筑外墙间距 1.5m。

(7) 钢扁担吊具的重量约为 500kg，起重应考虑该重量。

(8) 起重设备的选择应综合考虑成本、工期、安全的要求。

3.6.1.7 预制构件吊装策划

1. 外墙挂板吊装原则

(1) 应逐一按顺时针或逆时针顺序进行编制，最后一块外墙板应避免插入式安装。

(2) 有个别内墙或梁（指与其他梁、内墙一起吊装会加大施工难度）必须先吊装的，可以编制在外墙板吊装顺序中。

2. 内墙板、叠合梁吊装原则

(1) 内墙板与叠合梁应穿插吊装；应考虑分区段吊装，方便后续其他工种的施工作业。

（2）一般情况下梁截面高度尺寸大的先吊装，梁截面高度尺寸小的后吊装。

（3）在同一个支座处出现多根梁底部钢筋分别为下锚、直锚、上锚时，应先吊装钢筋下锚的梁，其次吊装钢筋直锚的梁，最后吊装钢筋上锚的梁。

（4）竖向墙柱与水平梁板分两次浇筑时，隔墙板可在竖向墙柱模板拆除完成后吊装以减少模板安装难度。

3. 叠合楼板吊装原则

（1）优先吊装梯段及歇台板，方便材料的转运和人员的出入，空调板、阳台板等在相邻叠合楼板吊装完成后同时段内吊装，便于防护的搭设。

（2）待梯段吊装完成，将梯段周围叠合楼板吊装完成，再以先临边后中间的原则顺时钟或逆时钟吊装叠合楼板。

（3）叠合楼板吊装时，可考虑分区分段施工，方便后续钢筋绑扎及水电预埋的搭接施工。

具体吊装方案在主体施工章节进行说明。

3.6.1.8 斜支撑布置

1. 斜支撑布置原则（图 3.6.1-8）

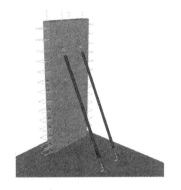

图 3.6.1-8 斜支撑示意图

（1）根据墙板的长度确定斜支撑的根数，6m 以下的墙板布设两根支撑，6m 以上的墙板布设三根（先布置板两端的斜支撑，后布置中间斜支撑）。

（2）斜支撑连接方式为竖向预留套筒、水平预埋拉环。

（3）斜支撑安装位置需考虑模板安装，建议距现浇剪力墙的距离大于等于 500mm。带窗框的预制构件，斜支撑预埋套筒不宜安装在窗框以内。

（4）同一块预制构件的斜支撑拉环不能共用。

（5）斜支撑预埋拉环的方向须与斜支撑方向在一条直线上。

（6）斜支撑的布置需考虑施工通道。

（7）斜支撑的样式需通用，特殊部位（电梯井、楼梯间等）特殊布置。

2. 斜支撑平面布置（4 栋为例，图 3.6.1-9）

4 栋标准层单层斜支撑数量共 190 个，主要采用带钩斜支撑，水平构件根据竖向构件斜支撑点位预埋支撑环，斜支撑点位需避开水电管线或其他预埋。

图 3.6.1-9 4# 栋标准层斜支撑平面布置图

注：—⊡— 表示斜支撑

3.6.1.9 水平构件支撑体系的选择

水平构件支撑体系有多种选择，传统钢管架、盘扣式支撑、键槽式支撑、独立三脚架支撑等均可用于预制装配式施工，且各有其优势与劣势。本项目根据实际情况选用盘扣式支撑（图3.6.1-10）。

（1）优点：
1）搭设、拆除简便，搭设速度远快于扣件式支撑；
2）可适用于各种水平预制构件及现浇构件的支撑；
3）架体稳定性好。

（2）缺点：
1）由于市场上立杆及横杆规格较少，在搭设架体支撑时需要的材料数量较多；
2）在搭设梁底支撑时，由于在梁底标高位置没有圆盘而无法搭设横杆，还需用到传统钢管；
3）有插销零散配件，损耗量大；
4）承插节点的连接质量受扣件本身质量和工人操作的影响显著。

图3.6.1-10 盘扣式支撑示意图

3.6.1.10 模板体系的选择

模板体系有多种选择，铝膜板、木模板、塑料模板、组合大模板等均可用于预制装配式施工，且各有其优势与劣势。本项目根据实际情况选用组合大模板（图3.6.1-11）。

（1）优点：
1）刚度好，拥有较高的混凝土成型质量；
2）减少支模时间，较其他模板节约人工，工效较高；
3）提高施工效率，在改装模板后，模板可以重复周转次数较多。

图3.6.1-11 大模板示意图

（2）缺点：
1）地面平整度要求高，安装拆卸困难以及大模板底部易漏浆；
2）大模板需与起重设备配合，占用设备吊运时间；
3）竖向及水平现浇构件需二次浇筑，对工期不利；且竖向浇注高度不易控制；
4）操作空间要求大。

3.6.1.11 混凝土浇筑

标准层剪力墙柱及现浇楼板层采用1.5m³吊斗配合塔吊进行浇筑。剪力墙柱和楼板混凝土分开浇筑，先浇筑剪力墙柱混凝土。剪力墙浇筑过程中为避免外挂板或大模板受压过大产生变形，采用分三次进行浇捣的方法，第一次浇捣高度约为0～0.6m、第二次浇筑高度约为0.6～1.6m、第三次浇筑高度约为1.6～2.78m（板底）。4栋标准层楼板及现浇混凝土量为63.95m³，剪力墙柱混凝土量为98.7m³，共计162.65m³（图3.6.1-12）。

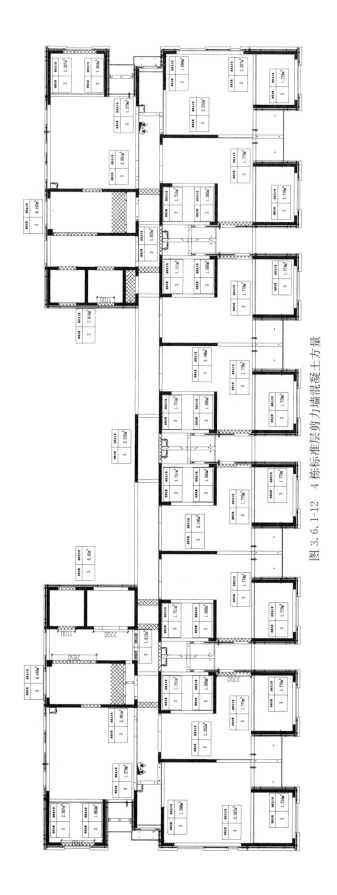

图 3.6.1-12 4栋标准层剪力墙混凝土方量

3.6.1.12 外防护的选择

标准层施工的外防护体系有多种形式，落地式脚手架、悬挑脚手架、液压提升架、门式脚手架、外挂式操作架等均可作为外防护使用。本项目根据实际情况选用外挂式操作架（图 3.6.1-13）。

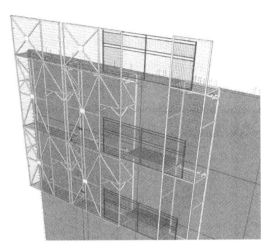

图 3.6.1-13　外挂架示意图

（1）优点：
1）可循环用于其他项目；
2）安装、提升、拆除简便，所需人工少；
3）外挂架支点均设置在预制外墙板上，且不用开洞，适用于有预制外墙类型的建筑项目。

（2）缺点：
1）一次性投入较大，对层高较矮的项目分摊成本较高；
2）设计及加工工作量较大；
3）不适用于外立面异形构件较多、外立面没有预制构件的项目。

3.6.2　标准层预制装配式施工流程及吊装准备（4栋为例）

3.6.2.1　施工流程图

施工流程如图 3.6.2-1 所示。

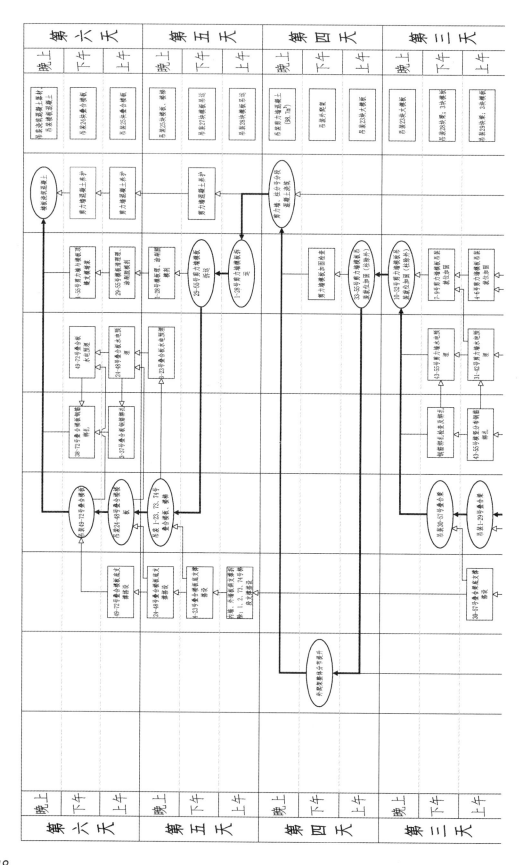

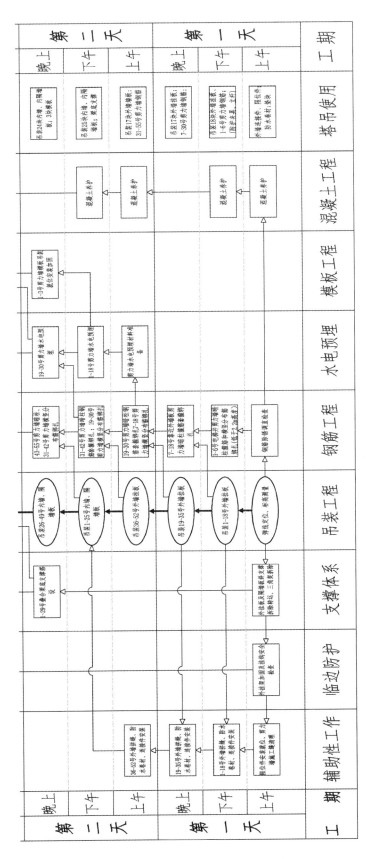

图 3.6.2-1 4栋标准层施工流程图

注：
(1) 椭圆框和箭头加粗为关键线路，其余均为非关键线路。
(2) 本项目临边防护采用的是外挂架；支撑体系采用的是盘扣式支撑，模板采用的是大模板；混凝土浇筑采用的是竖向墙柱与水平梁板分次浇筑，用 1.5m³ 料斗吊运浇筑；
(3) 其中叠合梁 LV1101，LV1102，LV1301，LV1302 因钢筋干扰问题，归类于内墙吊装，编号为内墙标号中的 1～4 号。

3.6.2.2 流程图绘制参考数据

(1) 预制装配式建筑人工工效时间根据经验可参照如下：

1) 外墙挂板约为 15min 一块；预制剪力墙板约为 30min 一块；内墙板、隔墙板约为 15min 一块；叠合梁和叠合楼板约为 12min 一块；楼梯梯段吊装约为 15min 一块；

2) 若大模板需要塔吊配合安装时，模板吊装构件长度大于 2.5m 的约为 10min 一块，其余均按约 6min 每块安排；

3) 剪力墙混凝土吊运为 1.5m³ 每次，每次每斗约为 20min；楼板混凝土每斗每次约为 10min；

4) 剪力墙钢筋绑扎、楼板钢筋绑扎约为 20m²/每人每工日；

5) 模板安拆约为 15m²/每人每工日；

6) 水电预埋约为 50m²/每人每工日；

7) 支撑搭设约为 100m²（标准层面积）/每人每工日。

(2) 为了各工序之间有序地进行穿插作业，各工序穿插节点根据经验可参照如下：

1) 在测量放线的同时可以准备支撑材料、吊装所需的辅材及设备等进行一些辅助工作；

2) 在外墙挂板吊装完成之后，可以将剪力墙柱的钢筋绑扎至梁底；如项目防护采用外挂架时，外墙挂板吊装完成之后可将外挂架提升一层；

3) 吊装内墙、叠合梁及内隔墙时，根据吊装顺序将整个作业面分区分段，在某个区域内的预制构件吊装完成之后，可以在这区域内穿插钢筋绑扎、水电预埋、模板安装、支撑搭设等作业；如采用大模板作为竖向墙柱模板时，可将隔墙放在竖向墙柱模板拆除完成之后吊装，且可以同时搭设支撑；

4) 叠合楼板上的水电预埋及钢筋绑扎也可根据吊装顺序分区分段穿插作业。

5) 叠合梁、叠合楼板支撑搭设应在该构件吊装前提前一个时间段搭设完成。

3.6.2.3 每日工况图

对 4 栋标准层各分项工作工程量进行统计，参照人工工效确定分项工作的总工时，确认每日工作内容（详见图 3.6.2-2～图 3.6.2-7）：

第一天上午主要工作：工程现场测量放线包括每块预制构件、现浇构件的边线及端线；标高测量包括每块预制构件底部垫块的布置位置及需要垫的高度在楼面上标识；将吊装预制构件所需要的斜支撑、定位件、连接件、螺栓等预制构件安装用的辅材，以及电动扳手、人字梯、安全绳等吊装所要用到的工具转运到作业层。

第一天下午主要工作：1～18 号外墙挂板的吊装完成固定；1～6 号楼梯间、电梯井等不影响预制构件安装的现浇构件钢筋绑扎工作，绑扎钢筋时应注意，箍筋只绑扎至叠合梁底部，剩余部分的箍筋等叠合梁吊装完成之后再绑扎。

第一天晚上主要工作：19～35 号外墙挂板的吊装完成固定；7～18 号剪力墙钢筋绑扎，且只绑扎至叠合梁底标高（详见图 3.6.2-2）。

第二天上午主要工作：36～52 号外墙挂板的吊装完成固定；19～30 号叠合梁吊装并控制好标高。剪力墙钢筋绑扎，且绑扎至叠合梁底标高。

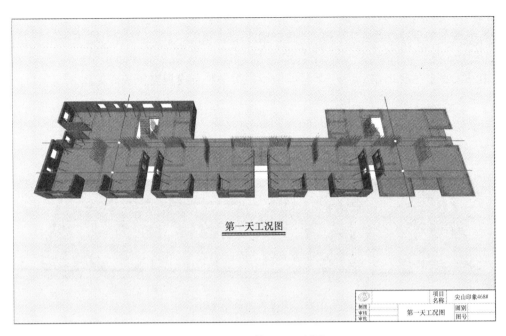

图 3.6.2-2　第一天工况图

第二天下午主要工作：1~25号内墙、内隔墙吊装完成固定；31~42号剪力墙钢筋绑扎，且绑扎至叠合梁底标高。

第二天晚上主要工作：26~49号内墙、内隔墙吊装完成固定；43~55号剪力墙钢筋绑扎，且绑扎至叠合梁底标高。1~3号剪力墙模板吊装及模板对拉（详见图3.6.2-3）。

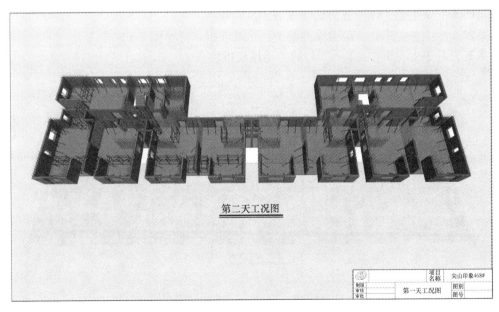

图 3.6.2-3　第二天工况图

第三天上午主要工作：1~29号叠合梁的吊装完成固定；4~6号剪力墙模板吊装及模

板对拉。

第三天下午主要工作：30～57号叠合梁的吊装完成；7～9号剪力墙模板吊装及模板对拉。

第三天晚上主要工作：10～32号剪力墙模板吊装及模板对拉（详见图3.6.2-4）。

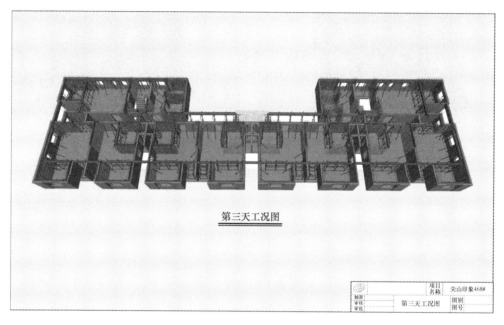

图 3.6.2-4　第三天工况图

第四天上午主要工作：33～55号剪力墙模板吊装及模板对拉。

第四天下午主要工作：剪力墙模板加固及检查。

第四天晚上主要工作：剪力墙混凝土浇筑及养护（详见图3.6.2-5）。

第五天上午主要工作：1～28号剪力墙模板拆模。

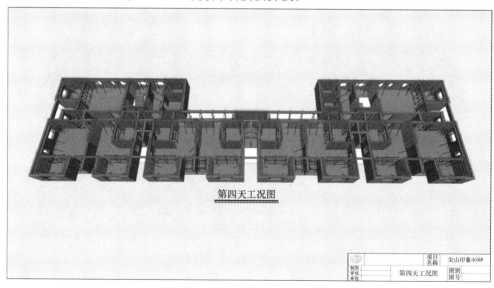

图 3.6.2-5　第四天工况图

第五天下午主要工作：29～55号剪力墙模板拆模；4～23号板底支撑搭设并进行标高复核。

第五天晚上主要工作：1～23、73、74号叠合楼板、梯段吊装，其中包括楼梯及歇台板和楼梯隔墙；同时，穿插进行24～48号叠合板底支撑搭设（详见图3.6.2-6）。

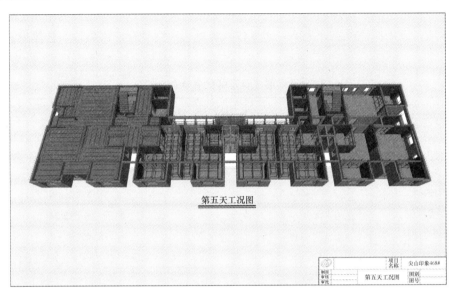

图 3.6.2-6　第五天工况图

第六天上午主要工作：24～48号叠合楼板吊装，其中包括空调板；同时，穿插完成49～72号叠合板底支撑搭设；开始进行叠合板面钢筋及水电布置。

第六天下午主要工作：49～72号叠合楼板吊装，其中包括空调板；完成叠合板面钢筋及水电布置。

第六天晚上主要工作：楼面混凝土浇筑及养护（详见图3.6.2-7）。

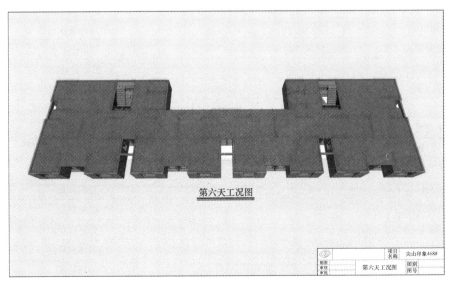

图 3.6.2-7　第六天工况图

注：以上各天工况图中，深色区域为每天累积完成工作内容。

3.6.2.4 吊装前准备工作

1. 吊装辅材、工具、设备

吊装过程中为满足构件加固及安装精度的要求,需要用到各种类型的吊装工具设备及辅材,本项目以4栋辅材统计为例,列举各类辅材名称型号及使用数量,具体见表3-27~表3-29。

吊装工具及辅材清单表　　　　　　　　　　　　　　　表3-27

材料名称	规格	单位	单栋数量（用量）
U形夹具	8*80mm钢板	块	靠窗梁数量*2
Z形夹具	50*50mm角钢	块	非靠窗梁数量*2
可调顶杆		根	梁底支撑立杆数
L形连接件	125*100*5	个	阳角数量*3
一字连接件	220*100*5	个	（阴角+水平拼缝）*3
外墙板定位件	L定位件	个	墙板数量*2
固定螺栓	M16*30	个	斜支撑数量+定位件数量*2+连接件数量*2
塑料垫块	70*70*20	个	墙板数*0.3*30
	70*70*10	个	墙板数*0.7*30
	70*70*5	个	墙板数*0.7*30
	70*70*3	个	墙板数*0.7*30
	70*70*2	个	墙板数*0.7*30
内墙板定位件	L定位件	个	（内墙板+隔墙板）*2
斜支撑	2.5m	根	墙板总数*2
自攻钉	M10*75	个	斜支撑数量*3+定位件数量*2
铝合金靠尺	$L=2.5m$	个	吊装班组数
撬棍	长度1.5m	个	吊装班组数*2
铝合金楼梯	3m（或者木楼梯）	个	吊装班组数*2
铁锤	4P	个	吊装班组数
安全带		条	吊装班组人数
钢卷尺	7.5m	个	楼栋数量*2
钢卷尺	50m	个	楼栋数量
线锤	0.5kg及1kg	个	楼栋数量*3
钩鱼线		把	楼栋数量*5
铅垂仪		台	楼栋数量
经纬仪		台	楼栋数量
水准仪		台	楼栋数量
水准尺		根	楼栋数量
激光水平仪		台	楼栋数量
墨斗		个	楼栋数量*2
墨汁	0.5kg	件	楼栋数量

续表

材料名称	规格	单位	单栋数量（用量）
记号笔（油性）	红、黑	支	楼栋数量*20
尼龙线		卷	楼栋数量*5
木工铅笔		支	楼栋数量*50
铁锤	6P	个	楼栋数量*2
电焊手套		双	楼栋数量*3
吊爪		个	楼栋数量*8
卸扣		个	楼栋数量*8
对讲机		台	吊装班组数*2

吊装设备清单表 表 3-28

材料名称	规格	单位	数量
拖地插头带线	50m	个	1
电焊机	250 交流焊机	台	1
电源线	配电焊机	捆	1
压把式切割机		台	1
液化气喷火枪		把	1
电焊条	3.2	kg	20
焊把线		捆	1
焊把		个	4
防坠器		个	4
活动扳手	200	个	4
电动扳手	450W	个	2
电锤		个	2
锤花	10×200		50
电动扳手（套筒子）	17	个	10
塔吊		台	1
人货电梯		台	1
灌浆机		台	1

吊装用辅材及设备图例 表 3-29

名称	图例	型号及规格	名称	图例	型号及规格
塔吊		根据项目实际情况	汽车吊		根据项目实际情况

续表

名称	图例	型号及规格	名称	图例	型号及规格
焊机		UN-15-100	灌浆机		
切割机			电动扳手	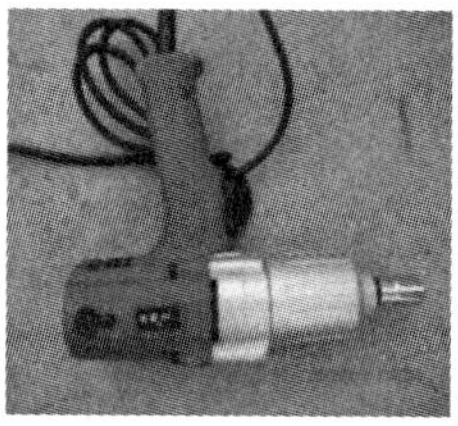	
电锤	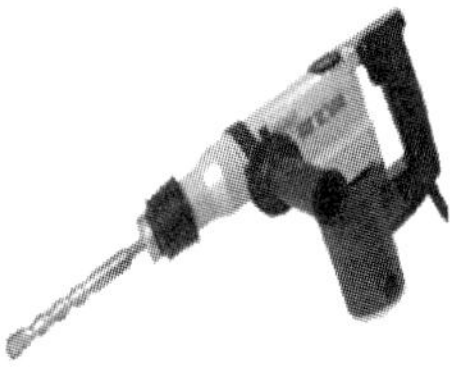		液化气喷火枪	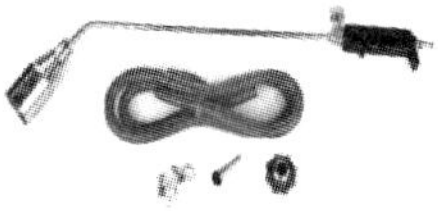	30、35、50型
撬棍		直径为30mm的六边形；$L=1.5$m	防水卷材		2mm厚自粘卷材
连接螺栓		M16×30	自攻钉	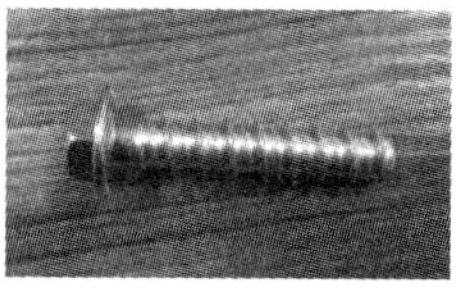	M10×75
L形连接件		详见加工图	U字形梁底夹具	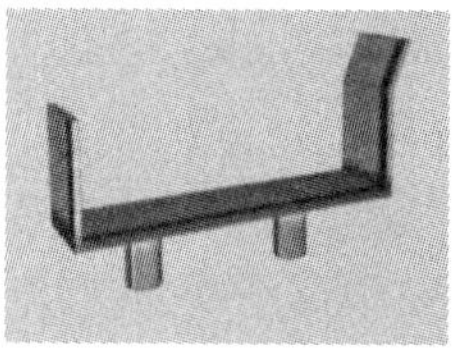	详见加工图

续表

名称	图例	型号及规格	名称	图例	型号及规格
外墙板定位件		详见加工图	垫块		70×70×20（mm） 70×70×10（mm） 70×70×5（mm） 70×70×3（mm） 70×70×2（mm）
内墙板定位件		详见加工图	斜支撑		详见加工图
一字连接件	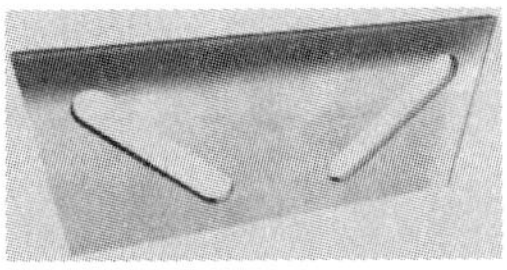	详见加工图	Z形梁底夹具	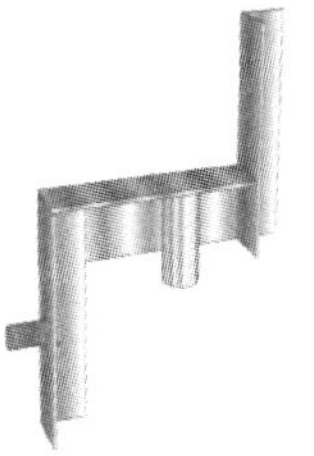	详见加工图
抗裂填缝砂浆	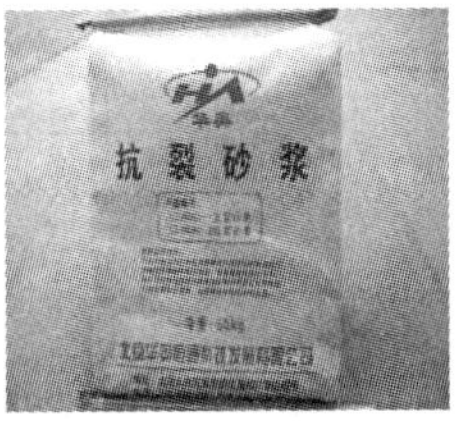		耐碱网格布		标准层×100
钢梁	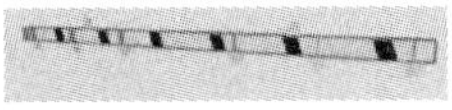	H型钢 $L=6m$	吊架		详见加工图纸
吊爪	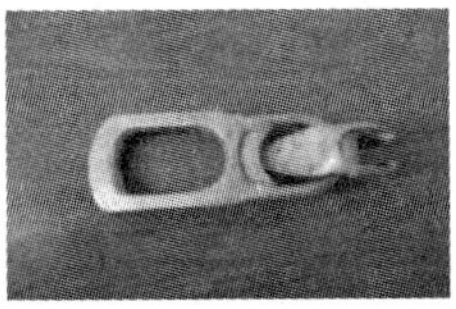	2.5t	卸扣		3t、5t
吊钩		3t	钢丝绳		根据项目实际情况

续表

名称	图例	型号及规格	名称	图例	型号及规格
缆风绳	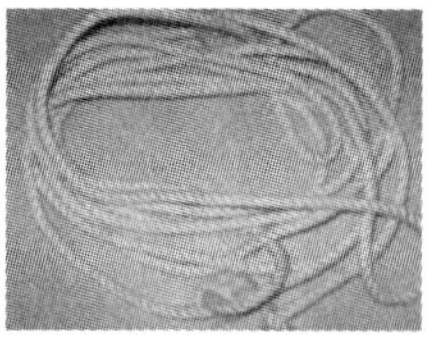	根据项目实际情况	电动扳手套筒		根据项目实际情况
开口扳手		根据项目实际情况	电锤钻花	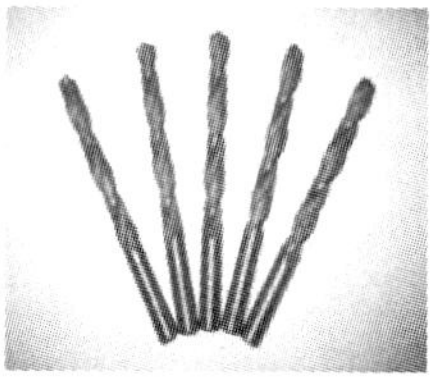	8mm×110mm
检测尺		2m	防坠器		TXS-10
悬挂双背安全带	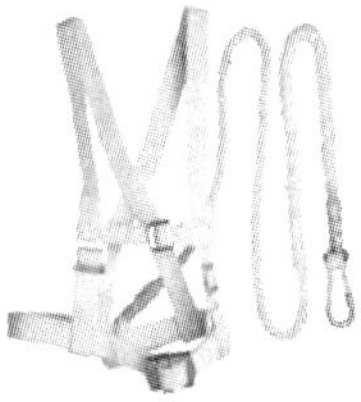	T1XB	楼梯		$L=2500$mm，$L=1200$mm

注：其中钢丝绳型号的选择尤为关键，对于工业化建筑PC构件吊装，钢丝绳都采用6×19、绳芯1的钢丝绳拉力计算方法和公式。

2. 吊装人员

除吊装工人以外还需配备以下人员：

（1）专职安全生产人员

吊装是一项危险施工工作，正在施工的每栋楼必须配备至少一名安全监控人员，且整个项目专职安全员不少于2人。

（2）塔吊指挥员

吊装过程中需在地面及施工楼面各配备一名塔吊指挥员，以确保吊装精度及安全。

3.6.3 主体施工

3.6.3.1 PC构件吊装

1. 项目吊装图例及数量

项目吊装图例如图3.6.3-1、图3.6.3-2所示。

图 3.6.3-1 外挂板吊装

图 3.6.3-2 内墙板板吊装

PC构件吊装需将现场施工进度计划、工厂构件生产计划、构件运输计划三者协调一致。在开工前应将PC构件需求计划及运输相关事宜协商好，如：装车顺序、车载数量、吊装进度计划、装车所需时间、从构件厂到施工现场所需时间、需求计划、到货周期等。标准层PC构件用量计划表如表3-30所示。

4栋标准层PC构件用量计划表 表3-30

序号	名称	规格	单位	用量	到货周期	备注
1	外墙板	按图纸尺寸	块	52	6天	预制
2	内墙板	按图纸尺寸	块	18	6天	预制
3	隔墙板	按图纸尺寸	块	27	6天	预制

续表

序号	名称	规格	单位	用量	到货周期	备注
4	叠合梁	按图纸尺寸	根	61	6天	预制
5	叠合楼板	按图纸尺寸	块	62	6天	预制
6	空调板	按图纸尺寸	块	2	6天	预制
7	阳台板	按图纸尺寸	块	6	6天	预制
8	梯段	按图纸尺寸	块	4	6天	预制

2. 项目吊装工艺介绍

（1）外墙挂板吊装

外墙挂板吊装工艺流程：选择吊装工具—挂钩、检查构件水平—吊运—就位、安装—调整固定—取钩—连接件安装。

图 3.6.3-3 加钢梁吊装

1）选择吊装工具

根据构件形式及重量选择合适的吊具，当外墙挂板与钢丝绳的水平夹角大于45°或有4个及以上（一般是偶数个）吊钉时应采用加钢梁吊装（图 3.6.3-3、图 3.6.3-4）。

2）挂钩、检查构件水平

当塔吊把外墙挂板吊离地面时，检查构件是否水平，各吊钉的受力情况是否均匀。待构件达到水平、各吊钩受力均匀后方可起吊至施工位置。

3）吊运

每个施工区放置一台装满构件的平板拖车，构件直接从车上起吊，避免二次吊装，减少工作量，提高工作效率。

4）就位、安装

① 在距离安装位置50cm高度时停止构件下降，检查外墙挂板的正反面是否与图纸正反面一致，检查地上所标示的垫块厚度与位置是否与实际相符（当同一块外墙挂板布置的垫块超过2组时，中间组垫块需比两端垫块完成面标高低1~2mm）；

② 根据楼面所放出的外墙挂板侧边线、端线、垫块、外墙挂板下端的连接件（连接件安装时外边与外墙挂板内边线重合）使外墙挂板就位；

③ 根据控制线精确调整外墙挂板底部，使底部位置和测量放线的位置重合。

5）调整、固定

① 根据标高调整横缝，横缝不平将直接影响竖向缝的垂直；竖缝宽度可根据外墙挂板端线控制，或采用一垫块宽度合适（根据竖缝宽决定）地放置相邻板端控制缝宽，外墙拼缝（横缝和竖缝）位置可参考图 3.6.3-5。

② 用铝合金挂尺复核外墙挂板垂直度，旋转斜支撑进行调整，直到构件垂直度符合规范要求；

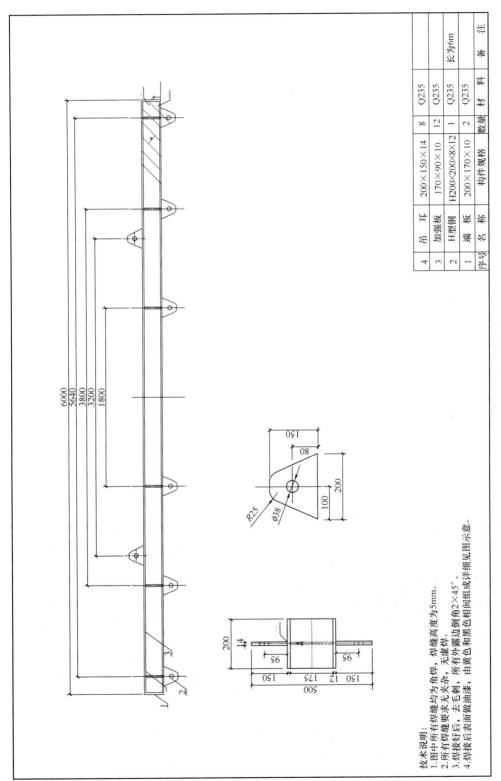

图 3.6.3-4 钢梁加工详图

图 3.6.3-5　外墙拼缝示意图

③ 斜支撑调整垂直度时，同一构件上所有斜支撑应向同一方向旋转，以防构件受扭。如遇支撑旋转不动时，严禁强行旋转。旋转时应时刻观察撑杆的丝杆外露长度（如：丝杆长度为 500mm，旋出长度不应超过 300mm），以防丝杆与旋转杆脱离垂直度调整完成后，用靠尺进行复核（图 3.6.3-6、图 3.6.3-7）斜支撑加工详图见图 3.6.3-8；

图 3.6.3-6　斜支撑调整垂直度

图 3.6.3-7　靠尺复核垂直度

④ 临时固定斜支撑的拆除，需待所有外墙连接件安装完成及焊接牢固后方可进行；待混凝土浇筑完成后，所有斜支撑方可拆除；拆除工作必须由吊装工人完成；

⑤ 竖向混凝土浇筑完成后拆除内（隔）墙斜支撑；楼板混凝土浇筑完成后拆除外墙斜支撑；

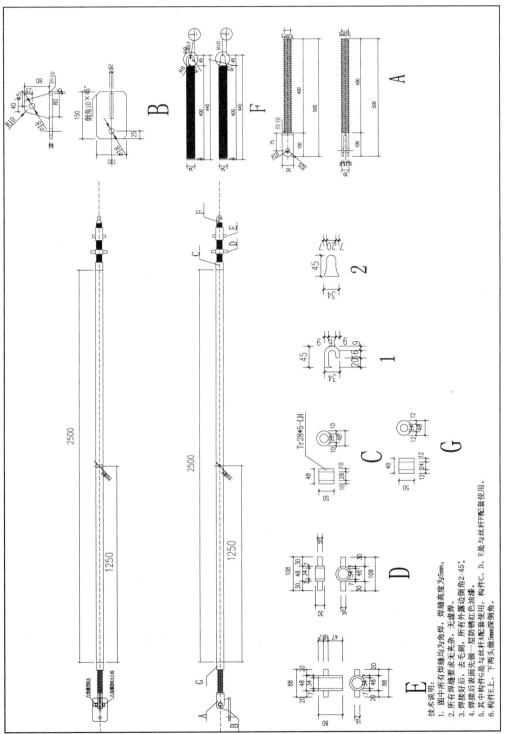

图 3.6.3-8 斜支撑加工详图

⑥ 用斜支撑将外墙板固定（安装时斜支撑的水平投影应与外墙挂板垂直且不影响其他墙板的安装），长度大于 6m 的外墙挂板其斜支撑不少于 3 根；用底部定位件将外墙挂板与楼面连成一体（图 3.6.3-9，此连接件主要是防止混凝土浇捣时外墙挂板底部跑模，故应连接牢固且不能漏装，同时方便外墙挂板就位）。

6）取钩

操作工人系好安全带后站在人字梯上取钩，安全带应与防坠器相连。防坠器要有可靠的固定措施。

7）连接件安装

① 放置 200mm 宽、3mm 厚自粘防水 SBS 卷材，高度为外墙挂板高度加 50mm（图 3.6.3-10）；宽度缝两边均分，防止混凝土浇筑时漏浆和外墙板缝渗水；

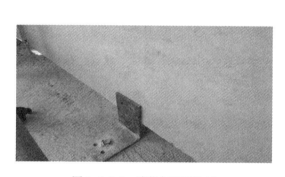

图 3.6.3-9　墙板与地面连接

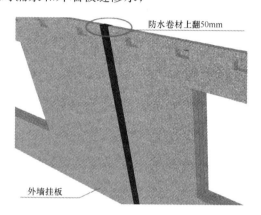

图 3.6.3-10　自粘卷材安装

② 两块外墙挂板之间用一字连接件或 L 形连接件连接（图 3.6.3-11、图 3.6.3-12），螺栓紧固合适，不得影响外墙平整度，安装完毕后用点焊固定；

图 3.6.3-11　转角处固定方法

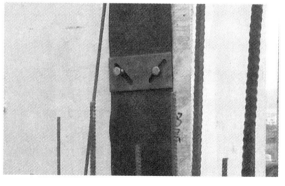

图 3.6.3-12　一字连接件固定方法

③ 两块外墙挂板与一块内墙板拼成丁字形连接时，2 条缝应分别放置 200mm 宽、3mm 厚自粘防水 SBS 卷材，长度为外墙挂板高度加 50mm，用长一字件连接，螺栓紧固合适，不得影响外墙平整度，安装完毕后用点焊固定。

（2）叠合梁吊装

吊装工艺流程为：测量放线—支撑搭设—挂钩、检查构件水平—吊运—就位、安装—调整—取钩。

1）测量放线

① 根据引入施工作业区的标高控制点，用水准仪测设叠合梁安装位置处的水平控制线，水平线宜设在作业区加1m处的外墙挂板上，同一作业区的水平控制线应重合，根据水平控制线得出叠合梁梁底位置线（图3.6.3-13）；

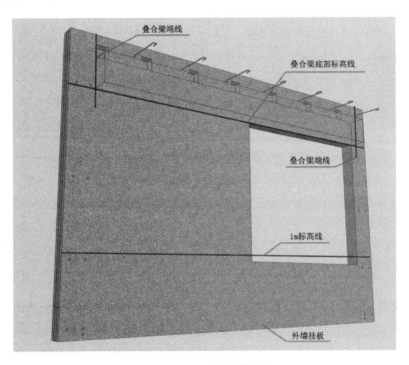

图 3.6.3-13 梁控制线图

② 根据轴线、外墙板线，将梁端控制线用线锤、靠尺、经纬仪等测量方法引至外墙板上构件，起吊前应对照图纸复核构件的尺寸、编号。

2）梁支撑搭设

梁支撑搭设需符合施工规范；一般情况下对于长度大于4m的叠合梁，底部不得小于3个支撑点，大于6m不得小于4个支撑点（图3.6.3-14）。

3）挂钩、检查水平

同外墙挂板。

4）就位安装（图3.6.3-15）

① 在叠合梁就位前，应检查其是否有预埋套管；有预埋套管的应注意正反面，叠合梁底部钢筋弯曲方向应与图纸一

图 3.6.3-14 梁底支撑搭设图

图 3.6.3-15 叠合梁吊装示意图

致；叠合梁底部纵向钢筋必须放置在柱纵向钢筋内侧，且应与外墙挂板有一定距离，否则将会影响柱的纵筋施工；

② 将叠合梁缓慢落在已安装好的底部支撑上，叠合梁端应锚入柱、剪力墙内15mm（叠合梁生产时每边已经加长15mm）。

5）调整

检查调整叠合梁的标高、位置、垂直度，应达到规范规定允许范围；加固支撑，使其均匀受力后取钩。

6）取钩

同外墙挂板。

（3）内墙板、隔墙板吊装

施工工艺基本与外墙板吊装相同，但有以下几点必须注意：

1）落位时隔墙板底下要坐浆（吊装时内墙板不需要坐浆）。坐浆时应注意避开地面预留线管，以免砂浆将线管堵塞。

2）隔墙安装时墙板与相邻构件要留有10mm的拼缝。如三块墙板成工字形时，不宜将两侧隔墙安装完后再安装中间的隔墙板（图3.6.3-16）。

3）隔墙板的连接是在隔墙板顶部预留直径为50mm、深为250mm的孔洞，叠合板相应位置预留直径75mm的孔洞。叠合板吊装完成后在孔内插入直径12mm的短钢筋，现浇时在孔内灌注混凝土，使叠合板与隔墙板牢固相连。

4）隔墙板吊装就位时，需优先确保厨房、卫生间的净空尺寸，以便于整体浴室、整体橱柜的安装。

（4）叠合楼板、歇台板吊装

吊装工艺流程为：支撑搭设—挂钩、检查水平—吊运—安装就位—调整取钩。

1）支撑搭设

本项目采用盘扣式支撑体系，具体见章节3.6.3.3。

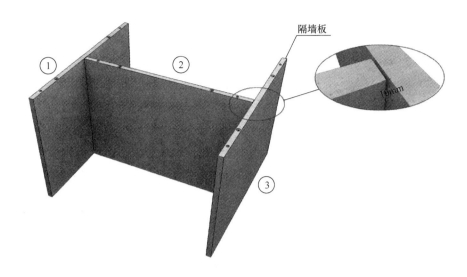

图 3.6.3-16 隔墙吊装顺序

2）挂钩、检查水平

① 选择合适的吊装工具，小于 4m 的叠合板采用钢梁 4 点吊装，大于 4m 的叠合板采用吊架 8 点吊装（图 3.6.3-17、图 3.6.3-18）；

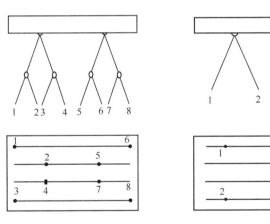

图 3.6.3-17　大于等于 4m 的板采用 8 点吊装　　图 3.6.3-18　小于 4m 的板采用 4 点吊装

② 挂钩时注意区分吊钩与斜支撑拉环及马凳钢筋；

③ 检查水平方法同外墙板。

3）吊运

同外墙挂板。

4）安装就位

① 根据图纸中构件位置以及箭头方向就位，就位过程注意观察楼板预留孔洞与水电图纸的相对位置（防止构件厂将箭头编错）；

② 楼板吊装时先吊装楼梯部位以方便施工，然后吊装相近部位的叠合板；先吊中间，再吊临边；

③ 叠合板安装时搭接边应深入叠合梁剪力墙内 15mm，板的非搭接边与梁、板拼缝按设计图纸要求安装（对接平齐）；

④ 阳台板安装时还应根据图纸尺寸确定挑出长度，安装时阳台外边应与已施工完层阳台外边在同一直线上。

5）调整、取钩

① 复核构件的水平位置、标高、垂直度，使误差控制在规范允许范围内；

② 检查下面支撑及板的拼缝，使所有支撑杆件受力基本一致，板底拼缝高低差应小于 3mm，确认后取钩。

(5) 楼梯安装

尖山印象项目采用搁置式楼梯，具体节点做法如图 3.6.3-19 所示，吊装方式与叠合楼板类似，但有以下几点不同：

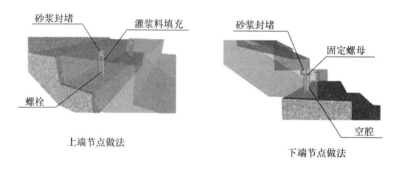

图 3.6.3-19　搁置式楼梯节点做法

1）因楼梯为斜构件，钢丝绳的长度应根据实际情况另行计算（下部钢丝绳加吊具长度应是上部的两倍）。

2）梯段就位前，歇台板须安装完成，因为歇台板需支撑梯段荷载。检查梯段支撑面叠合板的标高是否准确，梯段支撑面下部支撑是否搭设完毕且牢固。梯段落位后可用钢管加顶托在梯段底部（梯段底部一般会有 4 个脱模吊钉，可将钢管支撑于此）加支撑固定。

3）根据标高、轴线、图纸、精确调节安装位置后取钩；

4）梯段吊装时与梯段有关联的剪力墙、柱混凝土应先浇筑完成。

5）梯段吊装完成后需做好成品保护，防止阳角破损。

(6) 吊装顺序（以尖山印象 4 栋为例）

4 栋标准层吊装顺序根据施工流程图分解至外墙挂板、叠合梁、内墙板、叠合楼板吊装顺序（图 3.6.3-20～图 3.6.3-23）。其中应注意以下几点：

1）外挂板吊装从 12 轴-G 轴位置电梯井旁 WV701 开始吊装。

2）由于钢筋干扰问题，应先吊装图 3.6.3-22 中的 1～4 号叠合梁，再进行内墙吊装，最后吊装剩余的叠合梁。

3）1、2、73、74 号楼梯需在歇台板浇筑后吊装。

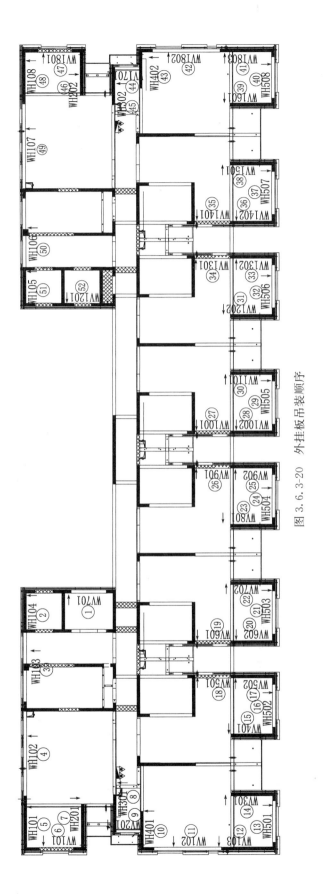

图 3.6.3-20 外挂板吊装顺序

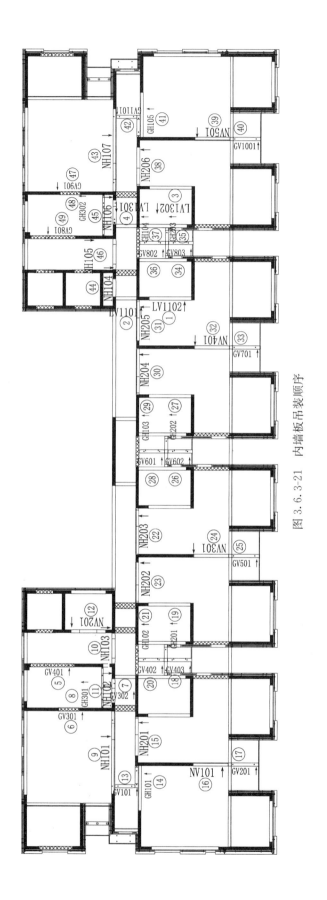

图 3.6.3-21 内墙板吊装顺序

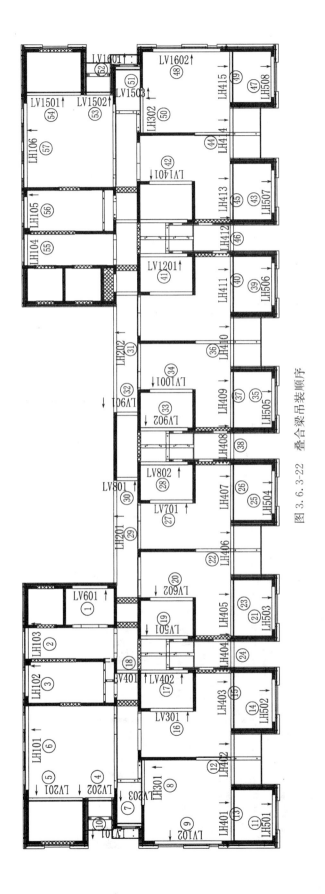

图 3.6.3-22 叠合梁吊装顺序

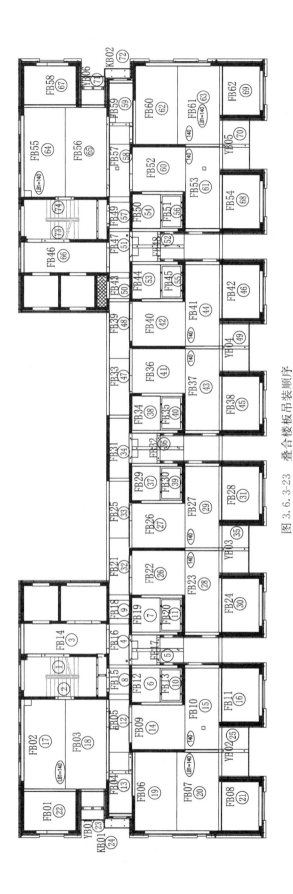

图 3.6.3-23 叠合楼板吊装顺序

3.6.3.2 钢筋工程

预制装配式建筑钢筋工程常用做法主要包含现浇构件钢筋、叠合构件现浇部分钢筋。其原材料、加工及安装与传统建筑没有区别。本节内容主要介绍尖山印象项目钢筋工程施工流程及预制装配式建筑中钢筋施工易出现的节点和问题。

1. 施工管理流程

熟悉施工图—技术交底—开具下料表—料表审核—钢筋制作—钢筋安装—过程控制检查（班组、栋号长、质检员、监理）—整改—项目部复查—报验。

2. 施工方法

（1）钢筋制作

1）制作一般要求

熟悉施工图纸，制作下料单，并对下料单的下料方法进行审核。钢筋制作过程中应严格按下料单下料。

① 钢筋的调直：圆钢冷拉率不宜大于4%，螺纹钢冷拉率不宜大于1%。

② 钢筋加工的纵向全长偏差±10mm。箍筋内净的偏差±5mm；弯起钢筋弯拆位置的偏差±20mm。

③ 接头位置：接头末端至钢筋弯起点的距离不应小于钢筋直径的10倍。

2）制作控制点

① 钢筋制作前必须弄清各部位钢筋（KL、L、LL、XL、WKL、KZ、剪力墙、LZ、板筋等）的锚固长度、接头形式、构件尺寸、保护层厚度等的设计及规范要求，确保下料尺寸正确。

② 钢筋安装一般要求按表3-31执行。

钢筋安装允许偏差和检验方法　　　　表3-31

项　目		允许偏差（mm）	检验方法
绑扎钢筋网	长、宽	±10	尺量
	网眼尺寸	±20	尺量连续三档，取最大偏差值
绑扎钢筋骨架	长	±10	尺量
	宽、高	±5	尺量
纵向受力钢筋	锚固长度	−20	尺量
	间距	±10	尺量两端、中间各一点，取最大偏差值
	排距	±5	
纵向受力钢筋、箍筋的混凝土保护层厚度	基础	±10	尺量
	柱、梁	±5	尺量
	板、墙、壳	±3	尺量
绑扎钢筋、横向钢筋间距		±20	尺量连续三档，取最大偏差值
钢筋弯起点位置		20	尺量，沿纵、横两个方向量测，并取其中偏差的较大值
预埋件	中心线位置	5	尺量
	水平高差	+3，0	塞尺量测

③ 柱筋施工

工艺流程：钢筋偏位检查、处理—套柱箍筋—柱节点相关构件吊装—竖向钢筋接长—画箍筋间距线—绑箍筋（拉筋）。

为保证柱截面尺寸、柱筋间距及保护层厚度准确，在每施工层楼板结构标高以上100mm布设一道卡位钢筋。

柱箍筋：按图纸要求间距，计算好每根柱的箍筋数量，先将箍筋按照不同方向间隔套在下层伸出的竖向钢筋上，然后将竖向钢筋接长。

竖向钢筋接长：接头位置按图纸及规范要求。连接时设专人负责，由专业操作人员连接。柱筋均在施工层的上一层留1000mm和2000mm长的柱纵向筋，连接接头应相互错开$\geqslant$500mm（35d）。

画箍筋间距线：在立好的柱子竖向钢筋上，按图纸要求用粉笔画箍筋间距线。

箍筋绑扎：箍筋的接头要交错排列垂直放置；箍筋转角与竖向钢筋交叉点均要扎牢（箍筋平直部分与竖向钢筋交叉点可每隔一根互成梅花式扎牢）。绑扎箍筋时，钢丝扣要相互成八字形绑扎，且绑扣统一朝柱子内。

梁柱节点处理：梁柱节点应按照规范进行箍筋加密，节点处相关构件应按吊装顺序吊装，同时及时增加套箍，必要时可采用开口箍。叠合梁下柱钢筋（图3.6.3-24）施工时由于存在叠合梁吊装与柱钢筋干涉的问题，所以钢筋绑扎时应注意，在叠合梁吊装前，先将柱箍筋绑扎至叠合梁底位置；待叠合梁吊装完成后，再将其余箍筋绑扎。

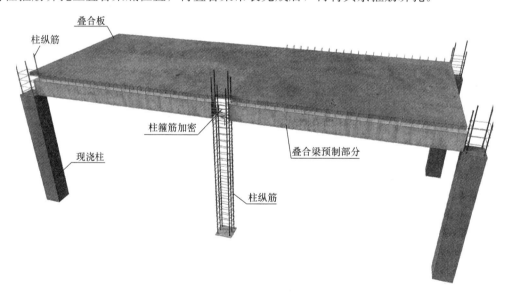

图3.6.3-24 叠合梁下柱钢筋

④ 墙筋施工

工艺流程：钢筋偏位检查、处理—立竖筋及竖向钢筋定位架—绑扎横竖筋。

为保证墙截面尺寸、竖向钢筋间距及保护层厚度准确，在每一层楼板结构标高以上50mm设置水平钢筋定位架，水平钢筋定位架应严格按照墙截面尺寸及钢筋设计要求自制专用。

墙筋应逐点绑扎，于四面对称进行，避免墙内钢筋向一个方向歪斜，水平筋接头应错开。一般先立几根竖向定位筋，与下层伸入的钢筋连接，然后绑上定位横筋，接着绑扎其余竖筋，最后绑扎其余横筋。水平和竖向定位筋应在加工场地派专人负责加工，严格控制尺寸，尽量利用边角料加工，定位筋是固定纵、横墙筋位置并保证钢筋保护层厚度的有效工具。但是，如果加工质量得不到保证，钢筋保护层和钢筋间距的控制效果就不能保证。为了消除这些人为因素，应制作定位筋的加工平台。通过定位筋的加工平台定位其横撑长度、横撑两端的长度和横撑的间距，并且在一批定位筋加工完毕后，进行预检，保证定位筋符合标准要求。

墙体拉钩钢筋规格同设计要求，竖向间距未明确的，按照水平钢筋间距每层布置；水平方向间距未明确的，按照竖向钢筋间距间隔布置。

钢筋有180°弯钩时，弯钩应朝向混凝土内，且水平交叉两根钢筋应用绑扎丝扎牢。绑扎丝应朝向混凝土内。

下层墙的竖向钢筋露出楼面部分，应用水平定位钢筋定位准确，以利上层墙的钢筋搭接。当上下层墙截面有变化时，其下层墙钢筋的露出部分，必须在绑扎钢筋之前，先行收分准确。

墙内的水电线盒、预留套管必须固定牢靠，采用增加定位措施筋的方法将水电线盒、预留套管焊接定位。

⑤ 梁筋施工

叠合梁工艺流程：叠合楼板、叠合阳台板、空调板吊装—穿梁上部钢筋—抱角绑扎梁上部钢筋。

接头位置：梁下部主筋接头应在支座处，梁上部主筋接头应设置在跨中区域（跨中1/3处），接头位置应相互错开，在受力钢筋 35d 区段内（且不小于 500mm），有绑扎接头的受力钢筋截面面积占受力钢筋总截面面积的百分率，在受拉区不得超过 25%，受压区不得超过 50%。

在所有梁的交错位置每边另外增设 3 道附加箍筋，间距 50mm。

主梁的纵向受力钢筋在同一高度遇有垫梁、边梁（圈梁）时，必须支撑在垫梁或边梁受力钢筋之上，主筋两端的搁置长度应保持均匀一致；次梁的纵向受力钢筋应支承在主梁的纵向受力钢筋上。

框架梁接点处钢筋穿插十分稠密时，梁顶面主筋的净间距要留有 25mm（采用垫铁等措施），以利灌注混凝土之用。

⑥ 板筋施工

叠合楼板钢筋工艺流程：清理叠合楼板杂物—在叠合楼板上用粉笔画负筋、分布筋、拼缝钢筋间距线—先放拼缝钢筋、负筋，后放分布筋—上层绑扎—设置马凳、搭设过道。

按画好的钢筋间距，先排放受力主筋，后放分布筋，预埋件、电线管、预留孔等同时配合安装并固定。待底排钢筋、预埋管件及预埋件就位后交质检员复查，再清理现场后，方可绑扎上排钢筋。

钢筋采用绑扎搭接，下层筋不得在跨中搭接，上层筋不得在支座处搭接，搭接处应在中心和两端绑牢。

在进行板钢筋网的绑扎施工时，四周两行交叉点应每点扎牢，中间部分每隔一根相互成梅花式扎牢，双向主筋的钢筋必须将全部钢筋相互交叉扎牢，相邻绑扎点的钢丝扣要成八字形绑扎（右左扣绑扎）。下层180°弯钩的钢筋弯钩向上；上层钢筋弯钩朝下布置。

板、次梁与主梁交叉处，板的钢筋在上，次梁的钢筋在中层，主梁的钢筋在下；当有圈梁或垫梁时，主梁钢筋在上。

阳台与室内高低板板负筋处采用弯折做法，面筋应拉通设置（图3.6.3-25）。

图3.6.3-25 高低板板负筋弯折做法

3. 4栋钢筋用量统计

钢筋用量统计如表3-32所示。

4栋单栋现浇钢筋用量统计表　　　　表3-32

序号	累计	材料名称	规格	单位	数量
1	现浇钢筋	HPB300	φ6	吨（t）	1.353
2		HPB300	φ10		1.876
3		HRB335	φ12		49.335
4		HRB335	φ20		3.024
5		HRB335	φ22		1.232
6		HRB400	φ6		30.324
7		HRB400	φ8		134.383
8		HRB400	φ10		49.446
9		HRB400	φ12		78.728
10		HRB400	φ14		18.889
11		HRB400	φ16		8.549
12		HRB400	φ18		18.228
13		HRB400	φ20		59.968
14		HRB400	φ22		14.276
15		HRB400	φ25		14.055
		合计			483.666

4. 钢筋工程应注意的问题

钢筋施工过程中存在一些易忽略和具有施工难度的问题，需引起重视和加以防范。本章节结合尖山印象钢筋施工过程中所发现的问题，做出了相应原因分析和防治措施。

（1）外挂板连接筋未锚入梁内，存在安全隐患（图3.6.3-26）。

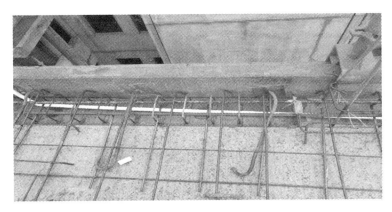

图 3.6.3-26 外墙板连接筋铺设不规范

产生原因分析如下：

1）工厂生产、运输、现场吊装外挂板，连接筋弯曲变形未校正，导致连接筋锚入梁内困难；

2）连接筋安装顺序不正确，未在叠合楼板、叠合梁钢筋绑扎前锚固连接筋。

具体预防及整治措施（图 3.6.3-27、图 3.6.3-28）如下：

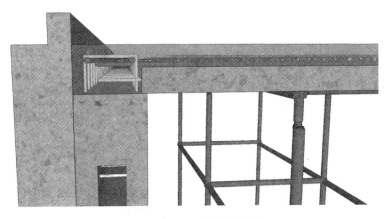

图 3.6.3-27 防治措施图解

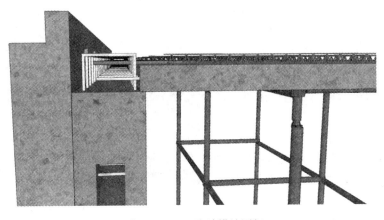

图 3.6.3-28 防治措施图解

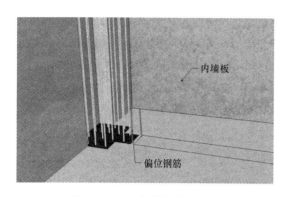

图 3.6.3-29 钢筋偏位示意图

1）吊装完叠合梁、叠合楼板,将连接筋校正后锚入叠合梁内,再绑扎叠合梁纵筋和楼板面分布筋;

2）放置纵筋到叠合梁内并低于箍筋内皮 10～15mm,摆正连接筋;

3）连接筋锚入楼板面与板筋绑扎,防止楼板面混凝土浇筑时连接筋翘曲露筋。

（2）现浇楼面墙柱钢筋偏位,预制墙板无法落位（图 3.6.3-29）。

产生原因分析如下:

1）墙柱钢筋定位安装偏差;
2）楼板面筋绑扎过程中,墙柱钢筋被踩踏;
3）楼面混凝土放料、振捣过程中碰撞导致墙柱钢筋偏位,偏位后未校正处理;
4）墙板吊装就位过程中碰撞墙柱钢筋,导致钢筋偏位。

具体预防及整治措施如下:

1）测量弹线、检查墙柱钢筋具体偏差值;

2）钢筋偏位（5mm＜柱≤25mm,3mm＜墙≤15mm）且不超出保护层厚度范围时,可直接在结构面按 1∶6 的比例调整钢筋;

3）钢筋偏差较大而影响墙板落位的,须征求设计单位同意,经验算后重新植筋。正式植筋前先试做植筋拉拔试验,满足拉拔强度要求后在楼板正确位置植筋,植筋按照弹线定位—钻孔—清孔—注胶—植筋—验收的施工步骤,植筋后应进行拉拔试验,确认参数;植入钢筋偏离灌浆套筒中心线不宜超过 5mm;

4）钢筋安装时,其品种、规格、数量、级别必须符合图纸规定的要求,绑扎前弹好控制线,对发生偏移的钢筋应及时纠偏校正;

5）放置钢筋保护层的垫块间距在 300～800mm 左右,以保证钢筋与模板分离来控制钢筋保护层,施工过程中督导操作人员不得任意蹬踏钢筋;

6）增加过程控制,在混凝土浇筑时设专人看护,防止在浇捣混凝土时因振捣或者其他碰撞致使钢筋偏移,混凝土浇筑完毕应立即由专人进行钢筋位置校正。

（3）叠合梁吊装前剪力墙柱箍筋绑扎超过梁底,导致叠合梁吊装落位困难（图 3.6.3-30）。

产生原因分析如下:

墙柱箍筋绑扎超高,靠墙柱叠合楼板、叠合梁落位时锚固钢筋与墙柱箍筋干涉而施工困难。

具体预防及整治措施如下:

图 3.6.3-30 箍筋绑扎过高示意图

1)现场吊装时构件落位困难,可将已绑扎超过叠合梁底的箍筋拆除;
2)在外墙板弹叠合梁底控制线,对钢筋工进行交底,现场墙柱钢筋绑扎时箍筋绑扎至叠合梁底即可。

3.6.3.3 叠合板及梁底支撑(以尖山印象 4 栋为例)

本工程由于分隔较多,走廊狭长,根据其特点,叠合板及梁底主要采用盘扣式支撑。盘扣式模数较为固定,灵活性不够,因此在部分叠合梁底及板底配合使用独立支撑和钢管。

1. 材料介绍及应用(图 3.6.3-31)

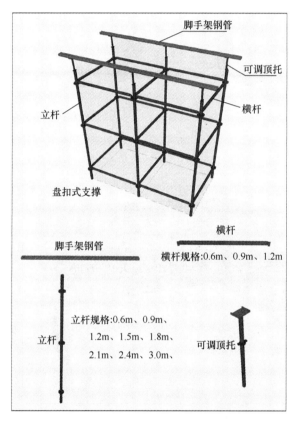

图 3.6.3-31 盘扣材料介绍

2. 布置原则

(1)根据图纸和《建筑施工承插型盘扣式钢管支架安全技术规程》JGJ 231—2010 进行布置。

(2)通过放线确定立杆定位点,再放置纵向扫地杆,依次向两边竖立立杆,进行固定。

(3)根据施工现场实际情况对架体间距及承载力进行计算。

(4)立杆底端应支承于坚实基面上,搭设完一榀架后,应检查搭设架体扣接是否紧固,搭设完整体支撑后,应进行立杆垂直度和标高检查。

(5) 搭设完毕后，安装可调顶托，可调顶托插入立杆不得少于150mm。

Ⅵ立杆距剪力墙边不宜小于500mm，且不宜大于800mm。距预制墙端间距可适当调节，但不应少于200mm。

3. 施工工艺

尖山印象项目盘扣式支撑体系施工工艺如表3-33。

盘扣式支撑体系施工工艺流程　　　　　　表3-33

施工步骤	应用图示	注意事项
① 搭设边立杆	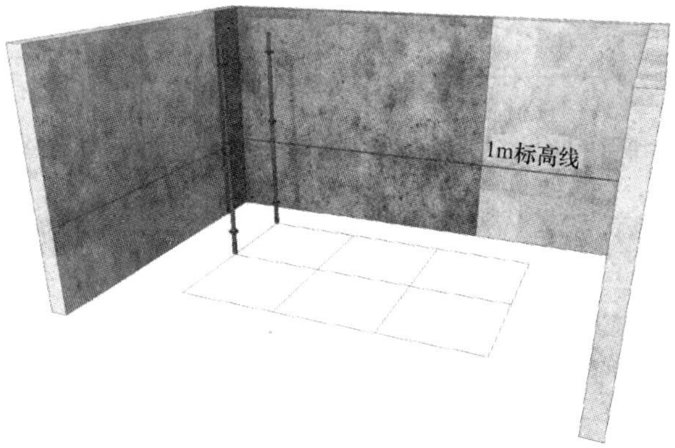	（1）通过放线确定立杆定位点，然后计算确定立杆间距 （2）内墙板面应放线出1m标高线，方便后期标高复核
② 扫地杆搭设	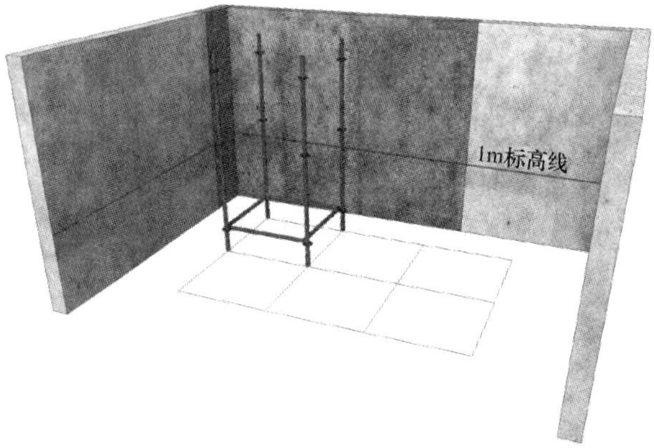	（1）搭设扫地杆时注意尺寸应通过计算来确定 （2）立杆搭设时宜2个人同时进行操作，方便杆件固定
③ 上部横杆搭设	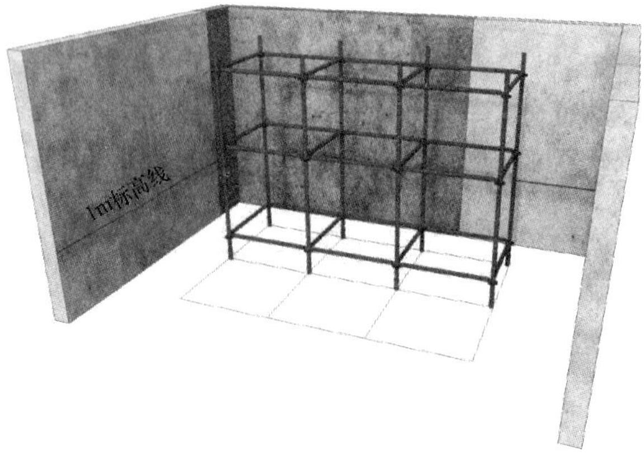	盘扣扣接时，杆件应紧固，防止松动

续表

施工步骤	应用图示	注意事项
④ 整体杆件搭设	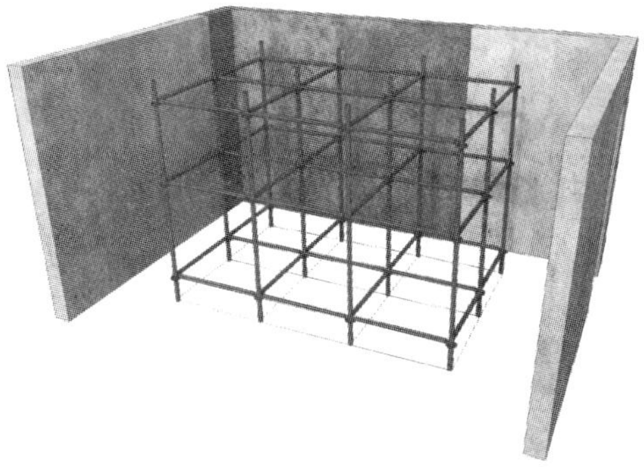	（1）架体搭设完成后应检查横杆是否稳固，立杆垂直度偏差是否符合要求 （2）横杆间距应根据计算确定，间距不宜过大
⑤ 安装顶托	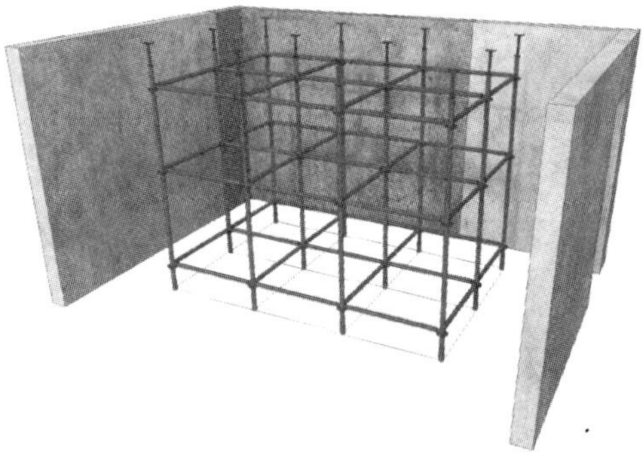	顶托安装时应统一标高放置在立杆上
⑥ 调平	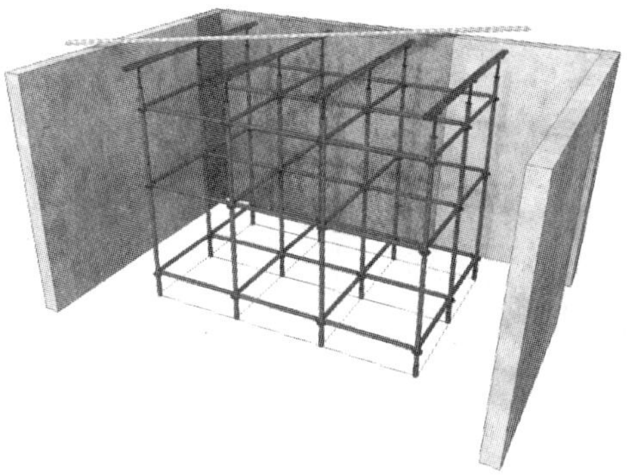	（1）检查支撑立杆标高是否符合允许偏差，将顶杆调至低于靠尺5mm的平面 （2）靠尺以内承重墙上端平面为准
⑦ 拆除通道扫地杆		楼板吊装完成后，过道扫地杆可以拆除，方便人员及材料搬运

续表

施工步骤	应用图示	注意事项
⑧ 拆除一层横杆	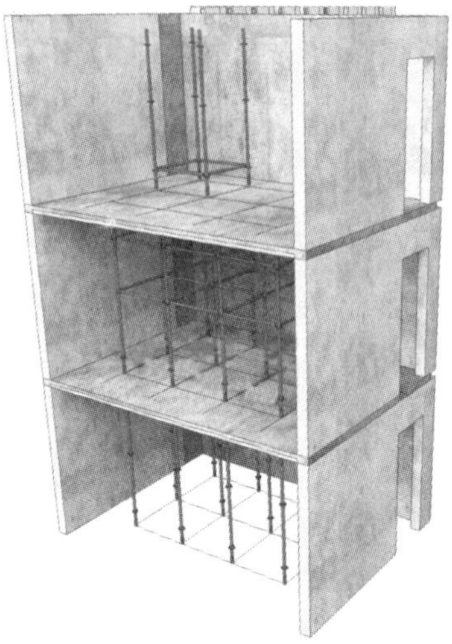	（1）一层的全部横杆进行拆除，二层所有扫地杆进行拆除，三层杆件进行搭设 （2）上下层立杆应对准，在同一垂直受力点上
⑨ 拆除一层杆件	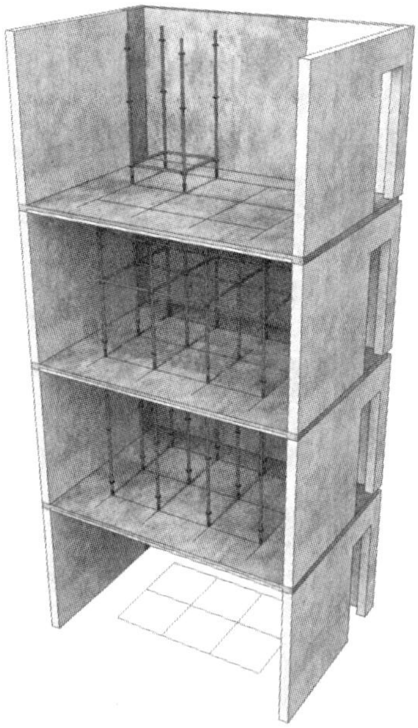	（1）第四层架体搭设前，可拆除第一层板底支撑 （2）第二层横杆可以进行拆除 （3）第三层扫地杆可以进行拆除

4. 叠合板底、梁底支撑布置平面图

板底支撑布置立杆间距有 600mm、900mm、1200mm、1500mm 四种。根据房间尺寸及几何形状搭配传统钢管进行合理布置。距墙端控制在 450mm～650mm 之间，具体布置见图 3.6.2-32。其中需特别注意走廊梁底支撑区域的板底支撑最上面一道 600mm 横杆为工具式，下面两道为 1500mm 传统钢管连接（图 3.6.2-33）。

根据 4 栋标准层支持平面布置图，统计标准层支撑所需材料如表 3-34 和表 3-35 所示。

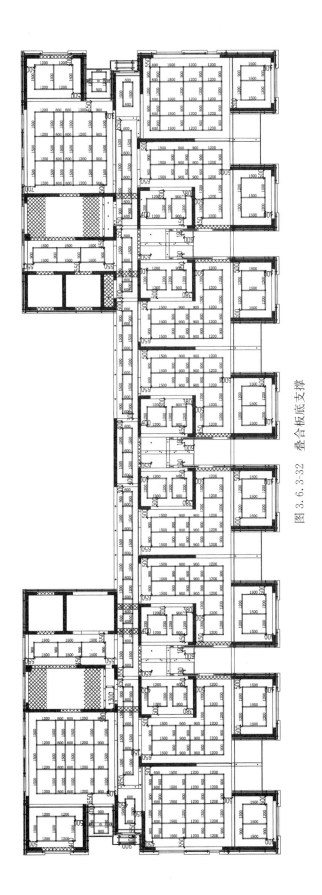

图 3.6.3-32 叠合板底支撑

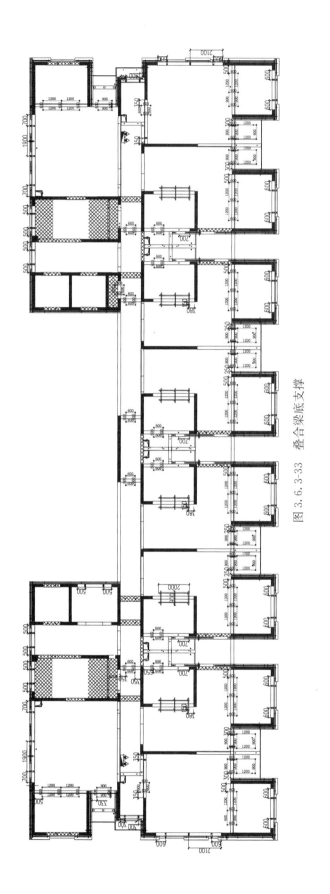

图 3.6.3-33 叠合梁底支撑

标准层板底支撑材料统计 表3-34

材料名称	规格	单位	数量
工具式横杆	600mm	根	193
	900mm	根	522
	1200mm	根	546
	1500mm	根	426
工具式立杆	2500mm	根	428
可调顶杆	500mm	个	436
传统钢管	600mm	根	12
	1200mm	根	20
	1500mm	根	24
	2000mm	根	8
	3000mm	根	8
扣件		个	152
独立支撑		个	19

标准层梁底支撑材料统计 表3-35

材料名称	规格	单位	数量
工具式横杆	600mm	根	212
	900mm	根	80
	1200mm	根	120
工具式立杆	1200mm	根	36
	2100mm	根	42
	2500mm	根	172
可调顶杆	500mm	个	262
传统钢管	900mm	根	160
	1200mm	根	32
	1500mm	根	52
	2000mm	根	36
	2500mm	根	36
扣件		个	596
独立支撑		个	44
U形夹具	8×80mm 钢板	个	36
Z形夹具	50×50mm 角钢	个	8

3.6.3.4 防护及外挂操作平台（以尖山印象4栋为例）

针对尖山印象现场情况及预制装配式建筑特点，采用一种简易的外挂式作业平台。

1. 外挂架作业平台组成（图3.6.3-34）

根据外挂架平面布置图统计标准层所需外挂架材料如表3-36所示。

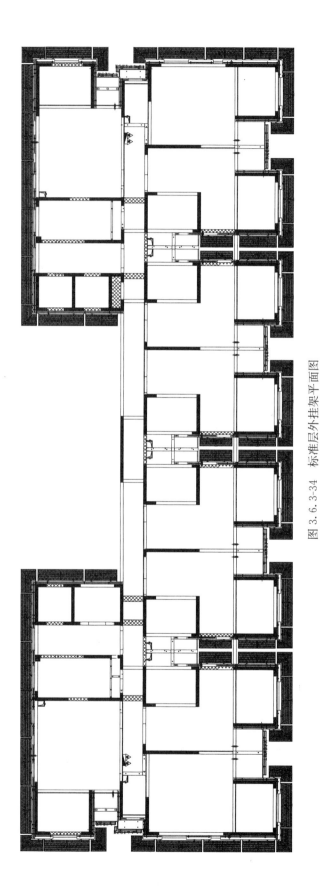

图 3.6.3-34 标准层外挂架平面图

标准层外挂架材料统计　　　　　　　表 3-36

名称	数量（块）
1.0×1.5 外角	23
1.0×1.3 外角	1
3.0m 平台踏板	22
2.1m 平台踏板	7
2.4m 平台踏板	5
2.8m 平台踏板	2
2.1m 窄平台踏板	3
2.4m 窄踏板	3
1.8×1.4 外防护网	2
1.3 外防护网	2

外挂式作业平台是以直线标准节、阳角标准节、阴角标准节、搭接踏板、搭接栏杆等组成基本结构，再设置挂钩座、安全横梁，悬挂于建筑主体上的一种标准化作业平台。外挂架作业平台可适应层高 2.9～3.2m 的民用建筑，安装简易，可重复利用；一般高度为 $2H+2.1m$，宽度为 0.7m，长度一般根据建筑物的周边尺寸进行分解。

尖山印象项目层高为 2.9m，外挂式操作平台按三层设置，总高 7.9m，每榀架体标准长度为 3.0m，外墙阳角处设成整体 L 形架体，两侧边长根据房屋形状作具体调整（图 3.6.3-35）。

图 3.6.3-35　外挂架示意图

2. 原材料

（1）矩形钢管和方形钢管：采用 Q235 热轧带钢（图 3.6.3-36）；
（2）钢板网：采用低碳钢丝（图 3.6.3-37）；
（3）螺栓：采用六角头 8.8 级高强螺栓；
（4）焊条：采用 E4303 焊条；

图 3.6.3-36 矩形钢管

图 3.6.3-37 钢板网

(5) 其他材料：玄武岩套筒 M16×140mm，平垫圈。

所有材料均应满足相关国家规范及标准要求，且均应有产品合格证或材料出厂报告，并按要求做材料复试，复试合格后方可使用。按设计要求焊接成型后，应进行除锈处理，并涂刷两道防锈底漆，一道聚氨酯防腐面漆，防止使用过程中发生受腐锈蚀现象。

3. 组成构件（表 3-37）

外挂架作业平台构件系列表　　　　　　　　　　　　　　　表 3-37

序号	名称	图例	备注
1	挂钩座		通过高强螺栓与外挂板相连，悬臂端凹槽固定作业平台主梁，将作业平台荷载传递至建筑主体，是最主要的受力构件，凹槽带防坠装置
2	直线标准节		平面呈直线型，有上、中、下三层平台，悬挂于建筑外围平直处，为外墙施工提供作业空间和临边防护的标准化挂件

续表

序号	名称	图例	备注
3	阳角标准节	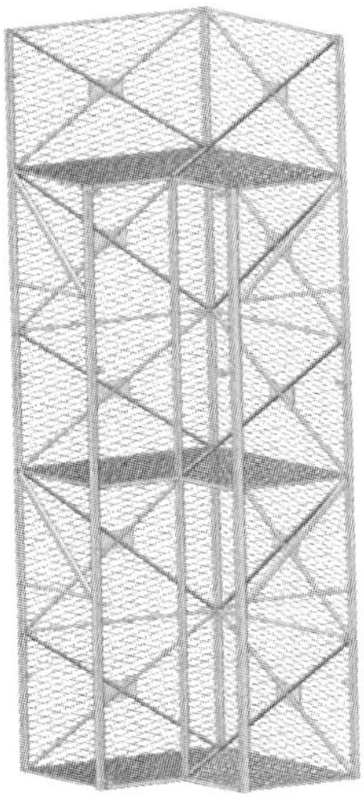	平面呈L形,有上、中、下三层平台,悬挂于建筑外围阳角处,为外墙施工提供作业空间和临边防护的标准化挂件
4	阴角标准节	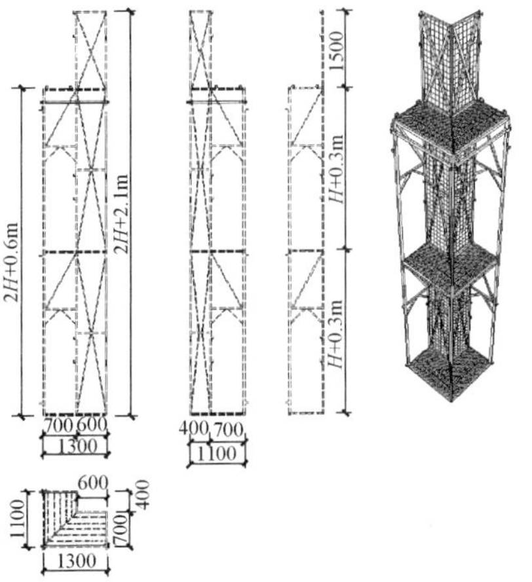	平面呈L形,有上、中、下三层平台,悬挂于建筑外围阴角处,为外墙施工提供作业空间和临边防护的标准化挂件
5	特殊标准节	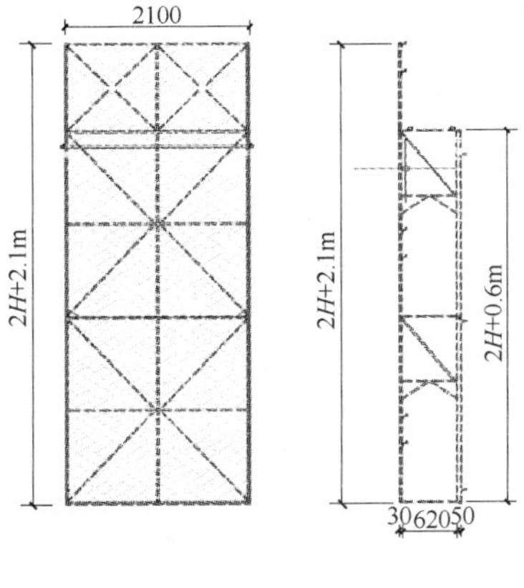	与标准节类似,因建筑物外形变化而设置的非标准件

189

续表

序号	名称	图例	备注
6	搭接踏板	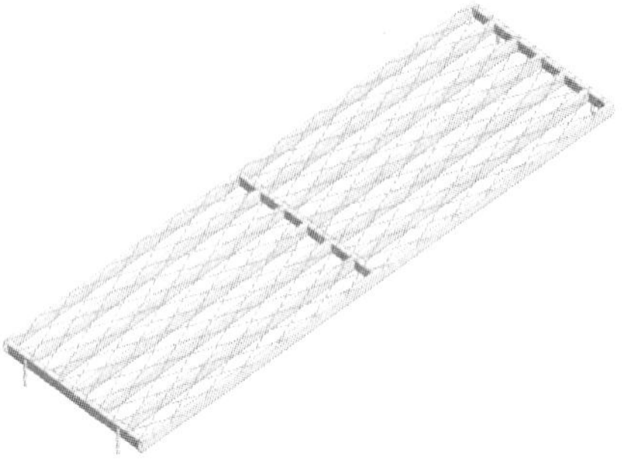	主要由钢结构踏板骨架和钢板网组成,用作作业平台各标准节之间的搭接过道
7	搭接栏杆		主要由钢结构栏杆骨架和钢板网组成,用于搭接过道的临边防护
8	外挂防护网	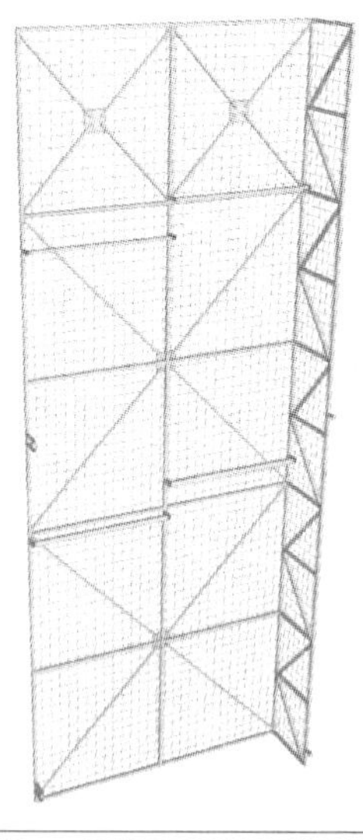	主要由钢结构栏杆骨架和钢板网组成,用于飘窗、外阳台、空调板处的临边防护
9	安全横梁	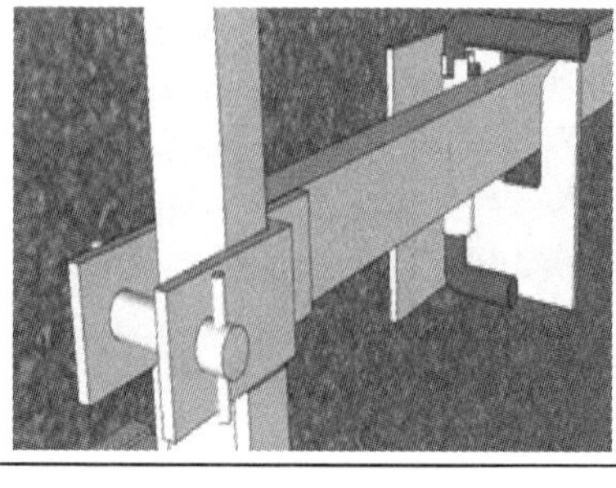	设置于标准节上层平台底部,可上下调节高度,主要起限制标准节倾斜、晃动并提供作业平台防坠的作用

4. 外挂架安装工艺及准备工作（图 3.6.3-38）

图 3.6.3-38　外挂架安装外立面图

（1）外挂架作业平台整体施工工艺

确定方案—前期准备工作（材料进场及检验、工厂制作加工和外挂板预埋，悬挂螺栓孔套筒）—外挂式操作平台运至现场（悬挂螺栓孔套筒上安装挂钩座）—安装外挂式操作平台—检查验收—交付使用—使用过程中随施工楼层移动并检查维护—拆除。

（2）外挂式作业平台安装的准备工作

1）外挂式作业平台施工前必须制定专项施工方案，保证其技术可靠和使用安全。

2）外挂式作业平台安装前，工程技术负责人应按外挂式作业平台专项施工方案的要求对搭设和使用人员进行技术交底。

3）对进入现场的外挂式作业平台构配件，使用前应对其质量进行复检。

4）构配件应按品种、规格分类放置在堆放区内或码放在专用架上，清点好数量备用。堆放场地排水应畅通，不得有积水。标准节堆叠不得超过两榀，两榀之间应放置枕木，上下枕木应尽量对齐。

5）检查外挂板上预埋套筒规格、型号及预埋质量。预埋套筒应垂直于外挂板外表面，套筒中心误差应小于 15mm，同一外挂板预埋套筒中心应在同一水平线上，偏差不得大于 5mm。

5. 首次安装

本项目在第三层外墙板进行吊装时，运输车上的墙板应先安装挂钩座，后安装至楼面。第四层外墙板吊装完成后，安装外挂架，其工艺流程如表 3-38 所示。

首次安装外挂架施工工艺流程 表 3-38

步骤	图例	施工要点
① 安装挂钩座	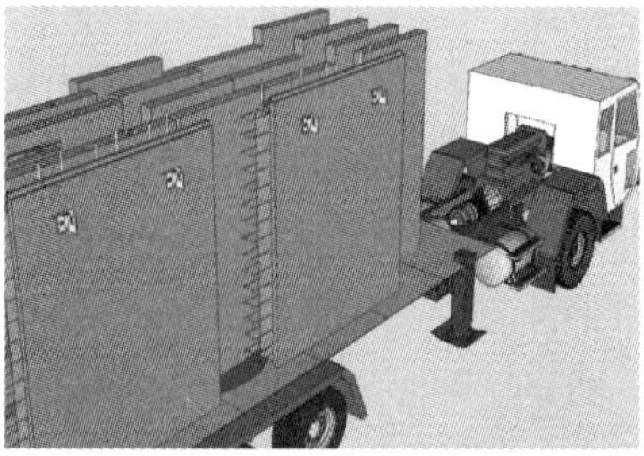 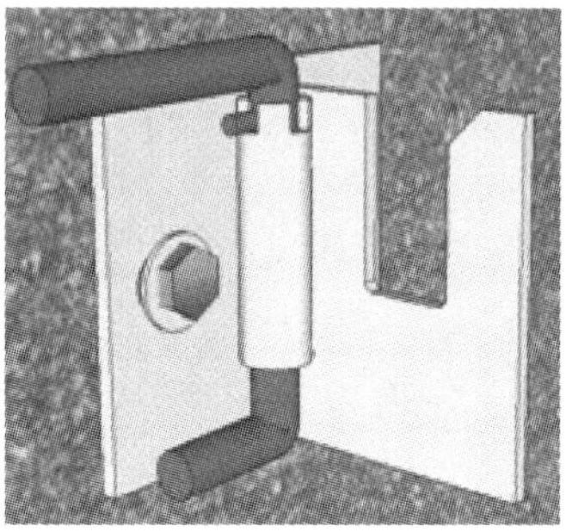	第一、二、三层外墙板进行吊装时，运输车上的墙板应先安装挂钩座；挂钩座呈开口状态
② 吊装带挂钩座外墙板		带挂钩座外挂板安装至楼面
③ 安装外挂架	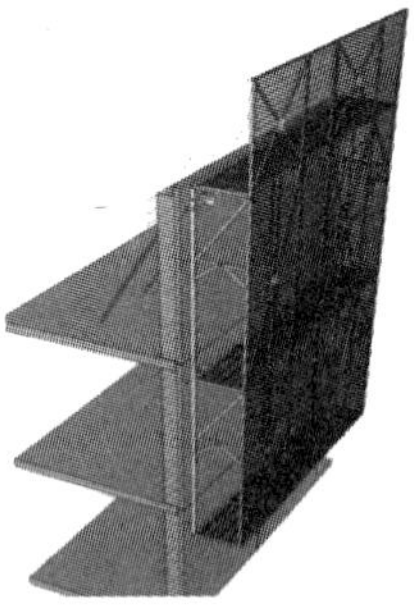	先安装阴阳角位置的外挂架，再安装平直段；注意每榀外挂架之间间距
④ 闭合挂钩座		挂钩座进行封闭

6. 外挂架标准层安装

安装工艺：安装挂钩座—吊装标准节（先阴、阳角标准节，后直线标准节）—落锁挂钩座、固定安全横梁—安装踏板、栏杆—验收，其工艺流程如表 3-39 所示。

安装施工工艺流程　　　　　　　　　　　表 3-39

步骤	图例	施工注意事项
① 防脱挂钩座的安装	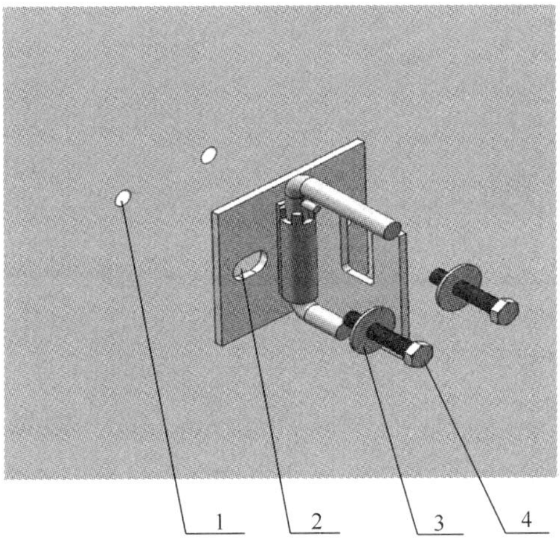 1-PC 套筒孔；2-防脱挂钩座；3-大垫片；4-高强度螺栓	预埋套筒的检查（垂直度、清洁度、外形质量）；将防脱挂钩座放置 PC 板对应的套筒孔位置；放置垫片并使用力矩扳手将高强度螺栓拧入套筒孔；挂钩座安装过程中，外挂板应该有可靠的支撑，以免在挂钩座安装过程中发生意外
② 外挂架起吊	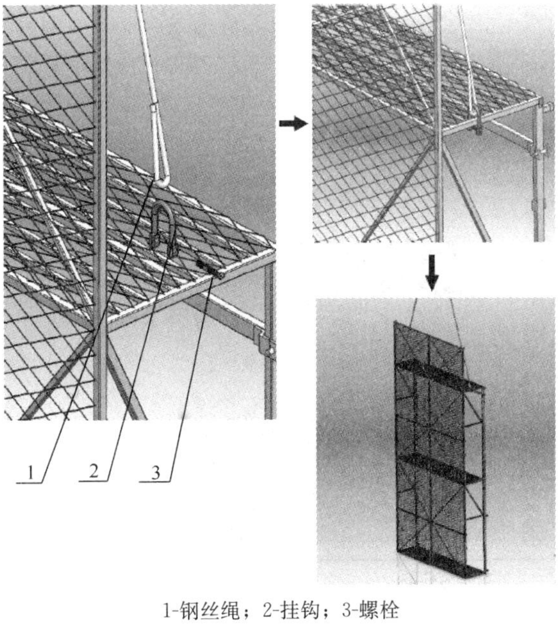 1-钢丝绳；2-挂钩；3-螺栓	挂钩置于外挂架平衡点位置用缆绳起吊；将外挂架吊置防脱挂钩座位置处平缓落位；标准节安装过程中，严禁非安装人员上外挂架；安装人员上外挂架进行作业时，必须采取有效安全防护措施

续表

步骤	图例	施工注意事项
③ 安装踏板	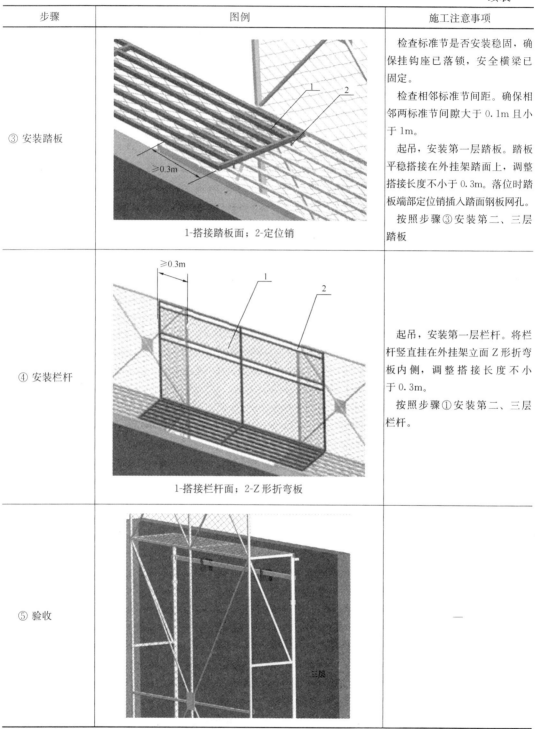 1-搭接踏板面；2-定位销	检查标准节是否安装稳固，确保挂钩座已落锁，安全横梁已固定。 检查相邻标准节间距。确保相邻两标准节间隙大于0.1m且小于1m。 起吊，安装第一层踏板。踏板平稳搭接在外挂架踏面上，调整搭接长度不小于0.3m。落位时踏板端部定位销插入踏面钢板网孔。 按照步骤③安装第二、三层踏板
④ 安装栏杆	1-搭接栏杆面；2-Z形折弯板	起吊，安装第一层栏杆。将栏杆竖直挂在外挂架立面Z形折弯板内侧，调整搭接长度不小于0.3m。 按照步骤①安装第二、三层栏杆。
⑤ 验收		—

7. 外挂架提升

（1）提升工艺：准备—拆除栏杆、踏板—提升安全横梁、解锁挂钩座—提升标准节—落锁挂钩座、固定安全横梁—安装踏板、栏杆—验收，具体工艺流程如表3-40所示。

外挂架提升施工工艺流程 表 3-40

工艺	图例	步骤
拆除栏杆	栏杆水平移至相邻外挂架 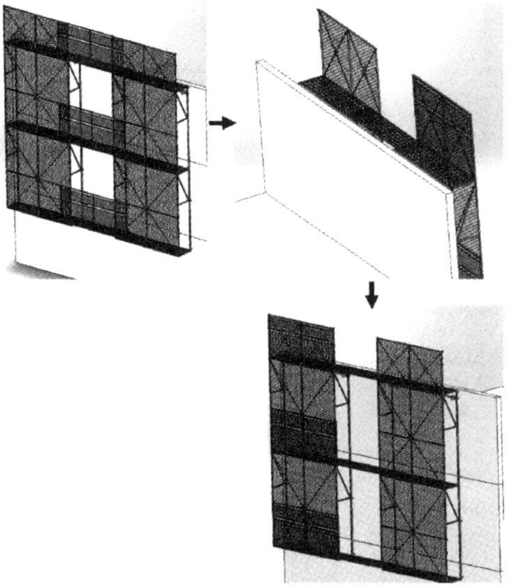 栏杆移动完成，用扎丝将栏杆与架体固定	（1）检查确认栏杆与标准节已无横向锁紧连接，栏杆上无异物。 （2）起吊，垂直提升第三层栏杆至指定位置放置，并绑扎钢丝。 （3）按照步骤（2）拆除第二层栏杆。 （4）按照步骤（2）拆除第一层栏杆。 （5）起吊时避免栏杆与建筑主体、挂钩座或相邻架体发生碰撞
拆除踏板	踏板水平移至相邻外挂架 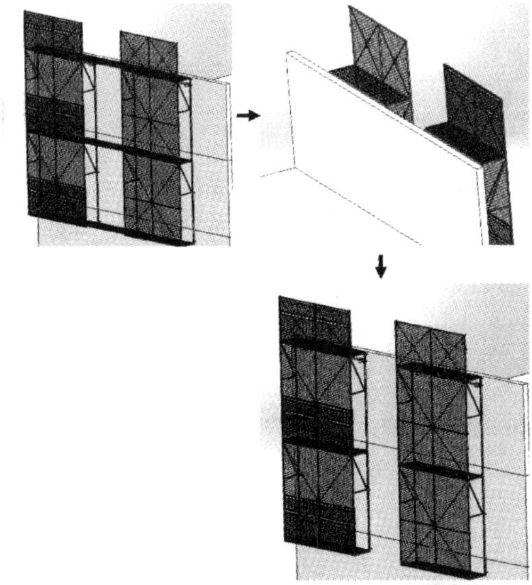 栏杆移动完成，用扎丝将踏板与架体固定	（1）检查确认踏板与标准节已无横向锁紧连接，踏板上无异物。 （2）起吊，垂直提升第三层踏板至指定位置放置，并绑扎钢丝。 （3）按照步骤（2）拆除第二层踏板。 （4）按照步骤（2）拆除第一层踏板。 （5）起吊时避免踏板与建筑主体、挂钩座或相邻架体发生碰撞

续表

工艺	图例	步骤
提升外挂架	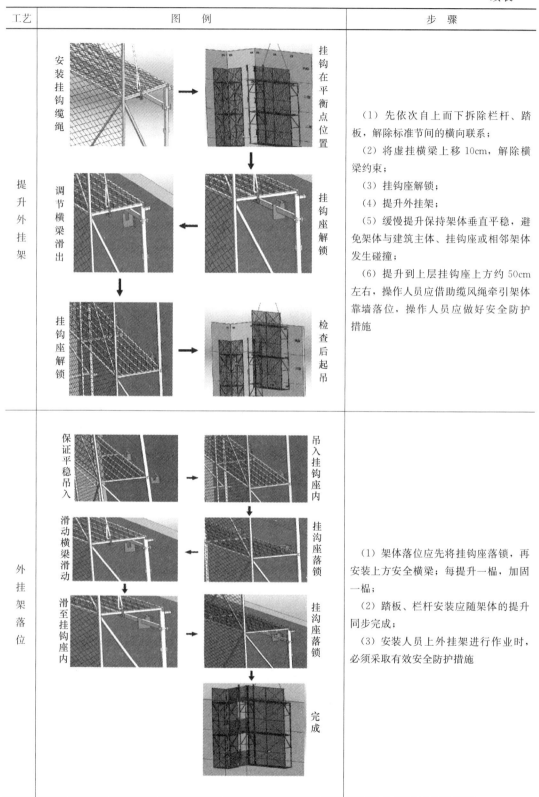	（1）先依次自上而下拆除栏杆、踏板，解除标准节间的横向联系； （2）将虚挂横梁上移10cm，解除横梁约束； （3）挂钩座解锁； （4）提升外挂架； （5）缓慢提升保持架体垂直平稳，避免架体与建筑主体、挂钩座或相邻架体发生碰撞； （6）提升到上层挂钩座上方约50cm左右，操作人员应借助缆风绳牵引架体靠墙落位，操作人员应做好安全防护措施
外挂架落位		（1）架体落位应先将挂钩座落锁，再安装上方安全横梁；每提升一榀，加固一榀； （2）踏板、栏杆安装应随架体的提升同步完成； （3）安装人员上外挂架进行作业时，必须采取有效安全防护措施

(2) 外挂架平台提升注意事项

外挂架平台提升作业前必须进行以下检查，合格后方可进行提升作业：

1) 施工主体的混凝土结构强度应能满足作业平台附加荷载的要求；

2) 施工层上一层外挂板吊装全部完成，且挂钩座安装到位，每块外挂板有不少于两根及以上的斜支撑固定；

3) 最下层挂钩座全部拆除，进行检查、保养以备提升循环利用；

4) 栏杆、踏板必须自上而下依次拆除，严禁先拆除下层栏杆、踏板；

5) 标准节应分榀提升，每提升一榀，拆除与该榀标准节相连踏板栏杆，解除该榀标准节的虚挂横梁和挂钩座防坠锁；

6) 利用标准节上专用挂点进行起吊，起吊形态应垂直平稳，标准节与建筑立面间距不小于1m；

7) 提升至上一层挂钩座上方约50cm左右，操作人员应该借助缆风绳牵引标准节靠墙落位，操作人员应做好安全防护措施；

8) 标准节落位后，操作人员应先将挂钩座落锁，安装上方安全横梁，再自下而上铺挂踏板、栏杆，必须做到提升一榀，加固一榀。

8. 外挂架拆除

(1) 拆除工艺：准备—拆除栏杆、踏板—提升安全横梁、解锁挂钩座—拆除标准节—保养，其工艺流程如表3-41所示。

外挂架拆除施工工艺流程　　　　表3-41

工艺	拆除步骤	施工注意事项
拆除外挂架	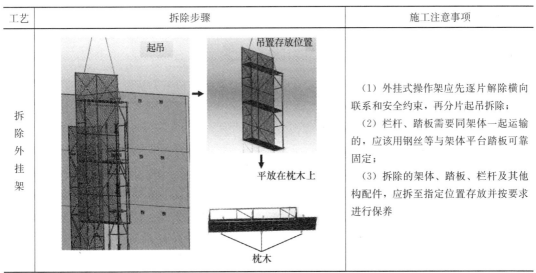	(1) 外挂式操作架应先逐片解除横向联系和安全约束，再分片起吊拆除； (2) 栏杆、踏板需要同架体一起运输的，应该用钢丝等与架体平台踏板可靠固定； (3) 拆除的架体、踏板、栏杆及其他构配件，应拆至指定位置存放并按要求进行保养

(2) 拆除一般要求

建筑主体封顶、女儿墙施工完成、顶层临边防护已不需要时，可开始进行外挂式作业平台的拆除工作。

外挂式作业平台应先逐片解除横向联系和安全约束，再分片起吊拆除；栏杆、踏板需要同标准节一起运输的，应该用钢丝等材料与标准节平台踏板可靠固定。

(3) 拆除的材料及构配件要及时进行全面检修保养，出现以下情况之一的，必须予以报废：
1）作业平台标准节、栏杆、踏板等构件出现严重变形或锈蚀严重；
2）挂钩座变形、磨损、锈蚀严重或防坠锁损坏；
3）螺栓磨损滑丝达到报废规定的；
4）其他不符合设计要求的情况。

9. 检查与验收

进入现场的作业平台构配件应具备产品标识及产品质量合格证；作业平台构配件进场验收内容主要有以下几方面：

（1）外观质量要求
1）方钢管应无裂纹、凹陷、锈蚀，不得采用接长钢管；
2）表面应光整，不得有砂眼、缩孔、裂纹等缺陷。
3）构件不得有毛刺、裂纹、氧化皮等缺陷；
4）焊缝应饱满，焊药清除干净，不得有未焊透、夹砂、咬肉、裂纹等缺陷；
5）构配件防锈漆涂层均匀、牢固，标准节及栏杆、踏板的开口管两端，应采用薄钢板密封焊，防止管内锈蚀；
6）主要构配件上的生产厂标识应清晰。

（2）尺寸偏差要求

作业平台构配件规格尺寸偏差标准满足表 3-42 规定：

制作尺寸偏差要求　　　　　　　　　　　　　　　　表 3-42

项次	检验项目	允许偏差（mm）
标准节	高	±20
	宽	±15
	厚	±10
	对角线差	5
	翘曲	10
	侧向弯曲	$L/1000$
	杆件间距	±5
搭接踏板和搭接栏杆	长	±20
	宽	±15
	对角线差	5
	翘曲	10
挂钩座	各向尺寸	±5
	卡位横槽尺寸	±3
	卡位槽轴线偏差	3
	螺栓孔径偏差	±2

（3）作业平台安装质量应按阶段进行检验：
1）首层安装应进行检查与验收；
2）每提升一个楼层后应进行检查验收；

3）遇 6 级以上大风、大雨、大雪后特殊情况应进行检查；
4）停工超过一个月恢复使用前应进行检查。
（4）对作业平台安装质量检查的重点：
1）挂钩座螺栓是否拧紧，保证作业平台安全的防坠挂钩座、安全横梁等设置是否完善；
2）作业平台与承重挂钩座是否有脱空；
3）标准节、栏杆、踏板等是否有影响安全使用过大的变形，作业平台是否有过大的倾斜等；
4）踏板两端与标准节之间是否满足搭接要求、是否可靠紧固；
5）标准节、踏板与建筑外立面间隙、标准节之间的间隙是否满足规程要求；
6）其他必要的检查项目。
（5）作业平台验收时，应具备下列技术文件：
1）专项施工组织设计及专项施工方案；
2）主要构配件的质量证明文件；
3）周转使用的作业平台构配件使用前的复验合格记录；
4）提升及安装的施工记录和质量检查验收记录。

10. 安全管理与维护

（1）外挂式作业平台使用过程中严禁进行下列作业：
1）利用作业平台吊运物料；
2）在作业平台上推车；
3）任意拆除结构件或松动连接件；
4）拆除或移动作业平台上的安全防护措施；
5）起吊物料碰撞或扯动作业平台；
6）利用作业平台支顶模板。
（2）严禁在外挂式作业平台上堆放模板、钢筋等重物。
（3）作业平台安装、提升、拆除过程中，严禁非安装人员上作业平台，挂钩座和安全横梁落锁、栏杆、踏板安装等操作仅允许 1 人上架作业，并采取有效的安全防护措施。
（4）安装、提升、拆除作业平台属于高处危险作业，应在作业平台坠落半径范围内设置安全警戒线，设专人负责监护，严禁人员进入下方危险区域。
（5）六级及六级以上大风和雨、雪、雾天应停止作业平台的安装、提升、拆除及施工作业。
（6）遇六级以上大风应采取拉缆风绳等措施对外挂式作业平台进行临时加固，缆风绳应与主体结构进行拉结。
（7）严禁擅自拆除安全横梁、解锁挂钩座、拆除标准节或踏板栏杆等构配件。
（8）每次安装和提升作业完成后，相邻的两榀外挂式作业平台用两组软索（ϕ12 钢丝绳）连接，作为失效防护，防止发生高空坠落等安全事故。
（9）施工期间，定期对挂钩座连接螺栓进行检查，如发现连接螺栓脱扣或作业平台变形现象，应及时处理；当挂钩座连接螺栓出现滑丝、明显磨损时应立即予以更换。
（10）项目部应设置专职安全员负责外挂式作业平台日常的检查工作，发现问题应及时处理。

3.6.3.5 组合大模板

根据项目情况及构件尺寸综合考虑,本项目使用组合大模板。

1. 物料介绍

(1) 辅助物料

大模板拼装过程中需要用到油漆、玻璃胶、原子灰、自攻螺钉、钢排钉、圆钉等辅助材料(图 3.6.3-39)。

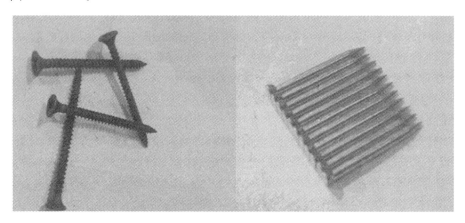

图 3.6.3-39 自攻螺钉、钢排钉

(2) 工厂使用零件

大模板体系组成零件分为工厂使用零件和工地使用零件,分别如表 3-43 和表 3-44 所示。工厂使用零件用于大模板的组装,工地使用零件用于大模板现场的安装、调试和紧固。

工厂使用零件 表 3-43

序号	名称	样图	作 用
1	清水模板		用于混凝土浇筑的面板,直接与混凝土接触
2	木工字梁		增加面板的强度,防止浇筑变形

200

续表

序号	名称	样图	作 用
3	背肋	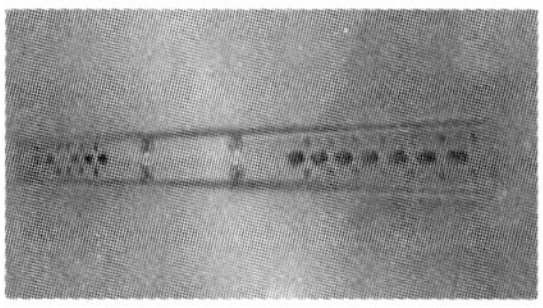	固定加强木工字梁，承受对拉杆的作用力
4	一字铰接件	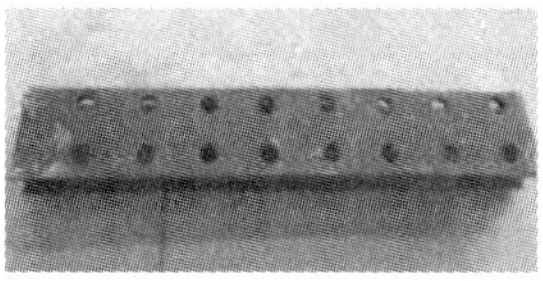	通过螺栓固定在背肋上，使背肋水平连接
5	木梁连接件	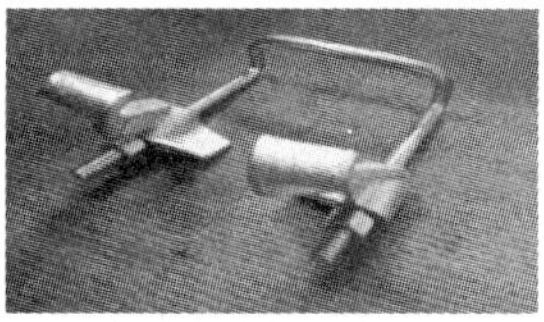	用于背肋与木工字梁连接、紧固
6	背肋活动连接件		用于背肋与木工字梁连接、紧固，当木梁连接件因干涉而无法安装时使用
7	背肋锁紧连接件		用于背肋与木工字梁连接、紧固，安装在装有吊具的木工字梁上，防止吊装时木工字梁与背肋脱离
8	脱模吊具		大模板吊装所用到的挂钩，方便大模板吊装和脱模
9	直角连接件		通过螺栓固定在背肋上，使背肋垂直连接，保证阳角的垂直度

续表

序号	名称	样图	作 用
10	封边铁皮		保护模板阴角拼接处，提高模板使用寿命
11	松木方		增加面板的强度，防止浇筑变形
12	背肋连接件	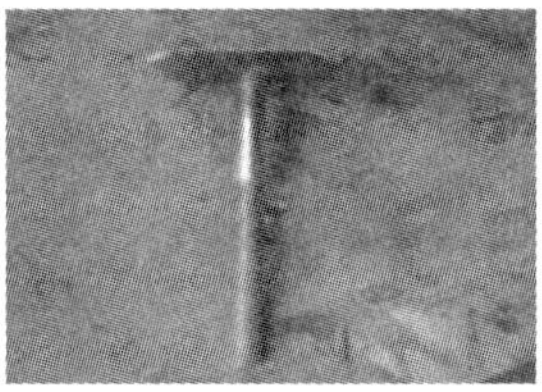	用于背肋、木方、面板的连接、紧固
13	角铝		用于大模板拼接处挡浆，避免浇筑过程中拼缝漏浆

(3) 工地使用零件

工地使用零件　　　　　　表 3-44

序号	名称	样图	作 用
1	一字连接件		用于模板拼接处背肋的水平连接
2	竖向背肋	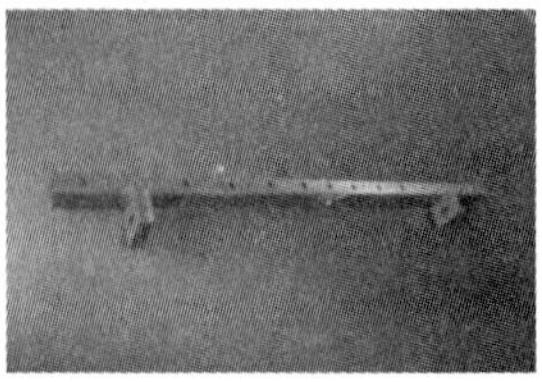	可根据需要灵活调整对拉杆位置

续表

序号	名称	样图	作用
3	阳角斜拉器		用于模板阳角拼接处的斜对拉
4	钢销	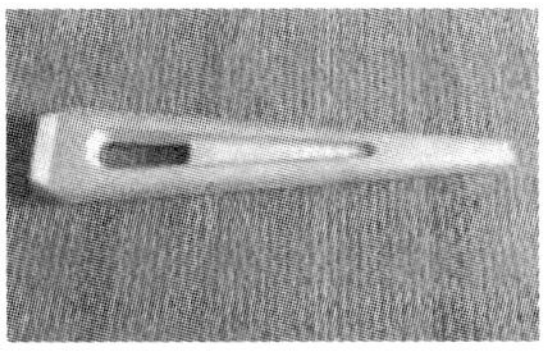	用于一字连接件、竖向背肋和阳角斜拉器与背肋的连接、固定
5	高强度对拉杆	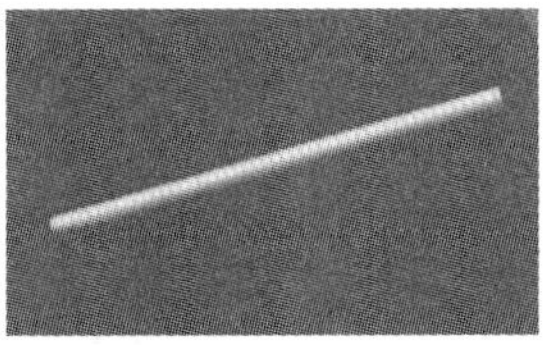	与组合垫片配合使用，紧固模板
6	组合垫片		与对拉杆配合，用于锁紧对拉杆，固定模板
7	PVC 套管		埋在混凝土里，隔离混凝土与对拉杆的接触，方便对拉杆拆装
8	内墙套管撑		安装在 PVC 套管两端，用于对拉孔处挡浆
9	锥形体		用于外墙丝杆与对拉杆的转接

续表

序号	名称	样图	作 用
10	限位角铁		固定模板,防止跑模
11	方管背肋		用于端模、小模的加固,防止爆模
12	大模板斜支撑	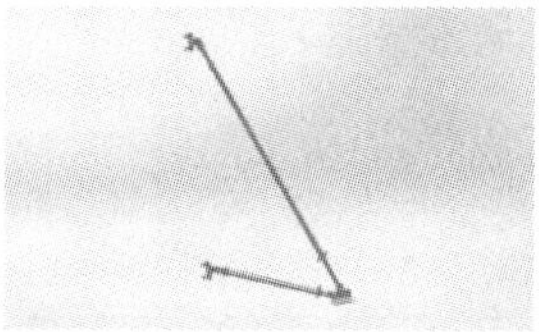	用于大模板固定、调整垂直度
13	操作平台		安装在木工字梁上,用于浇筑混凝土时

2.4 栋大模板体系

由于现浇剪力墙形状尺寸的不同,大模板体系的结构也多种多样。本项目的结构有外墙竖向模板结构、内墙竖向模板结构、阴角模板结构、阳角模板结构、楼梯间模板结构、电梯井模板结构和端模结构。

(1) 外墙竖向模板结构

与外挂板连接的剪力墙浇筑需要采用外墙竖向模板,利用 M16 丝杆、锥形体和 D15 高强度对拉杆与外挂板上预埋套筒连接,从而固定、锁紧大模板(图 3.6.3-40)。考虑到预埋套筒的抗拉性能,经过计算及多次试验,外墙竖向模板结构通常布置三排对拉杆,消除预埋套筒处应力集中,从而保证浇筑质量。

(2) 内墙竖向模板结构

使用两块大模板对拼浇筑剪力墙的结构为内墙竖向模板结构,利用 D15 高强度对拉杆及组合垫片固定、锁紧。在相应处安装 PVC 套管和套管撑,防止浇筑时漏浆,拆模时方便取出 D15 对拉杆(图 3.6.3-41)。经过计算及多次试验,内墙竖向模板通常布置两排对拉杆即可。

图 3.6.3-40　丝杆、锥形体和外墙竖向模板

图 3.6.3-41　PVC 套管、套管撑和内墙竖向模板

（3）阴角模板结构

浇筑剪力墙阴角处需采用阴角模板结构（图 3.6.4-42）。利用阴角焊接背肋增加模板强度，防止阴角变形，从而保证阴角浇筑质量。

（4）阳角模板结构

浇筑剪力墙阳角处需采用阳角模板结构。阳角模板结构分为活动式阳角和固定式阳角（图 3.6.3-43）。两块模板在阳角处拼接形成活动式阳角结构，利用阳角斜拉器和 D15 高强度对拉杆连接、紧固。固定式阳角则利用直角连接件连接，由螺栓紧固。

（5）楼梯间模板结构

浇筑楼梯间处的剪力墙需要采用楼梯间模板结构。楼梯间模板结构分为剪刀梯模板结构（图

图 3.6.3-42　阴角模板结构

3.6.3-44）和双跑梯模板结构。本项目为剪刀梯结构。

图 3.6.3-43 活动式阳角和固定式阳角

图 3.6.3-44 剪刀梯模板

（6）电梯井模板结构

电梯井内部由 4 组大模板及活动模板组成，连接成一个矩形的整体，并且与外部模板对拉固定、锁紧（图 3.6.3-45）。内部模板的活动模板用于方便装拆模。经过计算及多次试验，电梯井模板按三排布置对拉杆，可以满足电梯井浇筑质量要求。

（7）端模结构

端模结构的模板由松木方和清水模板组成，一般利用方管背肋与竖向背肋对拉固定（图 3.6.3-46）端模结构。用于剪力墙端部。

图 3.6.3-45 电梯井内部模板和外部模板

图 3.6.3-46 端模结构

3. 技术参数

木工字梁间距≤305mm（图 3.6.3-47）。经过计算及测试调整，木工字梁间距不宜超过 305mm，否则可能发生胀模、变形等问题。本项目梁间距设置为 300mm。

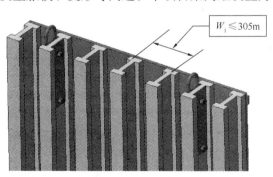

图 3.6.3-47 工字梁间距

内墙背肋高度位置（图 3.6.3-48）：446mm，1508mm；外墙背肋高度位置（图 3.6.3-49）：300mm，900mm，900mm。背肋高度决定对拉杆竖向高度。根据模板结构需要，可以选择 2 排或 3 排背肋高度。

对拉杆水平间距（图 3.6.3-50、图 3.6.3-51）：外墙＜800mm，内墙＜1200mm；根据对拉杆受力计算及试验，外墙、内墙分别适用于不同的对拉杆距离。

操作平台水平间距：原则上间距＜1300mm（图 3.6.3-52）。

斜支撑水平间距：原则上一个模板不低于 2 套斜支撑（图 3.6.3-52）。

4. 安装工艺

（1）内墙大模板施工如表 3-45 所示。

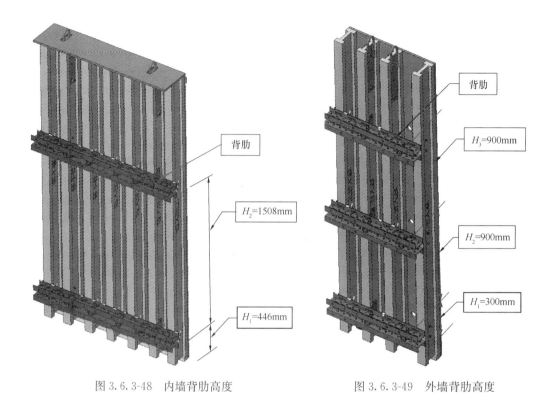

图 3.6.3-48 内墙背肋高度　　　　　图 3.6.3-49 外墙背肋高度

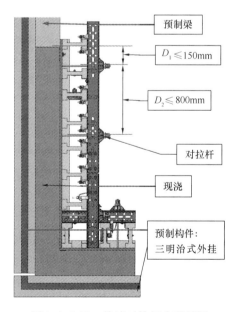

图 3.6.3-50 内墙对拉杆水平间距　　　图 3.6.3-51 外墙对拉杆水平间距

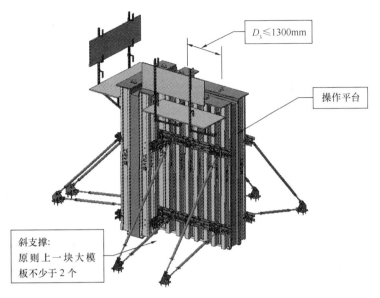

图 3.6.3-52 操作平台及斜支撑水平间距

内墙大模板施工工序 表 3-45

工序 1	涂刷脱模剂
质量控制	适量涂刷，不宜过多或者过少，且涂刷均匀
应用工具	滚筒刷
注意事项	使用专用脱模剂，勿使用废机油、动力油和菜油等。因这些油含有腐蚀性色素，将影响混凝土浇筑表面质量和模板表面。勿将两种以上脱模剂混用，以免因成分混乱而造成混凝土表面颜色差异。在浇筑前也不要过早使用。不得将脱模剂涂在钢筋上，以免混凝土表面沾染锈迹
操作步骤	分区域逐级涂刷

续表

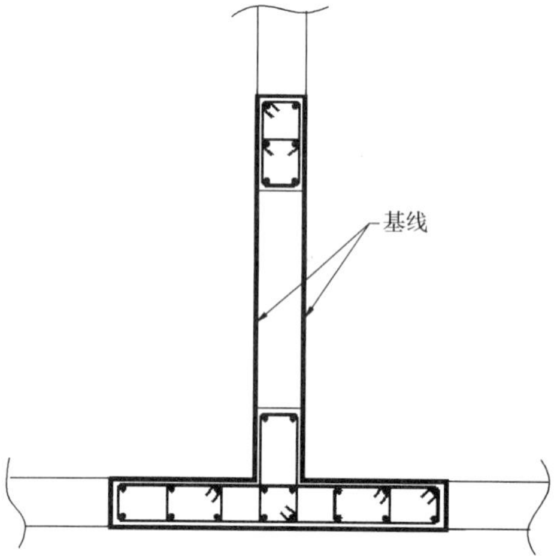

工序2	大模板安装基线布置
质量控制	基线应清晰可见，准确无误
应用工具	量尺，专用弹线
注意事项	严格对照设计图纸逐一布置基线，避免遗漏
操作步骤	测量，弹线，检验

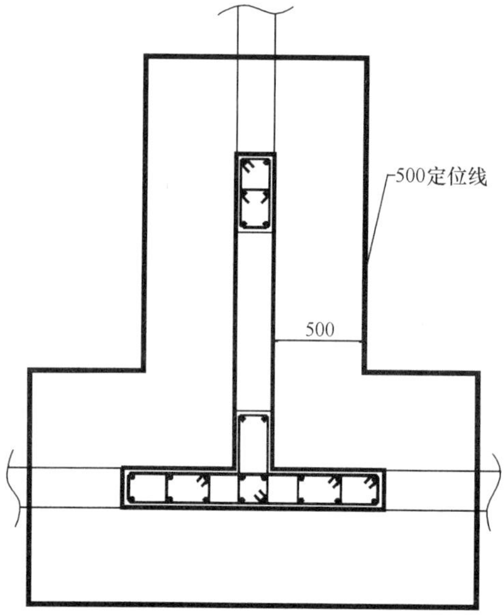

工序3	500定位线放线
质量控制	严格按照偏离基线500mm放线
应用工具	卷尺、专用弹线
注意事项	500定位线应保持清晰，不被遮盖
操作步骤	测量尺寸，放线

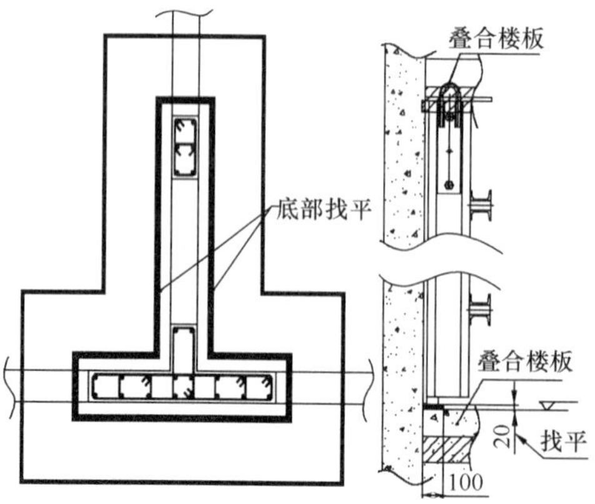

工序4	大模板底部找平
质量控制	严格进行水平测量
应用工具	水平测量仪，专用垫片
注意事项	垫片应尽量靠边放置，便于增减调整 找平宽度：100mm
操作步骤	水平测量，垫片放置

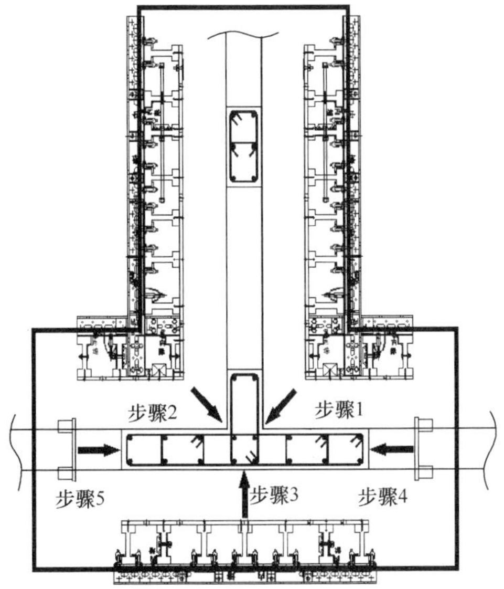

续表

	工序 5	大模板吊装到位
	质量控制	吊装安全，精确到位
	应用工具	塔式起重机
	注意事项	注意挂钩连接以及大模板构件是否有松动脱落，确保安全施工
	操作步骤	将塔式起重机挂钩与大模板吊具连接，起吊大模板至指定位置，取下挂钩
	工序 6	安装斜支撑进行大模板垂直度调试
	质量控制	保证垂直度在误差范围内
	应用工具	电钻，铁锤，扳手
	注意事项	严格按照设计图纸指示位置布置斜支撑。模板斜支撑第一次安装后，不需反复拆卸，与横板一起进行吊装
	操作步骤	在指定位置用电钻钻出自攻钉安装孔，支起斜支撑，安装自攻钉，将斜支撑固定在楼面上。通过螺栓连接斜支撑与大模板背肋。调节斜支撑长短，调节大模板垂直度

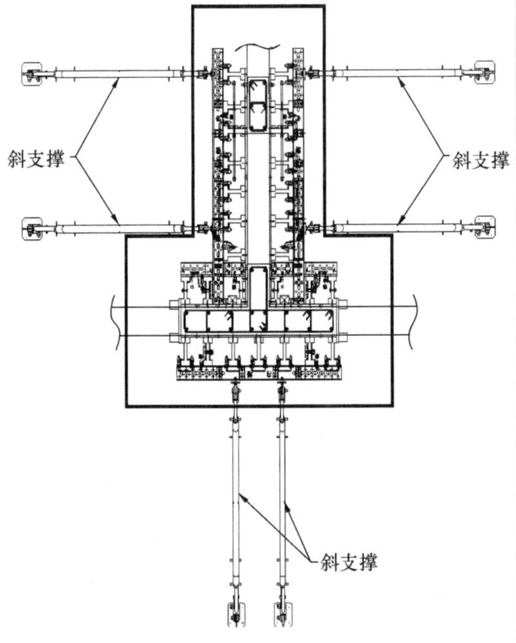

续表

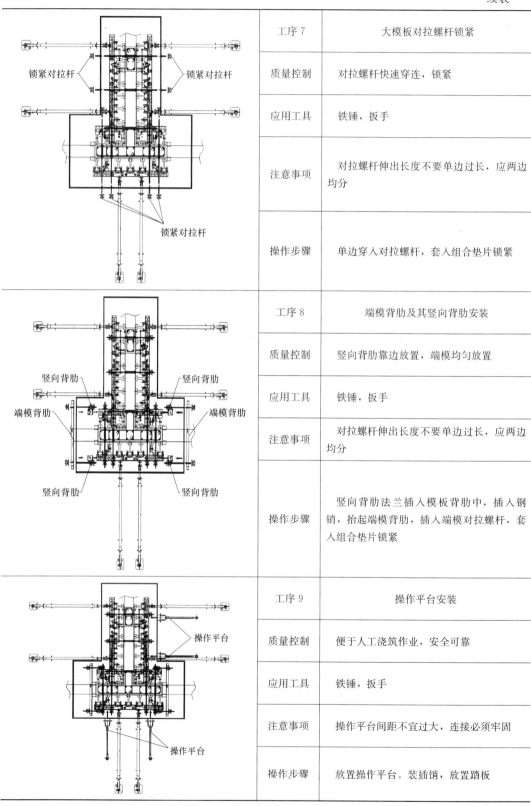

工序7	大模板对拉螺杆锁紧
质量控制	对拉螺杆快速穿连，锁紧
应用工具	铁锤，扳手
注意事项	对拉螺杆伸出长度不要单边过长，应两边均分
操作步骤	单边穿入对拉螺杆，套入组合垫片锁紧
工序8	端模背肋及其竖向背肋安装
质量控制	竖向背肋靠边放置，端模均匀放置
应用工具	铁锤，扳手
注意事项	对拉螺杆伸出长度不要单边过长，应两边均分
操作步骤	竖向背肋法兰插入模板背肋中，插入钢销，抬起端模背肋，插入端模对拉螺杆，套入组合垫片锁紧
工序9	操作平台安装
质量控制	便于人工浇筑作业，安全可靠
应用工具	铁锤，扳手
注意事项	操作平台间距不宜过大，连接必须牢固
操作步骤	放置操作平台，装插销，放置踏板

续表

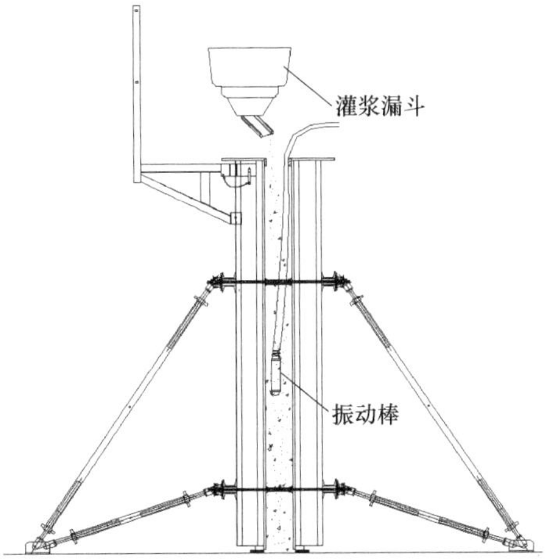	工序10	浇筑与振捣
	质量控制	原则上剪力墙分3次浇筑，每次浇筑间隔45min～2h
	应用工具	塔式起重机，漏斗，振动棒
	注意事项	注意砂浆不要溢出或者洒落于浇筑区域外
	操作步骤	用塔式起重机将装有砂浆的漏斗吊至浇筑区域正上方进行浇筑，振动棒插入浇筑区域内进行匀速振捣
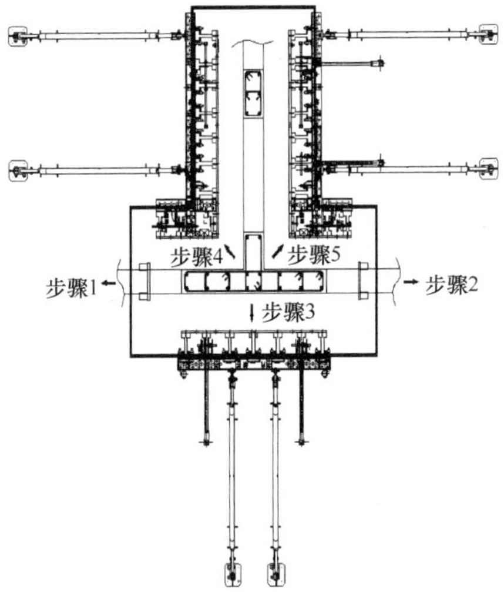	工序11	模板拆装
	质量控制	模板构件不能损坏
	应用工具	铁锤，扳手
	注意事项	禁止暴力拆模，禁止随意放置大模板构件
	操作步骤	拆除端模、斜支撑、对拉螺杆等配件，塔吊脱模
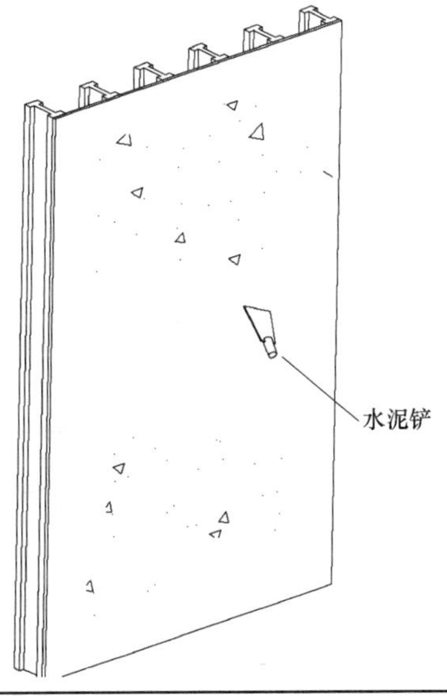	工序12	模板清理
	质量控制	保持模板面板清洁，无残留物
	应用工具	水泥铲
	注意事项	操作角度应低于45°
	操作步骤	手握水泥铲与面板保持一定角度，沿同一方向刮擦，清理残留物

（2）外墙大模板施工如表 3-46 所示。

外墙大模板增加工序 表 3-46

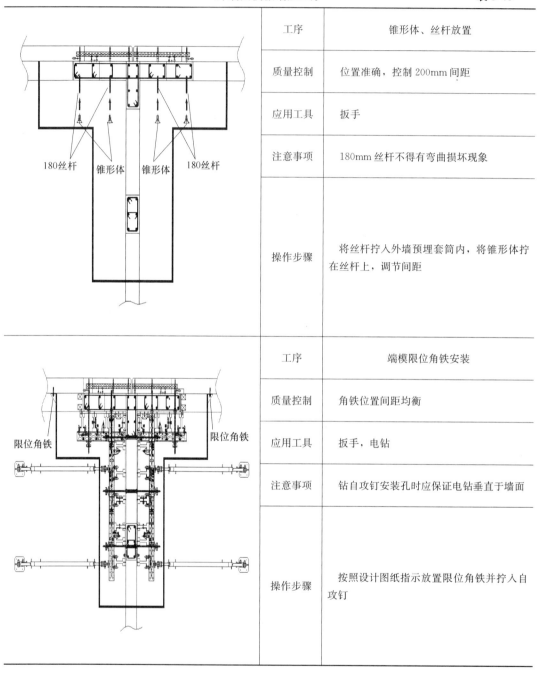

工序	锥形体、丝杆放置
质量控制	位置准确，控制 200mm 间距
应用工具	扳手
注意事项	180mm 丝杆不得有弯曲损坏现象
操作步骤	将丝杆拧入外墙预埋套筒内，将锥形体拧在丝杆上，调节间距
工序	端模限位角铁安装
质量控制	角铁位置间距均衡
应用工具	扳手，电钻
注意事项	钻自攻钉安装孔时应保证电钻垂直于墙面
操作步骤	按照设计图纸指示放置限位角铁并拧入自攻钉

外模板施工与内模板施工相比，在大模板吊装之前增加了锥形体、丝杆放置的工序且端模增加限位角铁安装。其他操作流程及工艺与内墙大模板类似。

5．故障分析与排除

如表 3-47 所示。

大模板故障分析与排除表 　　　　　　表 3-47

故障现象	原因分析	排除方法
阴角浇筑效果不良	(1) 阴角背肋无连接或者焊接。 (2) 靠近阴角处没有布置对拉螺杆	阴角处采用焊接背肋，靠近阴角处布置对拉螺杆
模板胀模和爆模	(1) 模板拼接处无对拉螺杆。 (2) 对拉螺杆布置间距过大	模板拼接口两边增加对拉螺杆，严格控制对拉螺杆布置间距
对拉螺杆穿接不良	(1) 图纸设计错误。 (2) 内墙套管和锥形体放置位置有严重偏差	严格校验设计图纸，严格控制现场施工质量
浇筑时模板漏浆	(1) 模板开孔直径错误。 (2) 内墙套管和锥形体放置位置有严重偏差	修复模板对拉孔，正确放置内墙套管和锥形体
背肋变形断裂	工人暴力拆装模	指导工人规范作业，爱惜大模板
外墙预埋套筒偏移	(1) 外挂板制作误差。 (2) 大模板及外挂板现场安装误差	精确预埋套筒位置，注意预制板和大模板的安装

6. 运输、维护与保养、贮存

（1）运输

1）大模板运输装车后，需检查绑带及装车加固，防止模板滑动或零配件松散掉落。

2）需加强车辆管理，控制装车长宽高及重量，防止途中路面或桥洞受阻，以免影响正常运输。

3）在运输过程中需做好大模板防护措施，防止损伤，适当遮盖雨布，防止过度暴晒或雨淋。

（2）维护与保养

大模板使用前应涂刷专用脱模剂。勿使用废机油、动力油和菜油等。这些油含有腐蚀性色素，容易腐蚀模板且会影响混凝土浇筑表面质量。勿将两种以上脱模剂混用，以免因成分混乱而造成混凝土表面颜色差异。脱模剂需适量使用，在浇筑前也不要过早使用。请不要将脱模剂涂在钢筋上，以免钢筋生锈腐蚀和混凝土表面沾染锈迹，也不要将上过脱模剂的模板在太阳下暴晒。

大模板使用中不可暴力装模和拆模。拆模需特别注意模板的四边和四角，不要直接撬伤和拖伤模板。即使采用撬棍拆模，也只能撬模板背面支撑钢结构的可受力部位，严禁直接撬模板。

大模板使用后需及时清洁面板及各零件上的混凝土。清洁时可以使用水或相同的脱模剂来清洁，混凝土的粘结块需使用毛刷清除，不可使用钢质工具铲，以免铲坏模板表面。当使用水渗性脱模剂时，可以使用清水来清洗。

大模板零部件如有松动和脱落的，不可继续使用，需维修固定后才可继续使用。

（3）贮存

模板堆放需排列有序，便于吊装快速定位。

模板可露天堆放，但不能放在低洼处，避免雨天积水泡坏模板，需适当遮盖防止过度暴晒或雨淋。

3.6.3.6 轻钢龙骨隔墙

根据项目情况，部分隔墙可使用轻质隔墙，本项目选用轻钢龙骨材质作为隔墙材料。

1. 物料清单

轻钢龙骨石膏板安装物料见表3-48。

物料清单表　　　　　　　　　　　　　　　　　表3-48

物料描述	型号、规格（mm）	单位	理论用量 400mm间距	理论用量 600m间距	备注
普通纸面石膏板	3000×1200×12	m²	根据项目需求		室内隔墙
硅钙板	2440×1220×7	张	根据项目需求		卫生间、厨房等潮湿空间
U形龙骨	3000×75×35×0.55	m	0.67	0.67	横龙骨
C形龙骨	3000×75×45×0.55	m	2.61	1.76	竖龙骨
自攻螺钉	φ35×25	粒	16	15	单层石膏板固定
自攻螺钉	φ35×35	粒	39	34	双层石膏板固定
膨胀螺栓	M8×70	套	1.39	1.39	龙骨与砌体墙地面固定
金属空腔螺栓		个	根据项目需求		用于吊挂物处理
岩棉钉		个	根据项目需求		用于保温材料的固定
支撑卡	75系列	个	4.34	2.94	辅助支撑竖龙骨开口面
密封胶条	10×2	m	根据项目需求		用于轻钢龙骨与砌体墙的粘结固定
金属护角纸带	30m/盘	m	根据项目需求		用于石膏板的阳角接缝
金属固定卡		个	根据项目需求		用于给水管固定
密封膏		kg	根据项目需求		用于石膏板与砌体墙的粘结固定
嵌缝石膏	20kg/包	kg	1.8	1.8	石膏板拼缝的连接处理，表面破损处理
嵌缝带	50mm×75m	m	4.66	4.66	用于石膏板的接缝处理
单面铝箔玻璃棉毡	1200×δ50, 24kg/m³	m²	根据项目需求		保温材料

2. 安装工具

安装工具包括：电动冲击钻、手电钻、龙骨钳、龙骨剪、电动无齿锯、石膏板抬板器、石膏板修边器、钢直尺、带水准仪靠尺、弹线、灰刀（大中小号）、砂纸。

3. 施工基本流程

施工流程为：定位放线—沿地边框龙骨安装—竖龙骨安装—门窗洞口制作—龙骨内管

线的安装—安装一层石膏板—管道、线盒的安装—保温材料的安装—安装另一侧石膏板—隔墙嵌缝处理—隔墙阴阳角处理。

4. 施工步骤

(1) 定位放线

1) 材料及工具准备

施工材料及工具主要有铅铀（或激光水平仪）、弹线。

2) 施工程序

① 根据图纸设计要求确定隔墙位置，在基面上画出隔墙边线和龙骨的宽度位置线。

② 在隔墙线上确定门窗洞口位置线、隔墙的控制缝、定位线、设备管道位置标高等。

③ 用铅锤（或激光水平仪）把线引至墙面（或柱子）和顶面（或梁上）。

④ 将各种预留管线位置纠正到隔墙内部。

(2) 沿地边框龙骨安装

1) 材料准备（见表3-49）

边框龙骨安装材料表　　　　　　　　　　　　　　　表3-49

序号	材料名称	用 途
1	75U形龙骨	沿天、沿地用
2	75C形龙骨	沿墙用
3	密封胶条	沿天、沿地及沿墙龙骨用
4	射钉或膨胀螺栓	龙骨固定

2) 工具准备

主要工具包括电动无齿锯、龙骨钳、拉钉枪、射钉枪、电锤。

3) 施工程序

沿顶、沿地及边框龙骨底面宜粘贴两根橡胶密封条（或满贴），以保证墙体的隔声和保温效果。龙骨采用射钉或膨胀螺栓固定，固定间距小于600mm；当固定到龙骨两端时，在距离两端50mm处固定。

(3) 竖龙骨安装

1) 材料准备（见表3-50）。

竖龙骨安装材料表　　　　　　　　　　　　　　　表3-50

序号	材料名称	用 途
1	75C形龙骨	竖龙骨
2	75U形龙骨	C形竖龙骨接长连接
3	自攻螺钉	龙骨固定
4	支撑卡	龙骨固定

2) 工具准备

主要工具有电动无齿锯、龙骨钳、拉铆枪、射钉枪、电锤。

3) 施工程序

① 竖龙骨的长度应比实际高度短5mm～10mm（图3.6.3-53），安装时上端要留有一

定伸缩空间，防止遇火受热膨胀。

② 龙骨长度达不到墙体高度时，需进行接长处理（图 3.6.3-54）。

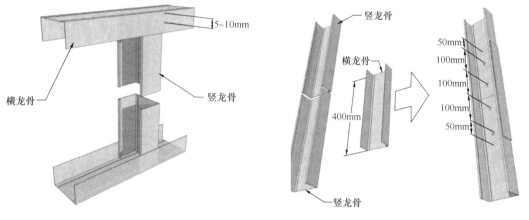

图 3.6.3-53　龙骨安装示意图　　　　图 3.6.3-54　龙骨接长示意图

③ 竖龙骨的安装一般从墙的一端开始规则排列，开口方向必须保持一致，当隔墙上设有门（窗）时，应从门（窗）一侧或两侧开始排列（图 3.6.3-55）。当最后一根龙骨与墙柱或门窗的距离大于龙骨的设计间距时，应增加一根竖龙骨（图 3.6.3-56）。

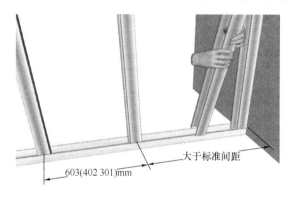

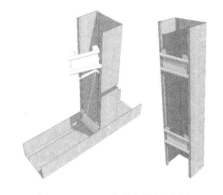

图 3.6.3-55　龙骨排列示意图　　　　图 3.6.3-56　龙骨间距示意图

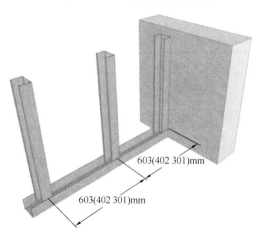

图 3.6.3-57　支撑卡安装示意图

④ 校正竖龙骨的垂直度，并按照设计要求和石膏板的允许误差调整龙骨的中心距，用拉铆钉或快装钳精确定位。

⑤ 选用支撑卡时，应先将支撑卡安装在竖向龙骨的开口上，卡距为 600mm 左右，距龙骨两端的距离为 25～100mm（图 3.6.3-57）。

（4）门窗洞口制作

1) 材料准备（见表 3-51）

门窗洞口制作材料表　　　　　　　　　　　表 3-51

序号	材料名称	用　途
1	75C 形龙骨	门窗洞口加固
2	75U 形龙骨	门窗洞口加固、横撑龙骨
3	拉铆钉	龙骨固定
4	木枋	M65×35，门窗洞口加固

2）工具准备

主要工具包括电动无齿锯、龙骨钳、拉铆枪、射钉枪、电锤。

3）施工程序

① 沿地龙骨在门洞位置处断开。边框加强方式有三种，如图 3.6.3-58～图 3.6.3-60 所示；可以在竖龙骨内加实木枋进行加强，也可将门窗洞口两侧的竖龙骨各扣合一根横龙骨，或竖立一根附加竖龙骨（两根竖龙骨需铆接在一起）。

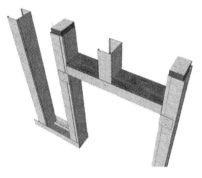

图 3.6.3-58　内加实木枋加强边框

② 门窗洞口上樘用横龙骨制作。上樘与沿顶龙骨之间竖龙骨间距应比隔墙的正常间距小一些。如门、窗较重或宽大于 1800mm 时还应采取加固措施，可采用加厚的龙骨等。

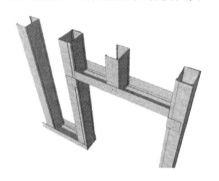

图 3.6.3-59　扣合横龙骨加强边框

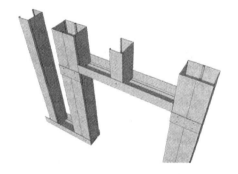

图 3.6.3-60　附加竖龙骨加强边框

（5）龙骨内管线的安装

1）材料准备（见表 3-52）

龙骨内管线安装材料表　　　　　　　　　　表 3-52

序　号	材料名称	用　途
1	75C 形龙骨	附加横龙骨
2	龙骨加强连接件	竖龙骨开孔加强连接
3	拉铆钉	横撑龙骨固定
4	自攻螺钉	横撑龙骨固定
5	金属固定卡	管线固定

2）工具准备

主要工具有电动无齿锯、龙骨钳、龙骨剪、拉铆枪、自攻枪、电锤。

3）施工程序

① 铺设在隔墙内的管线及插座安装位置要求按照设计增加固定龙骨（U形横撑龙骨），当管线布置需要穿过龙骨时（图3.6.3-61），龙骨需按照设计要求用连接件进行加强（图3.6.3-62）。

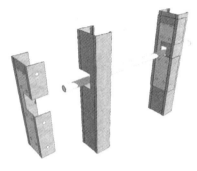
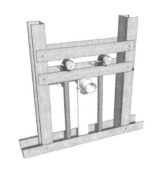

图3.6.3-61 龙骨穿管线示意图　　　　图3.6.3-62 管线安装加固示意图

② 注意在此步骤完成后需进行隔墙龙骨的验收检验。

（6）安装一侧石膏板

1）材料准备（见表3-53）

龙骨内管线安装材料表　　　　表3-53

序号	材料名称	用途
1	纸面石膏板	龙骨贴面
2	硅钙板或耐水石膏板	龙骨贴面（用于厨房面）
3	自攻螺钉	石膏板固定

2）工具准备

主要工具有自攻枪、电动无齿锯、多用刀、石膏板抬板器、修边器、电锤、弹线。

3）施工程序

① 石膏板安装应由墙体一端或有门、窗口位置开始，按顺序安装。安装时石膏板的下端宜用抬板器将板抬起，与地面相距10～12mm，不得直接放置在地面上。石膏板与墙、柱之间要留有3～5mm缝隙，以便进行接缝处理（双层石膏板铺贴时，仅外层石膏板需要）。

② 石膏板在门、窗口位置必须采用刀把型安装（图3.6.3-63），防止在边框延长线上因振动而产生开裂。

③ 安装石膏板时，应从板的中部向板的四边固定，禁止多点同时固定。自攻钉帽应略低于纸面约0.5mm，且不得损坏纸面。钉子使用专用自攻枪安装，垂直板面一次性完成。双层石膏板的固定，内层板的螺钉间距不应大于500mm，外层板的螺钉间距不应大于300mm（图3.6.3-64）。

（7）管道、线盒的安装

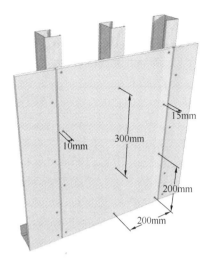

图 3.6.3-63　门刀把型石膏板立面　　　图 3.6.3-64　石膏板螺钉间距示意图

1）材料准备（见表 3-54）。

安装一侧石膏板材料表　　　表 3-54

序号	材料名称	用　途
1	弹性管箍	增加管线孔密封性
2	防水密封胶	增加管线孔密封性、防水性

2）工具准备

主要工具有自攻枪、电动无齿锯、多用刀、石膏板抬板器、修边器、电锤、弹线。

3）施工程序

① 管线外应加弹性管箍以增加密封，管箍与石膏板孔的接触部位用密封胶密封，完工后应及时检验（图 3.6.3-65）。

② 接线盒尽可能错位安装，分布在竖龙骨的两侧；线盒至少进行三面封包（可用石膏板）并与龙骨固定，接线盒四周需用密封膏封严，在安装保温材料时需包裹密实，以减少漏声（图 3.6.3-66）。

（8）保温材料的安装

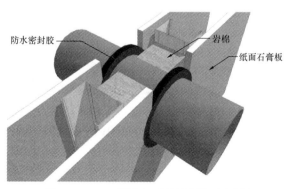
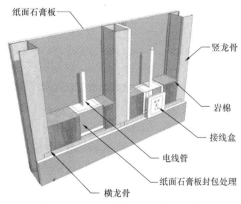

图 3.6.3-65　管线穿石膏板安装示意图　　　图 3.6.3-66　接线盒安装示意图

1)材料准备(见表3-55)

保温安装材料表　　　　　　　　　　　　　　　　表3-55

序号	材料名称	用途
1	无铝箔玻璃棉毡	隔墙内保温
2	自攻螺钉或岩棉钉	固定保温材料

2)工具准备包括自攻枪、电动无齿锯、多用刀、石膏板抬板器、修边器、电锤、弹线。

3)施工程序

① 保温材料厚度应小于龙骨宽度,岩棉钉粘在石膏板内侧,钉距≤500mm。待胶完全凝固后,将保温材料插在岩棉钉上,板四周要塞严,相邻板接缝要错开。用岩棉钉帽扣在突出的岩棉钉头上,将保温材料固定牢固,将突出部分钉头剪掉(图3.6.3-67)。

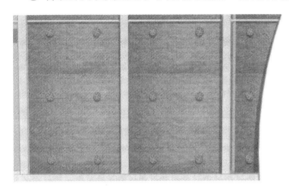

图3.6.3-67 保温材料固定示意图

② 将保温材料(例如无铝箔玻璃棉毡)用自攻螺钉固定在天龙骨上,钉距≤500mm(应根据项目具体情况选择自攻螺钉型号,避免自攻螺钉过长而抵到天花楼板上无法固定)。

(9)安装另一侧石膏板

1)材料准备(见表3-56)

安装另一侧石膏板材料表　　　　　　　　　　　　表3-56

序号	材料名称	用途
1	纸面石膏板	龙骨贴面
2	硅钙板或耐水石膏板	龙骨贴面(用于厨房面)
3	自攻螺钉	石膏板固定

2)工具准备

主要工具有自攻枪、电动无齿锯、多用刀、石膏板抬板器、修边器、电锤、弹线。

3)施工程序

① 龙骨两侧的石膏板应竖向错缝安装,同侧的内外两层石膏板也必须竖向错缝安装,接缝不得落在同一根龙骨上(图3.6.3-68、图3.6.3-69)。

② 当隔墙的高度大于石膏板的长度时,隔墙两侧的石膏板和同侧的内外两层石膏板的横向接缝也必须错缝安装(图3.6.3-68、图3.6.3-69)。

(10)隔墙嵌缝处理

1)材料准备(见表3-57)

图 3.6.3-68 石膏板错缝安装示意图

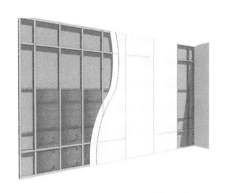

图 3.6.3-69 完成后的墙体示意图

隔墙嵌缝处理材料表　　　　　表 3-57

序号	材料名称	用　途
1	嵌缝石膏	石膏板接缝
2	嵌缝带	石膏板接缝
3	石膏粉	石膏板接缝
4	防锈漆	螺钉钉帽防锈

2）工具准备

主要工具有灰刀（大中小号）、砂纸、打磨器。

3）嵌缝前准备

① 检查纸面石膏板和轻钢龙骨之间必须是无应力紧密固定；

② 石膏板短边接缝还应先用边刨将两侧石膏板刨出 45°倒角；

③ 将板面上的钉帽涂上防锈漆，用嵌缝石膏抹平；

④ 嵌缝石膏和水按 1∶0.6 的比例拌合均匀后静置 5～6 分钟；现用现调，每次调制完后切不可再加入石膏粉，避免出现结块，并应在 40～60 分钟内用完。

4）填缝

清理缝隙中的灰尘，用小号灰刀将嵌缝石膏均匀地填实板缝，并用刀尖顺板缝刮两遍，除去中间气泡。嵌缝宽度约 100mm（切割边嵌缝宽度需 200mm），厚 1mm，等待干燥（夏天＞1 小时，冬天＞2 小时）。

5）粘贴嵌缝带

将润湿后的 50mm 宽嵌缝带贴于接缝处，由上至下使嵌缝带与嵌缝石膏充分结合，如图 3.6.3-70 所示。

6）第二层嵌缝

第二层嵌缝石膏与第一层一致，施工范围比基层宽 100mm。

7）第三遍找平、打磨

待第二遍干燥后，用大号灰刀刮薄薄一层嵌缝石膏，比第二层宽 100mm，修补找平，此道工序必须连续操作，以免产生接缝带粘结不牢和翘曲的情况。待完全干燥后（大于 12 小时），用细砂纸或电动打磨器，轻轻打磨。

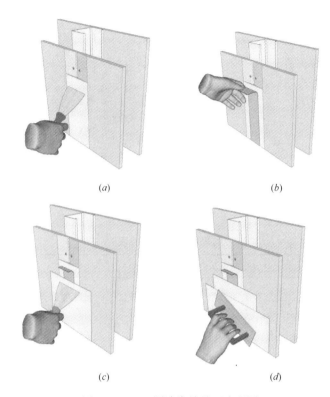

图 3.6.3-70 隔墙嵌缝处理流程图
(a)填缝;(b)粘贴嵌缝带;(c)第二层嵌缝;(d)第三遍找平、打磨

(11) 石膏板阴阳角处理
1) 材料准备（见表3-58）。

隔墙嵌缝处理材料表　　　　表 3-58

序号	材料名称	用　途
1	嵌缝石膏	石膏板接缝
2	嵌缝带	石膏板接缝
3	石膏粉	石膏板接缝
4	自攻螺钉	金属护角固定
5	金属护角	阴阳角保护

2) 工具准备
主要工具有灰刀（大中小号）、砂纸、打磨器。
3) 石膏板阳角处理
① 如石膏板边是楔形边，要先将阳角用填泥修整顺直后，再安装护角（图 3.6.3-71）；
② 将金属护角按所需长度切断，用自攻螺钉将其固定在隔墙的阳角上，钉距≤200mm（图 3.6.3-72）；
③ 将金属护角表面抹一层嵌缝石膏，使护角不外露，宽度比护角两边宽 30mm（图 3.6.3-73）；
④ 石膏板阴角处理

图 3.6.3-71 楔形边修整

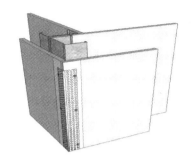
图 3.6.3-72 固定金属护角

（a）将嵌缝带向内折 90°贴于阴角处，用灰刀压实（图 3.6.3-74）；

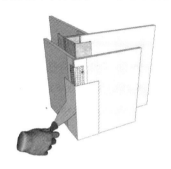
图 3.6.3-73 刮嵌缝石膏

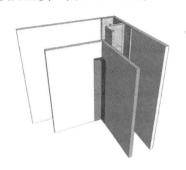
图 3.6.3-74 贴嵌缝带

（b）用阴角抹刀在嵌缝带上刮薄薄一层嵌缝石膏，宽度比嵌缝带两边宽约 50mm（图 3.6.3-75）。

5. 轻钢龙骨石膏板隔墙验收

（1）隔墙龙骨验收

1）工具准备

隔墙龙骨的验收主要使用工具为钢直尺或卷材、线坠或带水准仪靠尺。

2）验收内容及方法

隔墙龙骨安装完成后，应按下列内容进行整体中间验收并作记录：

① 龙骨是否有扭曲变形；

② 沿顶、沿地龙骨之间是否平行，是否有松动；

③ 管线是否有凸出外露；

④ 按表 3-59 检验龙骨允许偏差。

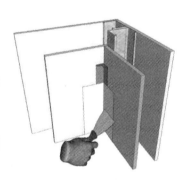
图 3.6.3-75 刮嵌缝石膏

龙骨允许偏差及检验方法　　　　表 3-59

项次	项目	允许偏差（mm）	检查方式
1	龙骨间距	≤3	用钢直尺或卷尺
2	竖龙骨垂直度	≤3	用线坠或带水准仪靠尺
3	整体平整度	≤2	用 2m 靠尺检查

（2）隔墙石膏板的验收

1）工具准备

石膏板验收主要使用的工具为钢直尺或卷材、线坠或带水准仪靠尺、直角检测尺。

2）按表 3-60 检验隔墙石膏板允许偏差。

隔墙石膏板允许偏差及检验方法　　　　表 3-60

项次	项目	允许偏差（mm）	检查方式
1	表面平整度	≤3	用 2m 靠尺和塞尺检查
2	接缝高低差	≤1	用钢直尺和塞尺检查
3	立面垂直度	≤3	用带水准仪靠尺和塞尺检查
4	阴阳角方正	≤3	用直角检测尺检查

3.6.4 资料管理

预制装配式建筑资料管理与传统建筑的主要区别是增加了特殊的施工方案、PC 构件的进场验收及吊装记录等与 PC 构件相关的资料，其他资料与传统建筑一致。本章主要介绍尖山印象项目关于预制装配式建筑的资料管理内容。

3.6.4.1 施工方案的编制

（1）本项目除编制施工用水用电、塔式起重机安拆施工、人货电梯施工等常规专项方案外还针对预制装配式结构组织编制了施工组织设计、吊装方案、支撑方案、模板施工方案、混凝土施工方案、构件拼缝处理方案、外挂架施工方案、外墙拼缝防水施工方案以及 PC 运输车上地库顶板加固方案等。

（2）在预制装配式施工中采用新技术、新工艺、新材料、新设备时，应按有关规定进行评审、备案。本项目对外挂架施工方案、PC 运输车上地库顶板加固方案进行了专家评审，得到专家认可后方在项目上应用。

3.6.4.2 PC 构件资料管理

1. 资料管理流程

PC 构件材料进场自检合格后报验（通知监理、建设单位现场管理人员）—核查外观质量合格、出厂质量证明资料齐全—进行吊装作业。

钢筋、水泥、防水材料、水电材料等主材进场自检合格报验—现场见证取样送检—检验合格后方可使用。

工序验收：自检合格—现场监理、甲方代表检查合格—进行下道工序施工。

2. PC 构件进场质量验收内容及依据

（1）PC 构件进场资料审查

构件进场应检查 PC 构件编号、生产日期、出厂日期、合格证、混凝土检验报告、钢筋检验报告、水电预埋管线检测报告、保温板性能检测报告、钢筋接头检测报告、构件型式检验报告等资料，以及合同要求的其他质量证明文件。预制构件出厂合格证范本见表 3-61（此表来源于《装配式混凝土建筑技术标准规范》GB/T 51231—2016）。

预制构件出厂合格证（范本）　　　　　　　　　　　　　　　　　表 3-61

预制混凝土构件出厂合格证				资料编号	
工程名称及使用部位				合格证编号	
构件名称		型号规格			供应数量
制造厂家			企业等级证		
标准图号或设计图样号			混凝土设计强度等级		
混凝土浇筑日期		至	构件出厂日期		
性能检验评定结果	混凝土抗压强度		主筋		
	试验编号	达到设计强度（%）	试验编号	力学性能	工艺性能
	外观		面层装饰材料		
	质量状况	规格尺寸	试验编号		试验结论
	保温材料		保温连接件		
	试验编号	试验结论	试验编号		试验结论
	钢筋连接套筒		结构性能		
	试验编号	试验结论	试验编号		试验结论
备注				结论	
供应单位技术负责人		填表人		供应单位名称（盖章）	
填表日期：					

（2）PC 构件进场质量检查

1）现场应检查的 PC 构件主要有：外挂板、外墙板、内隔墙板、叠合梁、预制柱、叠合楼板、预制楼梯、阳台板、预制卫生间沉箱等构件。

2）构件规格尺寸应检查高度、宽度、厚度，对角线尺寸等偏差是否在允许范围内。

3）构件表观质量应检查：平整度，有无开裂、蜂窝、周围缺陷、破损、夹渣、疏松，有无凹凸等质量缺陷。

4）检查预制构件上的套筒、预留孔的位置数量和深度，当套筒预留孔有杂物时应清理干净。

5）检查构件连接钢筋的规格、数量、位置和长度。当连接钢筋偏位时，应进行校直，连接钢筋偏离套筒孔中心线不允许超过规范要求；连接钢筋中心位置存在严重偏差影响预制构件安装时，应与设计单位制定专项处理方案，严禁随意切割，强行调整定位钢筋。

6）检查构件预留预埋：预埋件、吊环等是否偏位、是否符合设计要求；开关底盒、厨卫预留孔、线槽插座预留孔、弱点系统接线盒等尺寸深度是否符合设计图纸要求，安装标高是否一致。

7）构件外露锚固钢筋的规格、数量、位置、间距等是否符合设计要求，钢筋伸出的长度、箍筋的弯钩弯折的角度及平直段的长度等是否符合设计图纸和规范要求。

8）水、暖类管道的预留洞及预埋套管、地漏、排水栅、预埋门窗木头、扶手栏杆预埋件、空调孔、入户线管的预埋是否与设计图纸相符。

（3）验收依据

预制构件进场验收主要依据《装配式混凝土建筑技术标准规范》GB/T 51231—2016、《混凝土结构工程施工质量验收规范》GB 50204—2015。表3-62～表3-65为主要验收依据的表格。

预制构件尺寸的允许偏差及检验方法　　　　表3-62

项　目			允许偏差（mm）	检验方法
长度	楼板、梁、柱、桁架	<12m	±5	尺　量
		≥12m且<18m	±10	
		≥18m	±20	
	墙板		±4	
宽度、高（厚）度	楼板、梁、柱、桁架		±5	尺量一端及中部，取其中偏差绝对值较大值
	墙板		±4	
表面平整度	楼板、梁、柱、墙板内表面		5	2m靠尺和塞尺量测
	墙板外表面		3	
侧向弯曲	楼板、梁、柱		L/750且≤20	拉线、直尺量测最大侧向弯曲处
	墙板、桁架		L/1000且≤20	
翘曲	楼板		L/750	调平尺在两端量测
	墙板		L/1000	
对角线	楼板		10	尺量两个对角线
	墙板		5	
预留孔	中心线位置		5	尺量
	孔尺寸		±5	
预留洞	中心线位置		10	尺量
	洞口尺寸、深度		±10	
预埋件	预埋板中心线位置		5	尺量
	预埋板与混凝土面平面高差		0，5	
	预埋螺栓		2	
	预埋螺栓外露长度		+10，-5	
	预埋套筒、螺母中心线位置		2	
	预埋套筒、螺母与混凝土面平面高差		±5	
预留插筋	中心线位置		5	尺量
	外露长度		+10，-5	
键槽	中心线位置		5	尺量
	长度、宽度		±5	
	深度		±10	

门窗框安装允许偏差和检验方法 表 3-63

项　目		允许偏差（mm）	检验方法
锚固脚片	中心线位置	5	钢尺检查
	外露长度	+5，0	钢尺检查
门窗框位置		2	钢尺检查
门窗框高、宽		±2	钢尺检查
门窗框对角线		±2	钢尺检查
门窗框平整度		2	靠尺检查

预制楼板类构件外形尺寸允许偏差及检验方法 表 3-64

项次	检查项目			允许偏差（mm）	检验方法
1	规格尺寸	长度	<12m	±5	用尺量两端及中部，取其中偏差绝对值较大值
			≥12m且<18m	±10	
			≥18m	±20	
2		宽度		±5	用尺量两端及中部，取其中偏差绝对值较大值
3		厚度		±5	尺量板四角和四边中部位置，共8处，取其中偏差绝对值较大值
4	外形	对角线差		6	在构件表面，用尺量测两对角线的长度，取其绝对值的差值
5		表面平整度	内表面	4	用2m靠尺安放在构件表面，用楔形塞尺量测靠尺与表面之间的最大缝隙
			外表面	3	
6		楼板侧向弯曲		L/750且≤20mm	拉线，钢尺量最大弯曲处
7		扭翘		L/750	对角拉两条线，量测两线交点之间的距离，其值的2倍为扭翘值
8		预埋线盒、电盒	在构件平面的水平方向中心位置偏差	10	用尺量
			与构件表面混凝土高差	0，-5	用尺量
9	预留孔	中心线位置偏移		5	用尺量测纵横两个方向的中心线位置，取其中较大值
		孔尺寸		±5	用尺量测纵横两个方向尺寸，取其最大值
10	预留洞	中心线位置偏移		5	用尺量测纵横两个方向的中心线位置，取其中较大值
		洞口尺寸、深度		±5	用尺量测纵横两个方向尺寸，取其最大值

续表

项次	检查项目		允许偏差（mm）	检验方法
11	预留插筋	中心线位置偏移	3	用尺量测纵横两个方向尺寸，取其最大值
		外露长度	±5	用尺量
12	吊环、木砖	中心线位置偏移	10	用尺量测纵横两个方向尺寸，取其最大值
		留出高度	0，-10	用尺量
13	桁架钢筋高度		-5，0	用尺量

构件外观质量缺陷表   表3-65

名称	现象	严重缺陷	一般缺陷
露筋	构件内钢筋未被混凝土包裹而外露	纵向受力钢筋有露筋	其他钢筋有少量露筋
蜂窝	混凝土表面缺少水泥砂浆而形成石子外露	构件主要受力部位有蜂窝	其他部位有少量蜂窝
孔洞	混凝土中孔穴深度和长度均超过保护层厚度	构件主要受力部位有孔洞	其他部位有少量孔洞
夹渣	混凝土中夹有杂物且深度超过保护层厚度	构件主要受力部位有夹渣	其他部位有少量夹渣
疏松	混凝土中局部不密实	构件主要受力部位有疏松	其他部位有少量疏松
裂缝	缝隙从混凝土表面延伸至混凝土内部	构件主要受力部位有影响	其他部位有少量不影响结构性能或使用功能的裂缝
连接部位缺陷	连接处混凝土缺陷及连接钢筋、连接件松动，插筋严重锈蚀、弯曲，灌浆套筒堵塞、偏位，灌浆孔洞堵塞、偏位、破损等性能缺陷	连接部位有影响结构传力性能的缺陷	连接部位有基本不影响结构传力性能的缺陷
外形缺陷	缺棱掉角、棱角不直、翘曲不平、飞边凸肋等，装饰面砖粘结不牢、表面不平、砖缝不顺直等	清水或具有装饰的混凝土构件内有影响使用功能或装饰效果的外形缺陷	其他混凝土构件有不影响使用功能或装饰效果的外形缺陷
外表缺陷	构件表面麻面、掉皮、起砂、沾污等	具有重要装饰效果的清水混凝土构件有外表缺陷	其他混凝土构件有不影响使用功能或装饰效果的外形缺陷

（4）PC构件进场及安装需填写的表格

1）材料进场报验（施2015-103工程材料、构配件、设备报审表；施2015-104建筑、安装原材料、设备及配件产品进场验收记录、2015-98施工现场预制构件验收记录）；

2）吊装记录（施2015-82预制构件吊装记录）

具体验收表格如表3-66。

湘质监统编
施 2015-103

工程材料、构配件、设备报审表　　　　　　　　　表 3-66

工程名称：　　　　　　　　　　　　　　　　　　　　编号：

致：＿＿＿＿＿＿＿＿＿＿＿＿（项目监理机构）
　　于＿＿＿年＿＿月＿＿日进场的拟用于工程＿＿＿＿＿＿部位的＿＿＿＿＿＿＿＿＿＿，经我方检验合格，现将相关资料报上，请予以审查。

＿＿
＿＿

请予以审核。
　　附件：1. 工程材料、构配件或设备清单
　　　　　2. 质量证明文件
　　　　　3. 自检结果

施工项目经理部（盖章）
项目经理（签字）
　　　　　　　　　　　　　　　　　　　　　　　　　　　　　　　年　月　日

审查意见：

项目监理（建设）机构（盖章）
专业监理工程师（建设
单位项目技术负责人）（签字）
　　　　　　　　　　　　　　　　　　　　　　　　　　　　　　　年　月　日

3.6.4.3 预制装配式结构验收资料

尖山印象项目关于预制装配式结构的验收资料参考《装配式混凝土建筑技术标准》GB/T 51231—2016、《混凝土叠合楼盖装配整体式建筑技术规程》DBJ 43/T 301—2013、《混凝土结构工程施工规范》GB 50666—2011、《建筑工程资料表格填写范例与指南（湖南专版）》等标准，归纳起来主要有以下四项：

（1）检验批验收（包括，预制构件模板安装检验批质量验收记录、装配式结构预制构件检验批质量验收记录、装配式结构安装与连接检验批质量验收记录、装配式结构钢筋套筒灌浆连接施工检验批质量验收记录）；

（2）分项验收（施 2015-06 分项工程质量验收记录）；

（3）主体分部验收［施 2015-05 分部（子分部）工程质量验收记录］；

（4）竣工验收［施 2015-01 单位（子单位）工程质量竣工验收记录］。

具体验收表格如表 3-67～表 3-76。

建筑、安装原材料、设备及配件产品进场验收记录

表 3-67

工程名称：　　　　　　　　　　　　　　　　　　　　　　　　　　　　　　　　　　年　月　日　　　　　　　　　　　　　　　　　　　　　　　　　共　　页　第　　页

序号	产品名称	规格型号	生产厂家	批号	单位	进场数量	有无质量证明书	外观质量是否合格	是否抽样送检	施工单位验收人签名	旁站监督人签名

注：质量证明书是指该批产品出厂前的质量检验报告；外观质量是指国家标准规定产品的外观质量；是否抽样送检是指按国家规定，需进行物理力学等安全、功能性检（试）验的产品是否抽样送检。

总监理工程师（建设单位项目技术负责人）：

施工单位项目技术负责人：

监理（建设）项目部（章）

年　月　日

湘质监统编
施 2015-104

湘质监统编
施 2015-98

施工现场预制构件验收记录

表 3-68

工程名称：　　　　　　　　　　　　　　　　　　　　　　　共　　页　第　　页

监理（建设）单位		验收日期	年 月 日
施工单位		构件名称	
构件生产单位		构件进场数量	
构件规格型号		构件标准图号	
构件生产日期	年 月 日	构件安装部位	

质量证明文件	构件厂家应提供证明文件和表面标识，混凝土强度检验报告，需要进行结构性能检验的预制构件，尚应提供有效的结构性能检验报告	产品合格证编号： 混凝土强度检验报告份数： 结构性能检验报告编号：	
构件外观质量	是否有裂缝、蜂窝、夹渣、疏松、孔洞、露筋情况		
	外形缺陷情况：是否有缺棱掉角、棱角不直、翘曲不平、飞边凸肋等		
	连接部位缺陷：是否在构件连接处混凝土有缺陷及连接钢筋、连接件松动		
	外表：是否有构件表面麻面、掉皮、起砂		
构件尺寸位置	检查构件长度、宽度、高（厚）度、表面平整度、侧向弯曲、翘曲、对角线差		
	检查构件、预留洞、预留孔：中心线位置、孔尺寸		
	预埋件：预埋板中心线位置、平面高差、预埋螺栓、预埋套筒中心位置、预埋螺栓外露长度		
施工单位检查人		监理（建设）单位旁站监督人	
施工单位验收结果：			监理（建设）单位核查结论：
施工单位项目专业技术负责人：	年 月 日	项目专业监理工程师（建设单位项目技术负责人）：	监理（建设）项目部（章） 年 月 日

根据《混凝土结构工程施工质量验收规范》GB 50204—2015 要求：外观应全数检查，同一生产企业、同一品种的构件尺寸检查不超过 100 个为一批，每批抽查构件数量的 5%，且不少于 3 件。

湘质监统编
施 2015-82

预制构件吊装记录

表 3-69

工程名称：　　　　　　　　　　　　　　　　　　　　　　　　　　编号：001

使用部位			吊装日期			年　月　日	
序号	构件名称及编号	安装位置	安装检查				备 注
			搁置与搭接尺寸	接头（点）处理	固定方法	标高检查	

结论：

监理（建设）单位		施工单位		
专业监理工程师 （建设单位项目 技术负责人）：		专业技术负责人：	质量员：	记录人：

预制构件模板安装检验批质量验收记录

表 3-70

02010102 _____

单位（子单位）工程名称				分部（子分部）工程名称		主体结构/混凝土结构	分项工程名称		模板
施工单位				项目负责人			检验批容量		
分包单位				分包单位项目负责人			检验批部位		
施工依据				《混凝土结构工程施工规范》GB 50666—2011		验收依据	《混凝土结构工程施工质量验收规范》GB 50204—2015		

		验收项目			设计要求及规范规定	样本总数	最小/实际抽样数量	检查记录	检查结果
主控项目	1	模板及支架材料质量			第4.2.1条		/		
	2	现浇混凝土模板及支架安装质量			第4.2.2条		/		
	3	支架竖杆和竖向横板安装在土层上的安装要求			第4.2.4条		/		
一般项目	1	模板安装的一般要求			第4.2.5条		/		
	2	隔离剂的品种和涂刷方法质量			第4.2.6条		/		
	3	模板起拱高度			第4.2.7条		/		
	4	固定在模板上的预埋件和预留孔洞			第4.2.9条		/		
	5	预制构件模板安装允许偏差（mm）	长度	梁、板	±4		/		
				薄腹梁、桁架	±8		/		
				柱	0，-10		/		
				墙板	0，-5		/		
			宽度	板、墙板	0，-5		/		
				梁、薄腹梁、桁架	+2，-5		/		
			高（厚）度	板	+2，-3		/		
				墙板	0，-5		/		
				梁、薄腹梁、桁架、柱	+2，-5		/		
			侧向弯曲	梁、板、柱	$L/1000$ 且 ≤15		/		
				墙板、薄腹梁、桁架	$L/1500$ 且 ≤15		/		
			板的表面平整度		3		/		
			相邻模板表面高差		1		/		
			对角线差	板	7		/		
				墙板	5		/		
			翘曲	板、墙板	$L/1500$		/		
			设计起拱	薄腹梁、桁架、梁	±3		/		

施工单位检查结果	专业工长（施工员）： 项目专业质量检查员： 年 月 日
监理（建设）单位验收结论	专业监理工程师 （建设单位项目专业负责人）： 年 月 日

注：本表内容的填写需依据《现场验收检验批检查原始记录》。

装配式结构预制构件检验批质量验收记录

表 3-71

02010601 _____

单位（子单位）工程名称				分部（子分部）工程名称		主体结构/混凝土结构	分项工程名称		装配式结构
施工单位				项目负责人			检验批容量		
分包单位				分包单位项目负责人			检验批部位		
施工依据				《混凝土结构工程施工规范》GB 50666—2011		验收依据	《混凝土结构工程施工质量验收规范》GB 50204—2015		
		验收项目			设计要求及规范规定	样本总数	最小/实际抽样数量	检查记录	检查结果
主控项目	1	预制构件质量检验			第9.2.1条		/		
	2	预制构件进场结构性能检验			第9.2.2条		/		
	3	外观质量的严重缺陷，影响结构性能和安装、使用功能的尺寸偏差			第9.2.3条		/		
	4	预埋件等材料质量、规格和数量，预留孔、洞的数量			第9.2.4条		/		
一般项目	1	预制构件标识			第9.2.5条		/		
	2	外观质量一般缺陷			第9.2.6条		/		
	3	预制构件尺寸的允许偏差（mm）	长度	模板、梁、柱、桁架	＜12m	±5	/		
					≥12m且＜18m	±10	/		
					≥18m	±20	/		
				墙板		±4	/		
			宽度、高(厚)度	楼板、梁、柱、桁架		±5	/		
				墙板		±4	/		
			表面平整度	楼板、梁、柱、墙板内表面		5	/		
				墙板外表面		3	/		
			侧向弯曲	楼板、梁、柱		$L/750$ 且 ≤ 20 ($L=$____ mm)	/		
				墙板、桁架		$L/1000$ 且 ≤ 20 ($L=$____ mm)	/		
			翘曲	楼板		$L/750$ ($L=$____ mm)	/		
				墙板		$L/1000$ ($L=$____ mm)	/		

续表

验收项目			设计要求及规范规定	样本总数	最小/实际抽样数量	检查记录	检查结果
一般项目	3 预制构件尺寸的允许偏差（mm）	对角线	楼板	10	/		
			墙板	5	/		
		预留孔	中心线位置	5	/		
			孔尺寸	±5	/		
		预留洞	中心线位置	10	/		
			洞口尺寸、深度	±10	/		
		预埋件	预埋板中心线位置	5	/		
			预埋板与混凝土面平面高差	0，−5	/		
			预埋螺栓	2	/		
			预埋螺栓外露长度	+10，−5	/		
			预埋套筒、螺母中心线位置	2	/		
			预埋套筒、螺母与混凝土面平面高差	±5	/		
		预留插筋	中心线位置	5	/		
			外露长度	+10，−5	/		
		键槽	中心线位置	5	/		
			长度、宽度	±5	/		
			深度	±10	/		
	4	预制构件粗糙面质量及键槽数量		第9.2.8条	/		

施工单位检查结果	专业工长（施工员）： 项目专业质量检查员： 年　月　日
监理（建设）单位验收结论	专业监理工程师 （建设单位项目专业负责人）： 年　月　日

注：本表内容的填写需依据《现场验收检验批检查原始记录》。

装配式结构安装与连接检验批质量验收记录

表 3-72

02010602 _____

单位（子单位）工程名称				分部（子分部）工程名称		主体结构/混凝土结构	分项工程名称	装配式结构
施工单位				项目负责人			检验批容量	
分包单位				分包单位项目负责人			检验批部位	
施工依据			《混凝土结构工程施工规范》GB 50666—2011		验收依据		《混凝土结构工程施工质量验收规范》GB 50204—2015	

		验收项目			设计要求及规范规定	样本总数	最小/实际抽样数量	检查记录	检查结果
主控项目	1	预制构件临时固定措施安装质量			第9.3.1条		/		
	2	钢筋采用套筒灌浆连接或浆锚搭接连接时，灌浆应饱满、密实			第9.3.2条		/		
	3	钢筋的连接方式及质量			第9.3.3条 第9.3.4条 第9.3.5条		/		
	4	采用现浇混凝土连接构件时，构件连接处混凝土强度			第9.3.6条		/		
	5	装配式施工后外观不应有严重缺陷，且不应有影响结构性能和安全、使用功能的尺寸偏差			第9.3.7条		/		
一般项目	1	外观质量一般缺陷检查			第9.3.8条		/		
	2	装配式结构构件位置和尺寸允许偏差（mm）	构件轴线位置	竖向构件（柱、墙板、桁架）	8		/		
				水平构件（梁、楼板）	5		/		
			标高	梁、柱、墙板、楼板底面或顶面	±5		/		
			构件垂直度	柱、墙板安装后的高度 ≤6m	5		/		
				>6m	10		/		
			构件倾斜度	梁、桁架	5		/		
			相邻构件平整度	梁、楼板底面 外露	3		/		
				不外露	5		/		
				柱、墙板 外露	5		/		
				不外露	8		/		
			构件搁置长度	梁、板	±10		/		
			支座、支垫中心位置	板、梁、柱、墙板、桁架	10		/		
			墙板接缝宽度		±5		/		

施工单位检查结果	专业工长（施工员）： 项目专业质量检查员： 年 月 日
监理（建设）单位验收结论	专业监理工程师： （建设单位项目专业负责人）： 年 月 日

注：本表内容的填写需依据《现场验收检验批检查原始记录》。

装配式结构钢筋套筒灌浆连接施工检验批质量验收记录 表3-73

02010603_____

单位（子单位）工程名称		分部（子分部）工程名称		主体结构/混凝土结构	分项工程名称		装配式结构
施工单位		项目负责人			检验批容量		
分包单位		分包单位项目负责人			检验批部位		
施工依据		《混凝土结构工程施工规范》GB 50666—2011		验收依据	《混凝土结构工程施工质量验收规范》GB 50204—2015《钢筋套筒灌浆连接应用技术规程》JGJ 355—2015		

		验收项目	设计要求及规范规定	样本总数	最小/实际抽样数量	检查记录	检查结果
主控项目	1	有效的型式检验报告、型式检验报告的内容与施工过程的各项材料一致，型式检验报告应在4年有效期内	第7.0.2条		/		
	2	灌浆套筒进厂（场）外观质量标识和尺寸偏差检验	第7.0.3条		/		
	3	灌浆料进场流动度、泌水率、抗压强度、膨胀率检验	第7.0.4条		/		
	4	接头工艺检验，应在第一批灌浆料进场检验合格后进行	第7.0.5条		/		
	5	灌浆套筒进厂（场）时应抽取灌浆套筒并采取与之匹配的灌浆料制作对中连接接头试件，并进行抗拉强度检验，检验结果符合本规程第3.2.2条规定，部分检验可与工艺检验合并进行	第7.0.6条、第3.2.2条		/		
	6	接头试件养护方法及抗拉试验加载方式	第7.0.7条		/		
	7	预制构件进场验收	第7.0.8条		/		
	8	灌浆施工中灌浆料抗压强度检验	第7.0.9条		/		
	9	灌浆质量验收	第7.0.10条		/		
	10	当施工过程灌浆料抗压强度、灌浆质量不符合要求时，应由施工单位提出技术处理方案，经监理、设计单位认可后进行处理。经处理后的部位应重新验收	第7.0.11条		/		

施工单位检查结果	专业工长（施工员）： 项目专业质量检查员： 年　月　日
监理（建设）单位验收结论	专业监理工程师 （建设单位项目专业负责人）： 年　月　日

注：1. 对于装配式混凝土结构，当灌浆套筒埋入预制构件时，前4项检验应在预制构件生产前或生产过程中进行（其中第7.0.4条规定的灌浆料进场为第一批），此时安装施工单位、监理单位应将部分监督及检验工作向前延伸到构件生产单位。2. 第3、4项检验的接头试件可在预制构件生产地点制作，也可在灌浆施工现场制作，并宜由现场灌浆施工单位（队伍）完成。3. 如工艺检验的接头不是由现场灌浆施工单位（队伍）制作完成，则在现场灌浆前应再次进行一次工艺检验。4. 本表内容的填写需依据《现场验收检验批检查原始记录》。

湘质监统编
施 2015-06

_____分项工程质量验收记录

表 3-74

编号：_____

单位（子单位）工程名称			分部（子分部）工程名称			
分项工程数量			检验批数量			
施工单位			项目负责人		项目技术负责人	
分包单位			分包单位项目负责人		分包内容	
序号	检验批名称	检验批容量	部位（区段）	施工单位检查结果	监理单位验收结论	
1						
2						
3						
4						
5						
6						
7						
8						
9						
10						
11						
12						
13						
14						
15						

说明：

施工单位检查结果	项目专业技术负责人： 年　月　日
监理（建设）单位验收结论	专业监理工程师 （建设单位项目技术负责人）： 年　月　日

注：检验批容量指的是本检验批的工程量，计量项目和单位按专业验收规范中对检验批容量的规定。

湘质监统编
施 2015-05

_____分部（子分部）工程质量验收记录   表 3-75

编号：___001___

单位（子单位）工程名称		子分部工程数量		分项工程数量	
施工单位		项目负责人		技术（质量）负责人	
分包单位		分包单位负责人		分包内容	

序号	子分部工程名称	分项工程名称	检验批数量	施工单位检查结果	监理单位验收结论
1					
2					
3					
4					
5					
6					
7					
8					
质量控制资料					
安全和功能检验结果					
观感质量检验结果					
综合验收结论					

施工总包单位	施工分包单位	设计单位	勘察单位	监理（建设）单位
（公章）	（公章）	（公章）	（公章）	（公章）
项目负责人：	项目负责人：	项目负责人：	项目负责人：	总监理工程师（建设单位项目负责人）：
年 月 日	年 月 日	年 月 日	年 月 日	年 月 日

注：1. 分部工程验收前，质量控制资料、安全和功能检验结果、观感质量检验结果等资料需检查合格；
　　2. 勘察单位只参加地基与基础分部工程的验收。

湘质监统编
施 2015-01

单位（子单位）工程质量竣工验收记录

表 3-76

工程名称			结构类型		层数/建筑面积	
施工单位			技术负责人		开工日期	年 月 日
项目负责人			项目技术负责人		完工日期	年 月 日

序号	项目	验收记录	验收结论
1	分部工程验收	共____分部，经查符合设计及标准规定____分部	
2	质量控制资料核查	共____项，经核查符合规定____项	
3	安全和使用功能核查及抽查结果	共核查____项，符合规定____项，共抽查____项，符合规定____项，经返工处理符合规定____项	
4	观感质量验收	共抽查____项，达到"好"和"一般"的____项，经返修处理符合要求的____项	

综合验收结论	

参加验收单位	建设单位 （公章） 项目负责人： 年 月 日	监理单位 （公章） 总监理工程师： 年 月 日	施工单位 （公章） 项目负责人： 年 月 日	设计单位 （公章） 项目负责人： 年 月 日	勘察单位 （公章） 项目负责人： 年 月 日

注：单位工程验收时，验收签字人员应由相应单位的法人代表书面授权。

第4章 施工图预算

4.1 预制装配式建筑与传统建筑相比增减项目内容

4.1.1 增加项目内容

1. PC构件产品的制作和运输

常见的PC构件产品包括：叠合梁的预制部分（图 4.1.1-1）、叠合板的预制部分（图 4.1.1-2）、预制混凝土夹心保温外挂墙板（图 4.1.1-3）、夹心保温剪力墙外墙板（图 4.1.1-4）、预制剪力墙、预制内墙板（图 4.1.1-5）、预制内隔墙（图 4.1.1-6）、预制楼梯（图 4.1.1-7）、预制阳台板（图 4.1.1-8）、预制空调板、预制凸窗板、预制女儿墙、预制沉箱等。

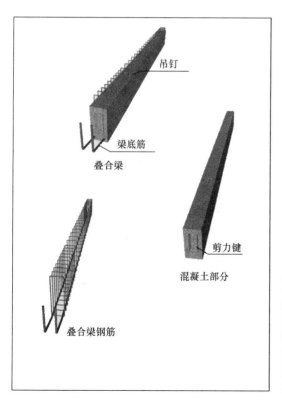

图 4.1.1-1 叠合梁的预制部分

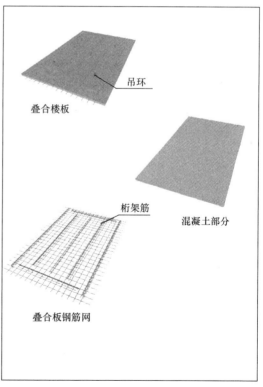

图 4.1.1-2 叠合板的预制部分

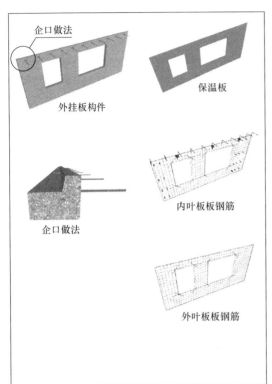

图 4.1.1-3 预制混凝土夹心保温外挂墙板

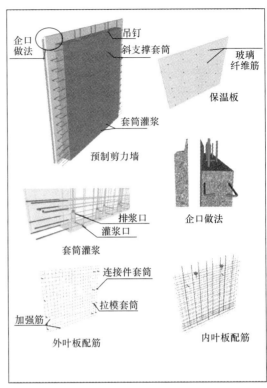

图 4.1.1-4 夹心保温剪力墙外墙板

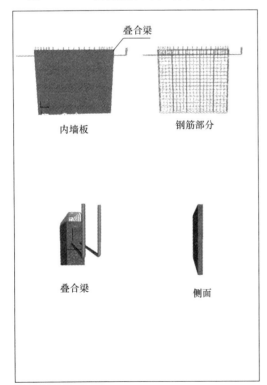

图 4.1.1-5 预制内墙板

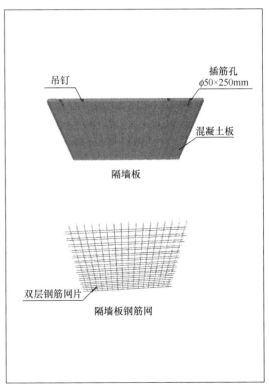

图 4.1.1-6 预制内隔墙

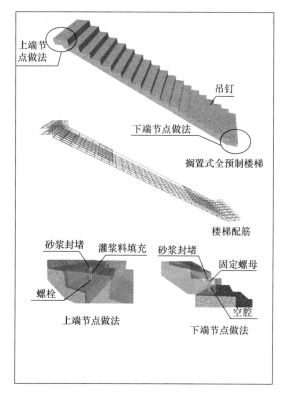
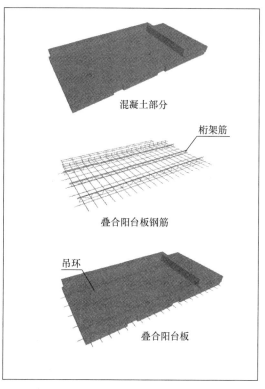

图 4.1.1-7 预制楼梯　　　　　　　图 4.1.1-8 预制阳台板

2. PC 构件的安装

PC 构件安装包括支撑杆连接件预埋，结合面清理，构件吊装、就位、校正、垫实、固定，接头钢筋调直，构件打磨，座浆料铺筑，填缝料填筑，搭设及拆除钢支撑等内容。

预制装配式建筑主体吊装作业主要流程如下：①构件运输；②弹线定位；③标高测量；④吊装外墙板；⑤构件垂直度校核；⑥外墙板缝宽度控制；⑦连接件安装、板缝封堵；⑧吊装叠合梁；⑨吊装内墙板；⑩剪力墙、柱钢筋绑扎；⑪柱、剪力墙支模；⑫柱、剪力墙混凝土浇捣；⑬模板、斜支撑拆除；⑭搭设叠合板顶支撑；⑮吊装叠合板；⑯铺设拼缝钢筋；⑰楼梯段吊装；⑱叠合板缝封堵；⑲搭设防护栏杆；⑳楼面管线预埋、叠合板钢筋绑扎；㉑楼面标高控制；㉒楼面混凝土浇捣；㉓楼面找平压光。

（1）外墙板 PC 构件安装工艺流程

选择吊装工具—挂钩、检查构件水平—吊运—安装、就位—调整固定—取钩—连接件安装。

1）PC 墙板的就位、安装

根据楼面所放出的外墙挂板侧边线、端线、垫块、外墙挂板下端的连接件（连接件安装时外边与外墙挂板内边线重合）使外墙挂板就位（图 4.1.1-9～图 4.1.1-12）。

图 4.1.1-9 外墙挂板下部定位件

图 4.1.1-10 垫块位置及控制线

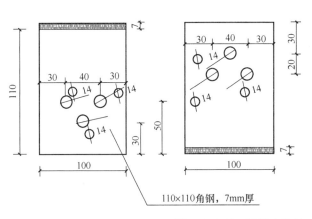

图 4.1.1-11 墙板定位件

图 4.1.1-12 墙板与地面的连接

2）斜支撑的搭拆（图 4.1.1-13）

图 4.1.1-13 斜支撑搭拆

3）连接件安装

① 外墙板内侧拼缝处理：外墙板内侧拼缝处放置 200mm 宽、3mm 厚自粘防水 SBS 卷材，高度为外墙挂板高度加 50mm。宽度缝两边均分，防止混凝土浇筑时漏浆和外墙板缝漏水（图 4.1.1-14）。

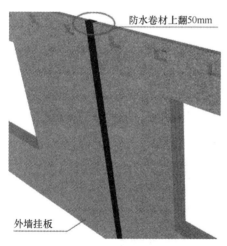

图 4.1.1-14 自粘卷材安装

② 两块外墙挂板之间用一字连接件或 L 形连接件连接（图 4.1.1-15、图 4.1.1-16）。

（2）叠合梁吊装工艺流程

测量放线—支撑搭设—挂钩、检查构件水平—吊运—就位、安装—调整—取钩。

1）测量放线

根据轴线、外墙板线，将梁端控制线用线锤、靠尺、经纬仪等测量方法引至外墙板上构件。起吊前应对照图纸复核构件的尺寸、编号，如图 4.1.1-17 所示。

图 4.1.1-15 转角处固定　　　　　　　图 4.1.1-16 一字连接件固定

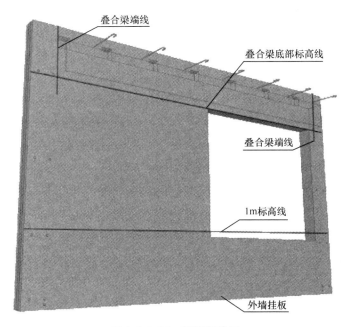

图 4.1.1-17 梁控制线图

2）梁支撑搭设

一般情况下对于长度大于 4m 的叠合梁，底部不得小于 3 个支撑点；大于 6m 不得小于 4 个支撑点（图 4.1.1-18）。

（3）内墙板、隔墙板吊装

施工工艺基本与外墙板吊装相同，但有以下几点必须注意：

1）落位时隔墙板底下要坐浆（吊装时内墙板不需要坐浆），坐浆时注意避开地面预留

图 4.1.1-18 梁底支撑搭设图

线管,以免砂浆将线管堵塞(图 4.1.1-19)。

图 4.1.1-19 墙板坐浆

2)隔墙安装时墙板与相邻构件留有 10mm 的拼缝(图 4.1.1-20)。

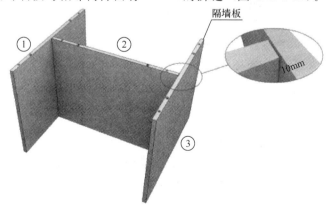

图 4.1.1-20 墙板拼缝

3）隔墙板的连接通过在隔墙板顶上预留直径为 50mm、深为 250mm 的孔洞和在叠合板相应位置预留直径 75mm 的孔洞，待叠合板吊装完成后在孔内插入直径 12mm 的短钢筋，现浇时将孔内灌注混凝土，使叠合板与隔墙板牢固相连（图 4.1.1-21）。

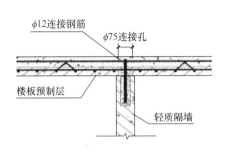

图 4.1.1-21　楼板与轻质隔墙连接

4）隔墙板两端与外墙板或内墙板连接时，可拆除斜支撑，然后用 L 形连接件将隔墙板固定在两端外墙板或内墙板上，以节约空间（图 4.1.1-22）。

图 4.1.1-22　隔墙拆除斜支撑固定

（4）叠合楼板吊装

吊装工艺流程：支撑搭设—挂钩、检查水平—吊运—安装就位—调整取钩。

1）叠合板底支撑架搭设：可根据项目情况采用多种搭设（图 4.1.1-23）。

2）叠合板安装时搭接边深入叠合梁剪力墙内 15mm，板的非搭接边与梁、板拼缝按设计图纸要求安装（对接平齐，如图 4.1.1-24 所示）；叠合板伸入梁内 15mm（图 4.1.1-25）。

图 4.1.1-23 独立三脚架支撑

图 4.1.1-24 叠合板与叠合板拼缝

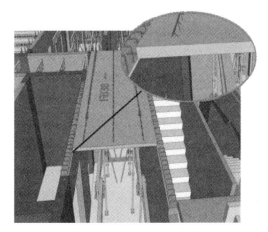

图 4.1.1-25 叠合板伸入梁内 15mm

（5）楼梯安装

同叠合楼板（图 4.1.1-26）。

图 4.1.1-26 梯段支撑

(6) 内墙拼缝处理

1) 内墙拼缝类型

① PC 竖向拼缝

(a) 内墙板与内墙板（图 4.1.1-27）；

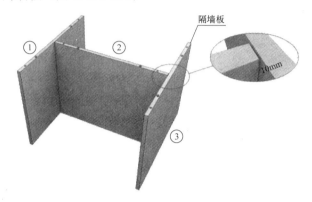

图 4.1.1-27　内墙板与内墙板竖向拼缝

(b) 内墙板与剪力墙（图 4.1.1-28）。

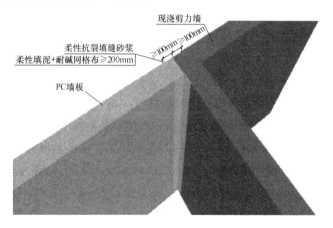

图 4.1.1-28　内墙板与剪力墙竖向拼缝

② PC 水平拼缝

(a) 叠合板与叠合板（图 4.1.1-29）；

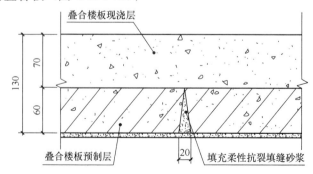

图 4.1.1-29　叠合板与叠合板水平拼缝

(b) 叠合板与内墙板（图 4.1.1-30）；

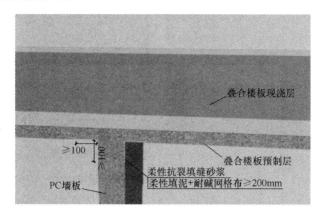

图 4.1.1-30 叠合板与内墙板水平拼缝

(c) 叠合板与剪力墙体（图 4.1.1-31）。

图 4.1.1-31 叠合板与剪力墙体水平拼缝

③ 其他拼缝位置

(a) 楼梯踏步与墙面（图 4.1.1-32）；

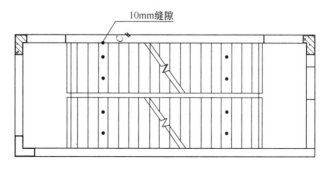

图 4.1.1-32 楼梯踏步与墙面拼缝

(b) 楼梯踏步与歇台（图 4.1.1-33）。

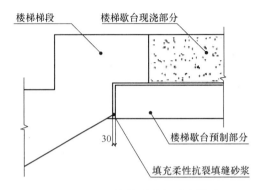

图 4.1.1-33　楼梯踏步与歇台拼缝

3. 外墙嵌缝打胶

（1）外墙防水胶施工工艺

确认接缝状态—基层清理—填塞填充材料—确认宽度、深度—美纹纸施工—刷底涂—材料混合—打胶施工—修整工作—拆除美纹纸，完工检查。

（2）外墙缝排水管安装要点

外墙缝排水管的安装工艺：在外墙缝每 3 层的十字交叉口增加防水排水管，即每隔 3 层进行 2 次密封，且配有排水构造（排水管）。该工艺具有如下优点：

1）发生漏水时，可确保雨水有流出口，防止雨水堆积在内部；

2）接缝内部有可能因为冷热温差，形成结露水，安装排水管可使结露水经由排水管导出；

3）漏水发生后，可由排水管安装楼层迅速推断出漏水位置。

（3）外墙拼缝节点处理施工示意图（图 4.1.1-34～图 4.1.1-36）

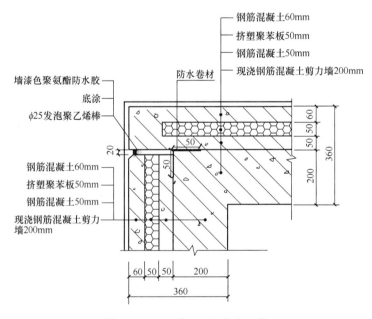

图 4.1.1-34　外墙板阳角板缝构造

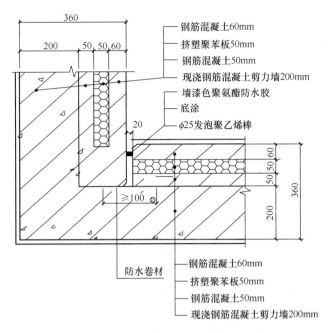

图 4.1.1-35　外墙板阴角板缝构造

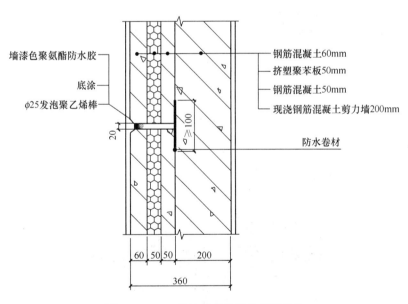

图 4.1.1-36　外墙板直线平角板缝构造

4. 套筒灌浆

钢筋套筒灌浆连接用于预制装配式混凝土结构中竖向构件钢筋对接，金属灌浆套筒被预埋在竖向预制混凝土构件底部，连接时在灌浆套筒中插入带肋钢筋后注入灌浆料拌合物。

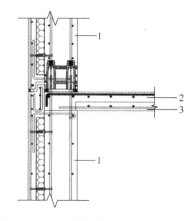

图 4.1.1-37 预制剪力墙墙身连接节点
1—预制外墙；2—楼板现浇层；3—叠合楼板

5. 现浇层内管线与预制构件中管线的连接

连接有以下几种：

（1）管线与线盒的连接（图 4.1.1-38）

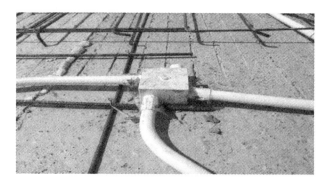

图 4.1.1-38 线管与预制构件预埋线盒现场对接方法

（2）线管的对接方式

1）线管上对接（图 4.1.1-39、图 4.1.1-40）

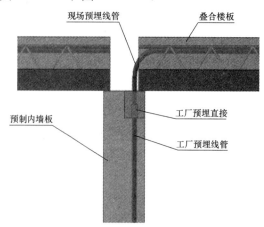

图 4.1.1-39 不带封口的线管上对接

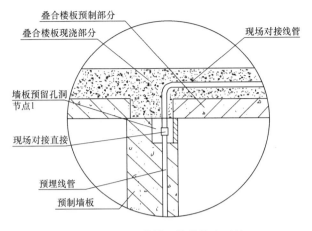

图 4.1.1-40　带封口的线管上对接

2) 线管下对接（图 4.1.1-41）

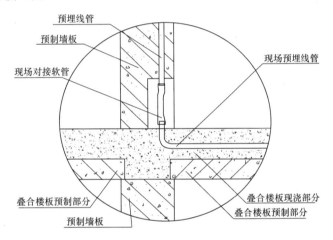

图 4.1.1-41　线管下对接

3) 线管横向对接（图 4.1.1-42）

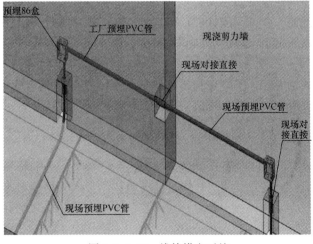

图 4.1.1-42　线管横向对接

257

4) 全预制楼板的线管对接（图 4.1.1-43）

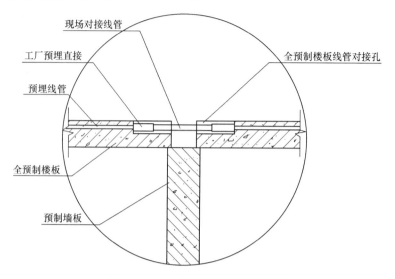

图 4.1.1-43　全预制楼板线管对接

4.1.2　减少项目内容

1. 钢筋工程

预制装配式建筑工程现场施工的钢筋包括现浇构件钢筋和叠合构件现浇部分钢筋。

（1）现浇构件钢筋工程量减少内容

1) 叠合梁预制部分的钢筋；
2) 叠合板预制部分的钢筋；
3) 预制剪力墙的钢筋；
4) 预制空调板、飘窗板、阳台板的钢筋；
5) 预制楼梯等混凝土预制构件内的钢筋。

（2）叠合处增加的钢筋

叠合楼板拼缝钢筋、叠合梁的抗剪钢筋（抗剪钢筋伸入剪力墙内长度$\geqslant l_{aE}$）、增加叠合梁开口箍筋处的箍筋帽、内隔墙处插筋，具体见图 4.1.2-1～图 4.1.2-3。

2. 现浇构件混凝土工程

混凝土工程量减少内容：①叠合梁预制部分的混凝土；②叠合板预制部分的混凝土；③预制剪力墙的混凝土；④预制空调板、飘窗板、阳台板的混凝土；⑤预制楼梯等混凝土预制构件内的混凝土。

3. 现浇构件模板工程

混凝土工程量减少内容：①叠合梁处的梁模板；②叠合板处的板模板；③预制剪力墙的模板；④预制空调板、飘窗板、阳台板处的模板；⑤预制楼梯模板等；⑥现浇构件与预制构件接触部位的模板等。

4. 砌体工程

砌体部位中的预制内墙板和内隔墙，减少了砌体工程、砌体加筋、构造柱及圈梁的钢

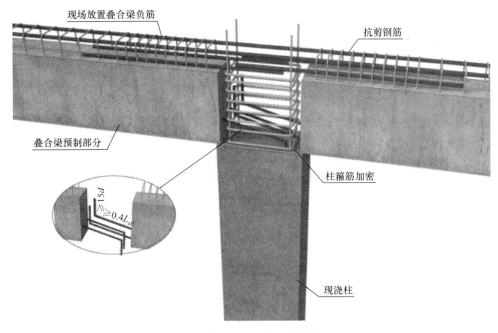

图 4.1.2-1 叠合梁钢筋图

图 4.1.2-2 叠合板负筋

筋、混凝土、模板等工程量。

5. 抹灰工程

预制构件部位的抹灰工程量减少了楼梯地面找平部分。

6. 外墙保温工程

有预制混凝土夹心保温外挂墙板（图 4.1.1-3），夹心保温剪力墙外墙板（图 4.1.1-4）处取消现场保温施工。

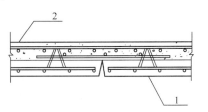

图 4.1.2-3 叠合板拼缝钢筋图
1—预制叠合楼板；2—楼板现浇层

7. 现场施工的垂直运输费用

除 PC 构件吊装机械费用外，由于现场施工工程量比传统施工工程量少、施工工期缩短，垂直运输费用也会减少（湖南装配式建设工程消耗量标准中 PC 构件安装子目中已含吊装机械费用）

8. 脚手架费用

（1）无预制外墙板的装配式建筑工程，外脚手架与传统施工外脚手架相同；

（2）设计有预制外墙挂板和预制外剪力墙的装配式建筑工程项目，外脚手架采用外挂架图 4.1.2-4，费用比传统项目费用降低，减少砌筑的脚手架、抹灰脚手架等。

图 4.1.2-4　外墙挂架外立面图

9. 安全文明施工费用

安全文明施工费用也比传统施工低：现场施工作业人员减少，临时建筑及相关配套费用减少；有外墙板和内墙板项目安全防护费用减少。

10. 现场施工安装预埋工程量

由于预制构件中已预留预埋，故现场施工安装预埋工程量也减少。

（1）预制构件中的户控箱、多媒体箱、线盒、管线预埋（图 4.1.2-5）。

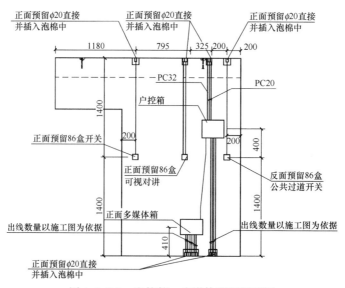

图 4.1.2-5　户控箱、多媒体箱预留预埋

(2) 预制楼板构件中带止水溢环的钢套管（图 4.1.2-6）。

图 4.1.2-6　带止水溢环的钢套管预埋

(3) 预制构件中带止水溢环的防漏宝（图 4.1.2-7）。

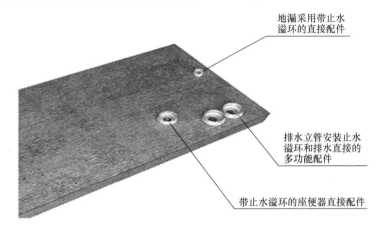

图 4.1.2-7　带止水溢环的防漏宝预埋

(4) 预制梁构件中钢套管（图 4.1.2-8）。

图 4.1.2-8　预制梁中的钢套管

（5）预制构件中防雷

1）预制构件扁网在现场的搭焊（图4.1.2-9）。

图4.1.2-9　预制构件扁网在现场的搭焊

2）预制构件中防雷预埋的定位（图4.1.2-10）。

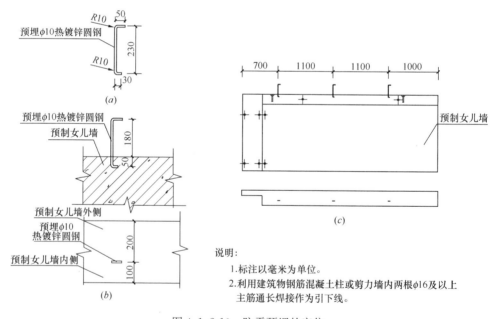

图4.1.2-10　防雷预埋的定位
(a) 防雷预埋圆钢；(b) 防雷预埋圆钢定位；(c) 女儿墙防雷明敷做法

3）防侧击雷的预制构件预埋（图4.1.2-11）。

（6）墙体开槽工程量减少：当给水管设计为暗敷时，PC构件在相应的位置预留墙槽，将给水管固定在墙槽内即可，如图4.1.2-12所示。

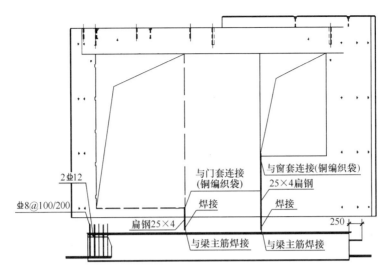

图 4.1.2-11 防侧击雷预制构件预埋

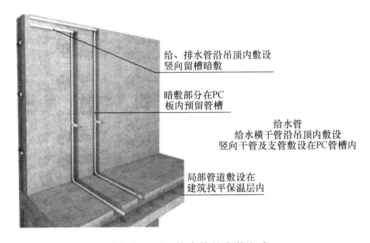

图 4.1.2-12 给水管的安装方式

4.1.3 与传统建筑相比无变化的内容

(1) 屋面防水保温工程
(2) 楼面保温找平工程
(3) 成品烟道及排气道工程
(4) 室内防水工程
(5) 外墙饰面工程
(6) 门窗工程
(7) 室内精装修工程
(8) 除水电预埋以外的安装工程

4.2 施工图预算案例

4.2.1 编制说明

1. 工程概况

（1）工程名称：尖山印象公租房项目4栋。

（2）建设地点：长沙市高新区北部东方红镇，东临东方红路，南临青山路，西临金相路，北临金湖路。

（3）结构形式：本工程采用混凝土叠合楼盖装配整体式结构，地上共33层，层高2.9m。

（4）总建筑面积：本栋地上部分建筑面积为19078.46m^2，标准层建筑面积为606.11m^2。

（5）抗震设防：本工程剪力墙抗震等级为三级，抗震设防烈度为6度。

2. 计价依据

（1）本工程的清单工程量计算按照《房屋建筑与装饰工程工程量计算规范》（GB 50854—2013）、《建筑工程建筑面积计算规范》（GB 50353—2013）等规范文件进行编制；

（2）本工程的定额工程量计算按照《湖南省建筑工程消耗量标准》（2014版）、《湖南省建筑装饰装修工程消耗量标准》（2014版）、《湖南省安装工程消耗量标准》（2014版）、《湖南省住房和城乡建设厅关于印发〈湖南省装配式混凝土-现浇剪力墙结构住宅计价依据〉的通知》（湘建价〔2015〕191号）；

（3）人工工资单价按照《湖南省住房和城乡建设厅关于发布2014年湖南省建设工程人工工资单价的通知》（湘建价〔2014〕112号）；

（4）取费文件按照《湖南省住房和城乡建设厅关于印发〈湖南省建设工程计价办法〉及〈湖南省建设工程消耗量标准〉的通知》（湘建价〔2014〕113号）；

（5）材料价格参考长沙造价信息2016年第4期及长沙地区市场价；

（6）综合单价为全费用单价包括人工费、材料费、机械费、管理费、利润、规费及税金。

（7）说明：PC构件安装、PC构件拼缝处理、叠合处钢筋、综合脚手架、超高施工增加费等按湘建价〔2015〕191号文，编制装配式建筑工程预算时，请参考颁发的新文件。

3. 计量依据

（1）建筑、结构、安装施工图；（2）预制装配式工艺拆板图；（3）施工组织设计及施工方案。

4. 报价范围

正负零以上建筑工程、装饰装修、机电安装工程。

4.2.2 工程图纸

1. 建筑图纸

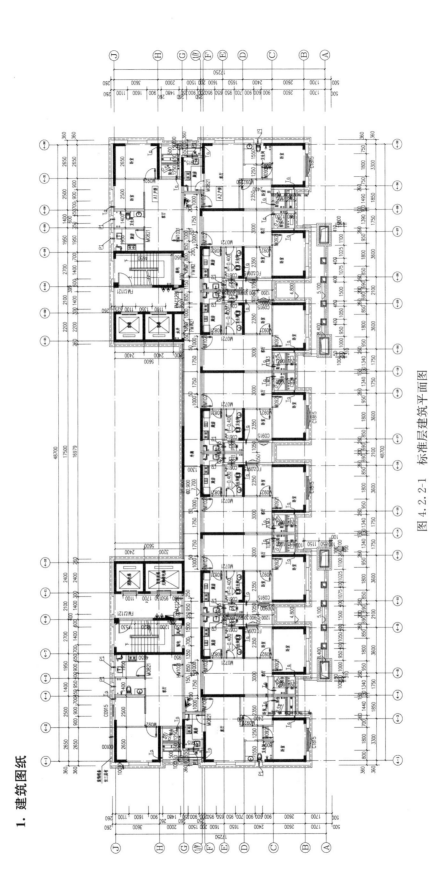

图 4.2.2-1 标准层建筑平面图

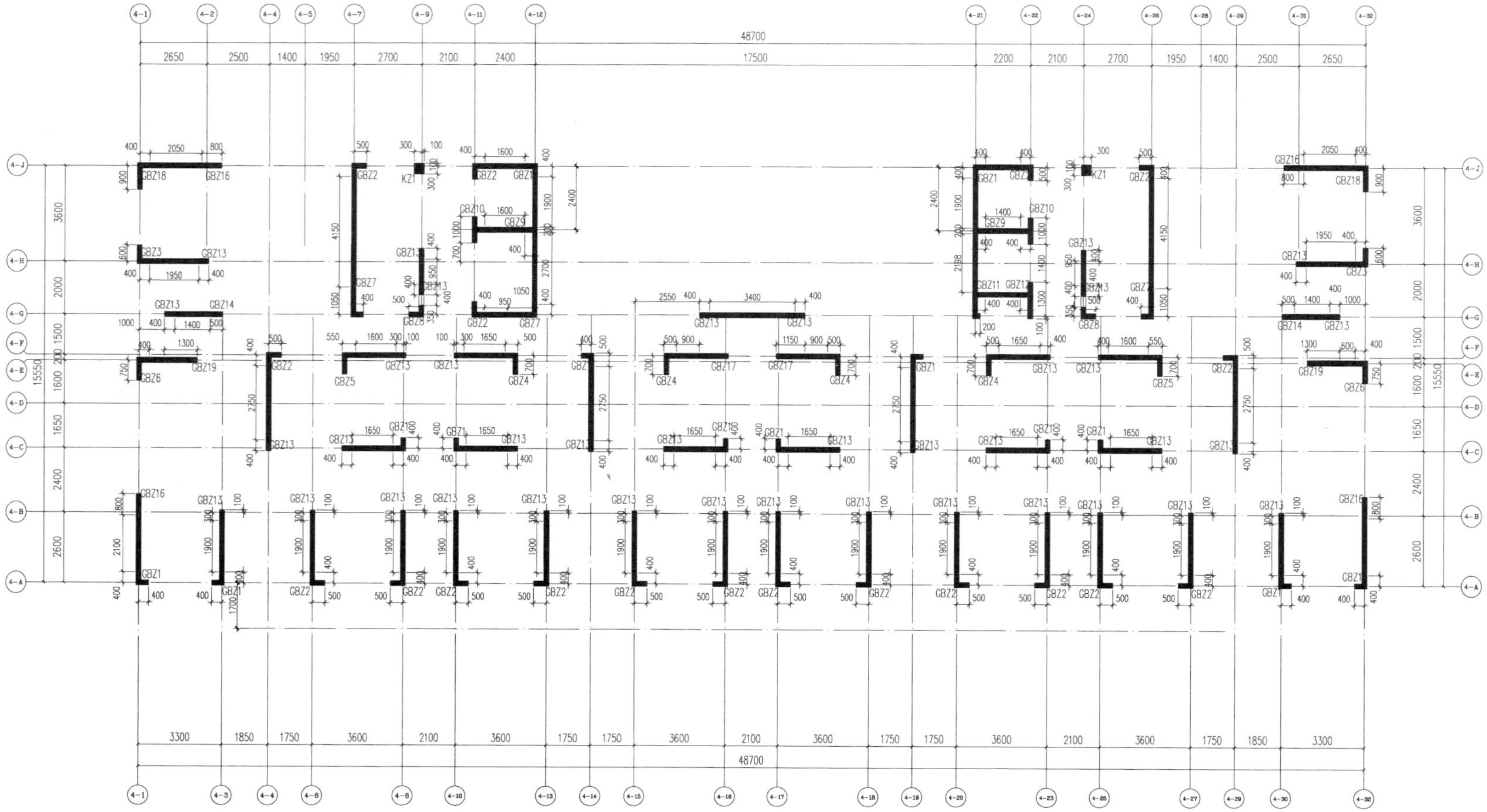

2. 结构图纸

图 4.2.2-2 标准层墙柱图

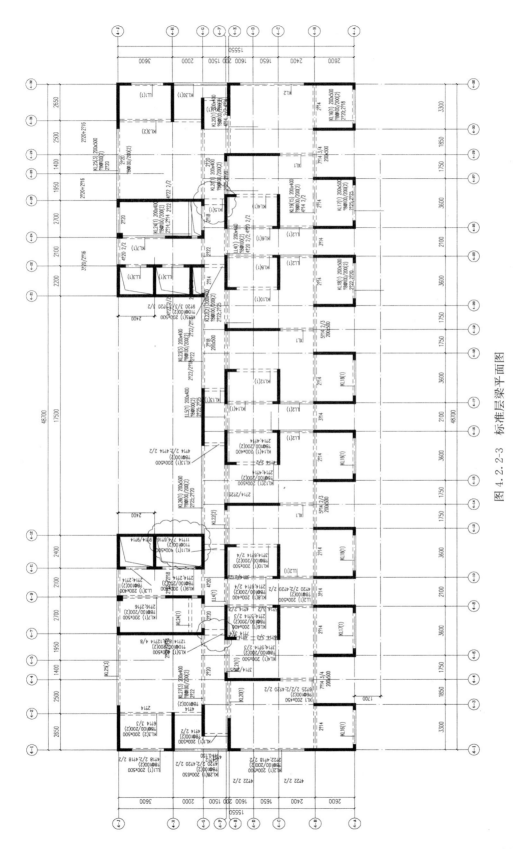

图 4.2.2-3 标准层梁平面图

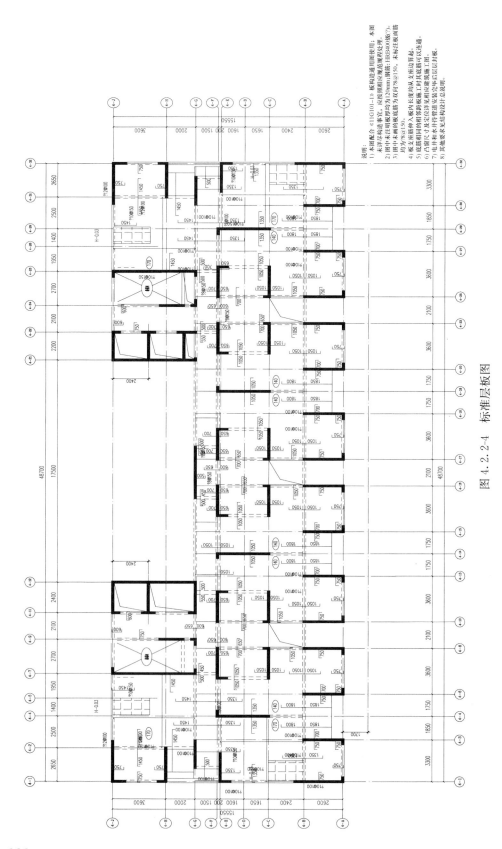

图 4.2.2-4 标准层板图

3. 工艺图纸

图 4.2.2-5 外挂板平面布置图

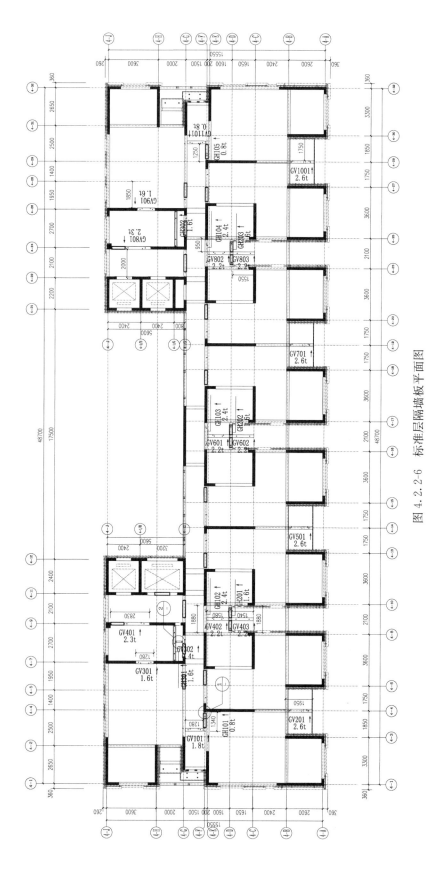

图 4.2.2-6 标准层隔墙板平面图

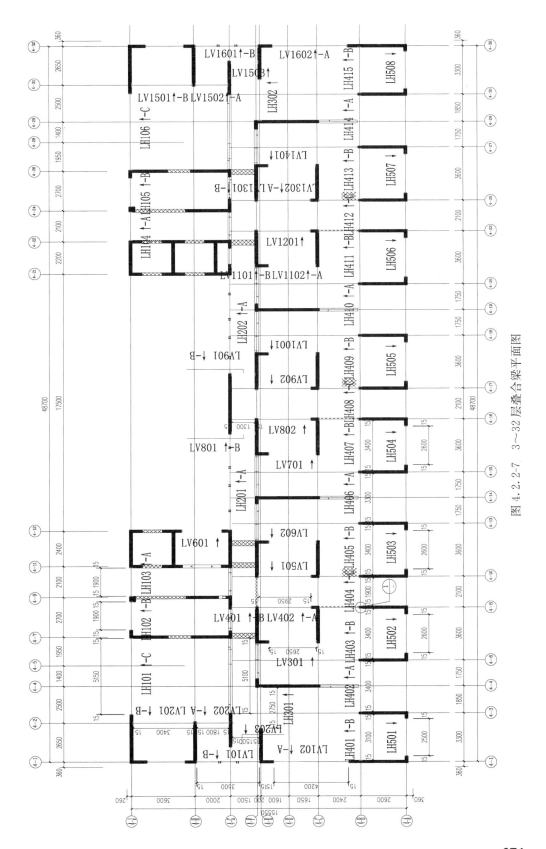

图 4.2.2-7　3～32层叠合梁平面图

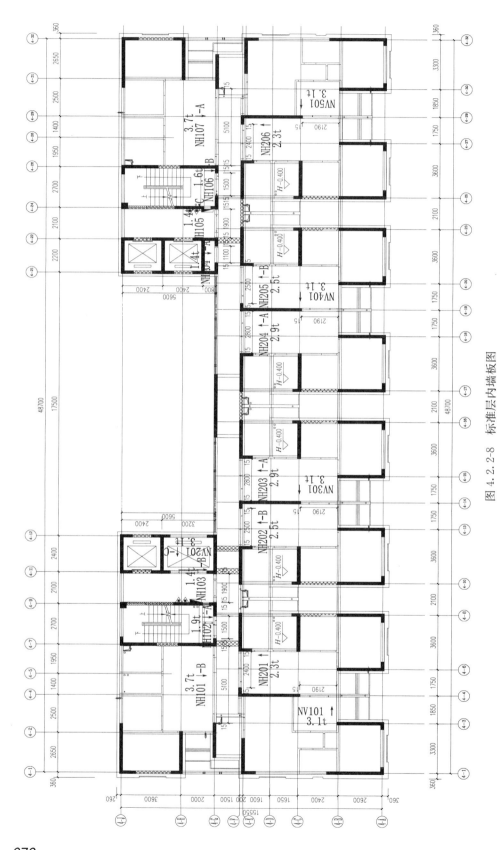

图 4.2.2-8 标准层内墙板图

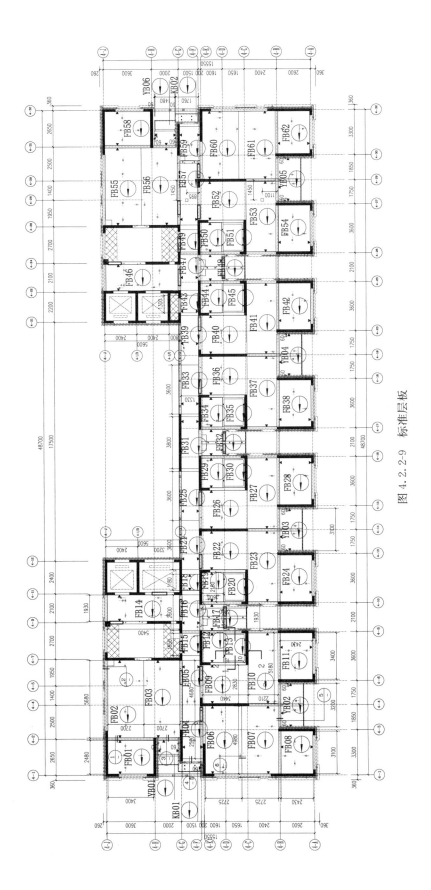

图 4.2.2-9 标准层板

工程预算金额汇总表

表 4-1

工程名称：尖山项目 4 栋　　　　　　　　　　　　　　　　　　　　　建筑面积（m²）：19078.46

序号	项目名称	预算金额（元）	经济指标（元/m²）	备注
一	建筑工程	28276636.02	1482.12	
1	PC 构件安装	15783964.49	827.32	吊装人工、辅材、PC 构件成品材料、支撑搭拆、吊装机械、室内拼缝处理等
2	现浇构件钢筋	2959896.51	155.14	
3	现浇构件混凝土	2871764.78	150.52	
4	砌体及轻质隔墙板	959574.85	50.30	烧结页岩多孔砖、轻质条板隔墙
5	保温工程	472470.97	24.76	楼面 40mm 厚泡沫混凝土板、外廊墙面保温
6	防水工程	866611.75	45.42	厨卫阳台防水、外墙缝打胶
7	屋面工程	155281.22	8.14	找平、保温、防水等
8	成品烟道/排气道	70425.00	3.69	卫生间，厨房排气道
9	其他工程	9142.08	0.48	屋面层钢梯
10	模板工程	1122677.23	58.85	竹胶合板模板　钢支撑
11	脚手架工程	454965.11	23.85	
12	垂直运输工程	1274533.98	66.80	
13	超高施工增加	617866.55	32.39	
14	安全文明施工费	657461.50	34.46	
二	装饰装修工程	11641296.75	610.18	
1	建筑外装饰	1637194.53	85.81	
(1)	外墙真石漆	1570934.04	82.34	
(2)	外墙装饰线条	42491.20	2.23	
(3)	钢结构造型	23769.29	1.25	
2	建筑部件	2343436.14	122.83	
(1)	建筑外门窗	1448283.68	75.91	塑钢中空门窗、铝合金百叶、铝合金平开门窗、塑钢保温门等
(2)	入户门	433618.64	22.73	防盗门
(3)	防火门	241119.32	12.64	甲级木质防火门、乙级木质防火门、丙级木质防火门
(4)	栏杆扶手	220414.50	11.55	楼梯栏杆、阳台锌钢栏杆、外廊锌钢栏杆

续表

序号	项目名称	预算金额(元)	经济指标(元/m²)	备注
3	室外台阶	2517.00	0.13	混凝土垫层、防滑地砖
4	户内装修工程	6587983.96	345.31	
(1)	户内地面	1726920.90	90.52	瓷砖地面、瓷砖踢脚线
(2)	户内墙面	2235046.76	117.15	厨卫瓷砖墙面、乳胶漆墙面
(3)	户内天棚	660409.69	34.62	厨卫铝扣板吊顶、乳胶漆顶棚、客餐厅石膏线
(4)	部品部件安装	1965606.61	103.03	橱柜、洗漱台、套装门及门套、窗台板、门槛石
5	楼内公共区域装修	903541.12	47.36	
(1)	地面工程	388984.06	20.39	电梯厅瓷砖地面、瓷砖踢脚线;楼梯间水泥砂浆地面、水泥浆踢脚线
(2)	墙面工程	268491.82	14.07	电梯厅瓷砖墙面、乳胶漆墙面;楼梯间仿瓷涂料;不锈钢门套
(3)	天棚工程	246065.24	12.90	电梯天棚厅乳胶漆;楼梯间仿瓷涂料天棚
6	措施项目费	166624.00	8.73	
三	机电安装工程	7353168.31	385.42	
(一)	给水排水	1745354.24	91.49	
1	给水	386290.10	20.25	
2	排水	383156.58	20.08	
3	冷凝水	61968.29	3.25	
4	雨水	35670.64	1.87	
5	洁具	839993.63	44.03	
6	措施项目费	38275.00	2.01	
(二)	电气	2694162.60	141.21	
1	强电	2387948.27	125.16	
2	防雷接地	104025.63	5.45	
3	措施项目费	202188.70	10.60	
(三)	消防工程	867278.39	45.46	
(四)	弱电工程	766373.08	40.17	
(五)	电梯工程	1280000.00	67.09	
四	合计	47271101.08	2477.72	

工程量清单与计价表

工程名称：尖山项目 4 栋

表 4-2

序号	项目编码	项目名称	项目特征描述	计量单位	工程量	金额（元）		其中：暂估价
						综合单价	合价	
一		建筑工程					15783964.49	
(一)		PC构件安装					12834080.04	
1	0105B001015	预制PC构件材料	1. PC预制构件的制作及运输 2. 设计图示PC材料用量 3. 含PC安装损耗	m²	19078.46	672.70	12834080.04	
2	0105B002007	PC构件吊装	1. 部位：外墙板 2. 含就位、安装、校正	块	1678	375.31	629775.55	
3	0105B002008	PC构件吊装	1. 部位：内墙板、内隔墙板 2. 含就位、安装、校正	块	1394	333.72	465208.89	
4	0105B002009	PC构件吊装	1. 部位：叠合梁 2. 含就位、安装、校正	块	1894	294.62	558018.80	
5	0105B002010	PC构件吊装	1. 部位：叠合板 2. 含就位、安装、校正	块	2152	200.85	432228.55	
6	0105B002011	PC构件吊装	1. 部位：楼梯 2. 含就位、安装、校正	块	124	613.09	76022.99	
7	0105B003003	PC构件吊装辅材		m²	19078.00	23.65	451137.47	
8	0105B004006	PC构件拼缝	1. 部位：内隔墙板 2. 含缝清理、灌缝或塞缝	m	2326.86	33.42	77754.59	
9	0105B004007	PC构件拼缝	1. 部位：叠合板 2. 含缝清理、灌缝或塞缝	m	13934.87	18.64	259737.62	

续表

序号	项目编码	项目名称	项目特征描述	计量单位	工程量	综合单价	金额（元）合价	其中：暂估价
（二）		现浇构件钢筋					2959896.51	
1	010515001001	现浇构件钢筋	钢筋种类、规格：Φ6.5一级钢	t	4.29	6574.09	28202.86	
2	010515001002	现浇构件钢筋	钢筋种类、规格：Φ8一级钢	t	113.05	5425.79	613385.96	
3	010515001003	现浇构件钢筋	钢筋种类、规格：Φ10一级钢	t	17.11	4807.58	82257.65	
4	010515001004	现浇构件钢筋	钢筋种类、规格：Φ12一级钢	t	5.67	4986.13	28271.34	
5	010515001005	现浇构件钢筋	钢筋种类、规格：Φ8三级钢	t	101.971	4877.18	497331.38	
6	010515001006	现浇构件钢筋	钢筋种类、规格：Φ10三级钢	t	2.177	4963.26	10805.02	
7	010515001007	现浇构件钢筋（叠合板）	1. 钢筋种类、规格：Φ8三级钢 2. 使用部位：带钢筋桁架叠合板上叠合的现浇板	t	53.304	5307.17	282893.29	
8	010515001008	现浇构件钢筋（叠合板）	1. 钢筋种类、规格：Φ10三级钢 2. 使用部位：带钢筋桁架叠合板上叠合的现浇板	t	53.71	5393.24	289670.66	
9	010515001009	现浇构件钢筋（叠合板）	1. 钢筋种类、规格：Φ12三级钢 2. 使用部位：带钢筋桁架叠合板上叠合的现浇板	t	23.252	5445.37	126615.77	
10	010515001010	现浇构件钢筋	钢筋种类、规格：Φ12三级钢	t	97.57	5052.46	492968.25	
11	010515001011	现浇构件钢筋	钢筋种类、规格：Φ14三级钢	t	31.68	4736.40	150049.03	
12	010515001012	现浇构件钢筋	钢筋种类、规格：Φ16三级钢	t	12.67	4490.37	56892.95	
13	010515001013	现浇构件钢筋	钢筋种类、规格：Φ18三级钢	t	9.17	4322.34	39635.86	
14	010515001014	现浇构件钢筋	钢筋种类、规格：Φ20三级钢	t	28.18	4245.69	119643.54	

续表

序号	项目编码	项目名称	项目特征描述	计量单位	工程量	金额(元)		其中：暂估价
						综合单价	合价	
15	010515001015	现浇构件钢筋	钢筋种类、规格：Φ22 三级钢	t	14.21	4128.28	58662.82	
16	010515001016	现浇构件钢筋	钢筋种类、规格：Φ25 三级钢	t	18.69	4035.82	75429.40	
17	010516003001	机械连接	钢筋接头电渣压力焊 Φ18以下	个	1184	6.06	7180.72	
(三)		现浇构件混凝土					2871764.78	
1	010504001001	直形墙	1. 混凝土种类：预拌 2. 混凝土强度等级：C55	m³	307.79	731.97	225292.48	
2	010504001002	直形墙	1. 混凝土种类：预拌 2. 混凝土强度等级：C50	m³	512.86	673.76	345542.87	
3	010504001003	直形墙	1. 混凝土种类：预拌 2. 混凝土强度等级：C45	m³	512.86	645.65	331125.93	
4	010504001004	直形墙	1. 混凝土种类：预拌 2. 混凝土强度等级：C40	m³	512.86	627.73	321936.62	
5	010504001005	直形墙	1. 混凝土种类：预拌 2. 混凝土强度等级：C35	m³	1362.25	611.53	833062.19	
6	010502001001	矩形柱	1. 混凝土种类：预拌 2. 混凝土强度等级：C55	m³	2.44	730.77	1783.07	
7	010502001002	矩形柱	1. 混凝土种类：预拌 2. 混凝土强度等级：C50	m³	4.06	673.76	2735.45	
8	010502001003	矩形柱	1. 混凝土种类：预拌 2. 混凝土强度等级：C45	m³	4.06	645.65	2621.32	
9	010502001004	矩形柱	1. 混凝土种类：预拌 2. 混凝土强度等级：C40	m³	4.06	627.73	2548.58	

续表

序号	项目编码	项目名称	项目特征描述	计量单位	工程量	综合单价	金额（元） 合价	其中：暂估价
10	010502001005	矩形柱	1. 混凝土种类：预拌 2. 混凝土强度等级：C35	m³	11.96	611.53	7313.95	
11	010503004001	圈梁（女儿墙反沿）	1. 混凝土种类：预拌 2. 混凝土强度等级：C35	m³	3.13	666.01	2084.61	
12	010505001001	有梁板	1. 混凝土种类：预拌 2. 混凝土强度等级：C35	m³	1435.08	553.11	793756.75	
13	010507007001	其他构件	1. 构件的类型：雨篷板 2. 混凝土种类：预拌 3. 混凝土强度等级：C35	m³	3.04	645.05	1960.95	
（四）		砌体及轻质隔墙板					959574.85	
1	010401004001	砌块墙	1. 砌块品种、规格、强度等级：烧结页岩多孔砖 2. 墙体类型：填充墙 3. 砂浆强度等级：预拌水泥砂浆 M5.0	m³	90.32	529.40	47815.41	
2	011210006001	其他隔墙断	轻质保温条板隔墙100mm厚	m²	7743.18	117.75	911759.45	
（五）		保温工程					472470.97	
1	011001003014	楼面保温	保温材料：40mm厚泡沫混凝土板	m²	9660.5	32.98	318603.29	
2	011001003015	外墙面保温	1. 保温材料：50mm厚发泡水泥无机土保温板 2. 5mm厚抗裂砂浆（耐碱网格布）	m²	1716.89	89.62	153867.68	
（六）		防水工程					866611.75	
1	010902002001	厨房、卫生间、阳台涂膜防水	1.5mm厚聚氨酯防水涂料	m²	5917.48	34.75	205626.51	

279

续表

序号	项目编码	项目名称	项目特征描述	计量单位	工程量	金额（元）		其中：暂估价
						综合单价	合价	
2	011102003063	JS防水涂料附加层（下沉式卫生间）		m²	3382.48	30.73	103957.14	
3	0105B004005	外墙嵌缝打胶	1. 填缝要求：用泡沫棒封堵再用聚氨酯打胶密封； 2. 胶品种、型号：聚氨酯密封胶	m	11285.01	49.36	557028.09	
（七）		屋面工程					155281.22	
1	010902001036	上人屋面	1. 50mm厚C25预制钢筋混凝土板（4钢筋双向中距150mm） 2. C25混凝土砌块200×200×200，双向中距500mm，混合砂浆砌筑（做法落实） 3. 40mm厚C20细石混凝土板配（4钢筋，下铺20mm厚中砂） 4. 3mm厚自粘型改性沥青防水卷材 5. 1.5mm厚非固化改性沥青防水涂料 6. JS防水涂料 7. 20mm厚1:2.5水泥砂浆找平层 8. 20mm厚（最薄处）1:8加气混凝土找坡2% 9. 难燃型挤塑聚苯板隔热保温层，厚70mm	m²	520.77	275.00	143211.75	
2	010902001037	非上人屋面	1. 25mm厚1:2.5水泥砂浆 2. 满铺聚乙烯薄膜一层 3. 3mm厚自粘型改性沥青防水卷材 4. JS防水涂料 5. 20mm厚1:2.5水泥砂浆找平层 6. 20mm厚（最薄处）1:8加气混凝土找坡2%	m²	73.44	164.34	12069.47	

续表

序号	项目编码	项目名称	项目特征描述	计量单位	工程量	综合单价	金额(元) 合价	其中:暂估价
(八)		成品烟道、排气道					70425.00	
1	010514001019	卫生间、厨房排气道		m	899	75.00	67425.00	
2	010514001020	无动力风帽		套	10	300.00	3000.00	
(九)		其他工程					9142.08	
1	010606008010	钢爬梯		t	0.88	10138.72	8922.08	
2	010514002086	其他构件	水簸箕	套	2	110.00	220.00	
(十)		模板工程					1122677.23	
1	011702002001	矩形柱模板制作安装		m²	255.39	57.69	14733.45	
2	011702011001	直形墙模板制作安装		m²	23747.4	41.39	982904.89	
3	011702014010	有梁板模板制作安装		m²	1918.95	63.08	121047.37	
4	011702023010	雨篷板模板		m²	30.37	131.43	3991.53	
(十一)		脚手架工程					454965.11	
1	011701001019	综合脚手架		m²	18630.84	24.42	454965.11	
(十二)		垂直运输工程					1274533.98	
1	011703001021	垂直运输	1. 建筑物建筑类型及结构形式：混凝土叠合楼盖装配整体式结构 2. 建筑物檐口高度、层数：100m以内(29～31层)	天	604.12	1840.30	1111762.04	
2	011705001004	塔式起重机、施工电梯基础	塔式起重机固定式基础	项	1	44162.05	44162.05	
3	011705001010	大型机械设备进出场及安拆	机械设备名称：塔吊	台次	1	118609.89	118609.89	
(十三)		超高施工增加					617866.55	
1	011704001009	超高施工增加	1. 建筑物建筑类型及结构形式：混凝土叠合楼盖装配整体式结构 2. 建筑物檐口高度、层数：100m以内(29～31层)	m²	16238.28	38.05	617866.55	

续表

序号	项目编码	项目名称	项目特征描述	计量单位	工程量	金额(元)		
						综合单价	合价	其中：暂估价
(十四)		安全文明施工费		项	1.00	657461.50	657461.50	
二		装饰工程					28276636.02	
(一)		建筑外装饰					1637194.53	
1	011406001036	外墙真石漆	1. 面漆二遍 2. 底漆一遍 3. 满刮白乳胶水泥腻子一遍 4. 包括吊篮等一切措施费用	m²	20140.18	78.00	1570934.04	
2	011208001022	柱(梁)面装饰 EPS 构件，100×150mm		m	1062.28	40.00	42491.20	
3	011207001040	墙面钢构件造型	1. 龙骨材料种类、规格、中距：主龙骨 100×100×5，次龙骨 50×50×3 2. 油漆材料种类、规格：防锈防腐处理、表面刷黑色耐候漆	m²	46.8	507.89	23769.29	
(二)		建筑外门窗					1448283.68	
1	010807003039	铝合金百叶窗(含空调百叶)	1. 综合各种规格 2. 包括安装等全部内容 3. 做法详建施图	m²	676.79	232.41	157295.69	
2	010807001122	塑钢推拉窗	1. 综合各种规格 2. 普通中空玻璃(6+9A+6) 3. 包括五金安装等全部内容 4. 做法详建施图	m²	2041.62	376.73	769133.79	

续表

序号	项目编码	项目名称	项目特征描述	计量单位	工程量	金额(元)		其中：暂估价
						综合单价	合价	
3	010802001102	塑钢推拉门	1. 综合各种规格 2. 中空安全玻璃(6+9A+6) 3. 包括五金安装等全部内容 4. 做法详建施图	m²	1040.3	376.73	391909.31	
4	010802001101	铝合金平开门	1. 综合各种规格 2. 包括五金安装等全部内容 3. 中空安全玻璃(6+9A+6)	m²	5.04	461.23	2324.57	
5	010802001100	塑钢隔声保温门	1. 型号：M1321 2. 包括五金安装等全部内容 3. 做法详建施图	樘	62	999.92	61995.14	
6	010807002012	乙级金属防火窗	1. 综合各种规格 2. 包括五金安装等全部内容 3. 起火时自动关闭	m²	121.36	540.75	65625.19	
(三)		入户门					433618.64	
	010802004013	防盗门	1. 门代号及洞口尺寸：HM1021 2. 门框或扇外围尺寸：1000×2100 3. 门框、扇材质：防盗隔声保温门 4. 成品安装，L形执手锁等五金配件全部内容 5. 做法详建施图	樘	310	1398.77	433618.64	
(四)		防火门					241119.32	
1	010801004016	丙级木质防火门	1. 综合各种规格 2. 成品门，包括五金安装等全部内容	m²	161.82	447.24	72371.73	

283

续表

序号	项目编码	项目名称	项目特征描述	计量单位	工程量	金额(元) 综合单价	金额(元) 合价	其中：暂估价
2	010801004072	乙级木质防火门	1. 综合各种规格 2. 成品门，包括五金安装等全部内容	m²	290.64	575.28	167200.82	
3	010801004073	甲级木质防火门	1. 综合各种规格 2. 成品门，包括五金安装等全部内容	m²	2.52	613.80	1546.77	
(五)		栏杆扶手工程					220414.50	
1	011503001043	楼梯栏杆	高度1200mm	m	323.12	186.26	60184.33	
2	011503001041	外廊锌钢栏杆	高度1200mm	m	396.49	186.26	73850.23	
3	011503001042	阳台锌钢栏杆	高度1200mm	m	463.76	186.26	86379.94	
(六)		室外台阶					2517.00	
1	011107002009	块料台阶面	防滑面砖台阶面	m²	3.6	178.95	644.20	
2	011102003100	块料台阶平台	防滑面砖台阶平台	m²	8.4	117.93	990.61	
3	010401013010	室外台阶及台阶平台	1. 100mm厚C15混凝土垫层 2. 100mm厚三合土	m²	12	73.52	882.20	
(七)		户内装修					6587983.96	
1		地面工程					1726920.90	
(1)	011102003054	客、餐厅、卧室瓷砖楼面	1. 600×600地砖米黄地砖 2. 20mm厚1:4干硬性水泥砂浆 3. 15mm厚1:3水泥砂浆保护层 4. 40mm厚泡沫混凝土板（另列清单） 5. 白水泥擦缝 6. 含面砖切角、磨边等	m²	9601.32	130.00	1248171.60	
(2)	011105003011	客、餐厅、卧室瓷砖踢脚线	1. 踢脚线高度：600×82mm 2. 粘贴层厚度，材料种类：4～5mm厚1:1水泥浆，瓷砖专用粘合剂	m²	825.4	125.07	103234.91	

续表

序号	项目编码	项目名称	项目特征描述	计量单位	工程量	金额(元)		其中：暂估价
						综合单价	合价	
(3)	011105003012	阳台瓷砖踢脚线	1. 踢脚线高度：300×72mm 2. 粘贴层厚度、材料种类：4～5mm厚1:1水泥浆、瓷砖专用粘合剂	m²	116.7	125.07	14595.97	
(4)	011102003064	厨房、阳台、非下沉式卫生间瓷砖楼面	1. 300×300地砖米黄防滑地砖 2. 20mm厚1:2干硬性水泥砂浆结合层，水泥浆擦缝 3. 1.5mm厚聚氨酯防水涂料，四周上翻550mm，门口处涂出200mm（另列清单） 4. 5mm厚素水泥浆结合层 5. 含面砖切角、磨边等	m²	2069.74	112.00	231810.88	
(5)	011101001021	厨房橱柜遮挡处水泥砂浆楼面	1. 25mm厚1:2.5水泥砂浆压光 2. 1.5mm厚聚氨酯防水涂料（另列清单） 3. 5mm厚素水泥浆结合层	m²	406.1	26.12	10606.48	
(6)	011102003060	卫生间瓷砖楼面（下沉式卫生间）	1. 300×300地砖米黄防滑地砖 2. 20mm厚1:4干硬性水泥砂浆 3. JS防水涂料（另列清单） 4. 20mm厚1:3水泥砂浆找平 5. 300mm厚LC7.5轻骨料填充层找坡（另列清单） 6. 1.5mm厚聚氨酯防水涂料，四周上翻550mm，门口处涂出200mm，有淋浴区域翻边高度1800mm（另列清单）	m²	673.42	175.97	118501.06	

285

续表

序号	项目编码	项目名称	项目特征描述	计量单位	工程量	综合单价	合价	其中：暂估价
2		墙面工程					2235046.76	
(1)	011204003034	厨房、卫生间内墙石纹砖墙面	1. 300×600 内墙石纹砖 2. 1mm 厚瓷砖胶粘剂 3. 白色水泥浆擦缝	m²	9989.16	124.00	1238855.84	
(2)	011407001023	内墙涂料[公共区域墙面（除去电梯门一侧墙面）、客餐厅、卧室墙面]	1. 内墙面漆涂料二遍 2. 内墙底漆一遍 3. 满刮白胶水泥腻子两遍	m²	32513.39	28.00	910374.92	
(3)	011207001023	墙面装饰板	大芯板＋石膏板补洞	m²	860.16	100.00	86016.00	
3		天棚工程					660409.69	
(1)	011302001022	吊顶天棚（厨卫）	300×300 铝扣板吊品顶	m²	2635.93	107.98	284626.51	
(2)	011502004001	石膏装饰线	1. 部位：客、餐厅 2. 尺寸做法详见装饰设计图	m	5394	14.32	77234.58	
(3)	011301001021	其他房间天棚涂料两遍（含空调板天棚）	1. 面漆涂料二遍 2. 内墙底漆一遍 3. 填泥两遍	m²	10662.45	28.00	298548.60	
4		部品部件安装工程					1965606.61	
(1)	010801001045	实镶板门	1. 尺寸：0921 2. 包括五金安装等全部内容 3. 做法详见建施图	樘	620	662.00	410440.00	
(2)	010801001046	实镶板门	1. 尺寸：0821 2. 包括五金安装等全部内容 3. 做法详见建施图	樘	310	588.00	182280.00	

续表

序号	项目编码	项目名称	项目特征描述	计量单位	工程量	综合单价	金额(元) 合价	其中:暂估价
(3)	010802001135	塑钢平门(卫生间门)	1.综合各种规格 2.中空安全玻璃(6+9A+6) 3.包括五金安装等全部内容 4.做法详见建施图	m²	1002.54	303.21	303980.27	
(4)	010802001112	卫生间门套(包含一切费用)		m²	334.18	192.49	64325.65	
(5)	011501007011	厨房橱柜	成品橱柜	m	983	700.00	688100.00	
(6)	011501007014	卫生间洗漱台	成品柜	m	266.6	300.00	79980.00	
(7)	011505001014	洗漱台	1.880×550成品洗漱台 2.大芯板基层板	个	310	284.22	88109.73	
(8)	011505006028	浴巾(架)	不锈钢浴巾架	套	310	96.25	29838.94	
(9)	011505006029	置物(架)	不锈钢置物架	套	310	96.25	29838.94	
(10)	011505008009	卫生纸盒	不锈钢卷纸器	只	310	28.52	8841.29	
(11)	011505006030	毛巾(架)	不锈钢毛巾架	套	310	96.25	29838.94	
(12)	010809004010	石材窗台板	25mm厚人造莎安娜窗台板	m²	69.13	438.81	30334.69	
(13)	011102001011	厨房、卫生间门槛石	人造莎安娜	m²	46.5	423.62	19698.15	
(八)		公共区域					903541.12	
1		地面工程					388984.06	
(1)	011102003059	公共过道、外廊及合用前室瓷砖楼面	1.600×600地砖米黄防滑地砖,水泥浆擦缝 2.素水泥浆粘结层 3.20mm厚1:3干硬性水泥砂浆 4.刷素水泥浆一遍 5.20mm厚1:3水泥砂浆保护层 6.含面砖切角、磨边等	m²	2404.05	138.37	332650.11	

续表

序号	项目编码	项目名称	项目特征描述	计量单位	工程量	金额(元)		其中：暂估价
						综合单价	合价	
(2)	011105003013	公共过道、外廊及合用前室瓷砖踢脚线	1. 踢脚线高度：600mm×82mm 2. 粘贴层厚度、材料种类：4-5厚1:1水泥浆、瓷砖专用粘合剂	m²	250.09	125.07	31279.40	
(3)	011105001011	楼梯间素水泥浆踢脚线	踢脚线高度：120mm	m²	135.66	3.11	422.53	
(4)	011101001020	楼梯歇台水泥砂浆楼面（含空调板）	20mm厚1:2.5水泥砂浆找平层	m²	975.26	25.26	24632.02	
2		墙面工程					268491.82	
(1)	011204003033	电梯厅内墙石纹砖墙面（电梯门所在墙面）	1. 300×600内墙石纹砖 2. 1mm厚瓷砖胶粘剂 3. 同色勾缝剂	m²	695.02	130.83	90932.27	
(2)	011407001022	仿瓷涂料（楼梯间天棚、墙面）	仿瓷涂料两遍	m²	3192.72	16.83	53724.83	
(3)	010808004010	金属门窗套	1. 1mm厚不锈钢电梯门套 2. 12夹板基层+大芯板基层+木龙骨	m²	275	450.31	123834.72	
3		天棚工程					246065.24	
(1)	011302001021	吊顶天棚（公共走道电梯厅）	1. 轻钢龙骨 2. 12mm厚纸面石膏板 3. 满刮填泥 4. 底漆一遍 5. 顶棚面漆涂料两遍	项	1.00	166624.00	246065.24	
(九)		措施项目费					166624.00	
	合计						11641296.75	

288

续表

序号	项目编码	项目名称	项目特征描述	计量单位	工程量	金额(元)		其中：暂估价
						综合单价	合价	
三		水电安装					174354.24	
(一)		给水排水					386290.10	
1		给水						
(1)	031001006012	塑料管	1. 安装部位：室内 2. 介质：冷水 3. 材质、规格：PPR管，DN15 4. 连接形式：热熔连接 5. 压力试验及吹、洗设计要求：水冲洗	m	4579.94	24.55	112421.41	
(2)	031001006013	塑料管	1. 安装部位：室内 2. 介质：冷水 3. 材质、规格：PPR管，DN20 4. 连接形式：热熔连接 5. 压力试验及吹、洗设计要求：水冲洗	m	7488.98	24.12	180640.79	
(3)	031001006014	塑料管	1. 安装部位：室内 2. 介质：热水 3. 材质、规格：PPR管，DN15 4. 连接形式：热熔连接 5. 压力试验及吹、洗设计要求：水冲洗	m	2207.2	26.31	58077.44	
(4)	031001006015	塑料管	1. 安装部位：室内 2. 介质：热水 3. 材质、规格：PPR管，DN20 4. 连接形式：热熔连接 5. 压力试验及吹、洗设计要求：水冲洗	m	760.12	26.20	19911.86	

续表

序号	项目编码	项目名称	项目特征描述	计量单位	工程量	综合单价	合价	其中：暂估价
(5)	031002003012	套管	1. 名称、类型：穿墙套管 2. 材质：塑料套管 3. 规格：穿管直径DN25	个	310	4.56	1415.01	
(6)	031003001006	螺纹阀门	1. 类型：螺纹截止阀 2. 材质：铜 3. 规格、压力等级：DN20 4. 连接形式：丝接	个	310	44.59	13823.59	
2		排水					383156.58	
(1)	031001006016	塑料管	1. 安装部位：室内 2. 介质：污废水 3. 规格、材质：U-PVC 螺旋消音排水管，DN100 4. 连接形式：粘接 5. 阻火圈设计要求：阻火圈DN100	m	2158.6	67.90	146578.61	
(2)	031001006017	塑料管	1. 安装部位：室内 2. 介质：污废水 3. 规格、材质：U-PVC 排水管，DN75 4. 连接形式：粘接 5. 阻火圈设计要求：阻火圈DN75	m	89	47.83	4256.59	
(3)	031001006018	塑料管	1. 安装部位：室内 2. 介质：污废水 3. 规格、材质：U-PVC 排水管，DN50 4. 连接形式：粘接	m	1123.44	28.70	32238.32	

续表

序号	项目编码	项目名称	项目特征描述	计量单位	工程量	金额(元)		
						综合单价	合价	其中：暂估价
(4)	031002003014	套管	1. 名称、类型：穿楼板钢套管 2. 材质：焊接钢管 3. 规格：穿管直径DN100	个	882	36.05	31794.62	
(5)	031002003015	套管	1. 名称、类型：穿楼板钢套管 2. 材质：焊接钢管 3. 规格：穿管直径DN75	个	31	33.37	1034.38	
(6)	030817008002	套管制作安装	1. 类型：刚性防水套管 2. 材质：焊接钢管 3. 规格：穿管直径DN100	个	28	296.60	8304.82	
(7)	031001006019	塑料管	1. 安装部位：室内 2. 介质：污废水 3. 材质、规格：U-PVC排水管，DN100 4. 连接形式：粘接	m	2039.96	58.21	118749.01	
(8)	031004014004	给水、排水附(配)件	1. 材质：铝合金地漏 2. 型号、规格：DN50	个	651	42.54	27692.71	
(9)	031004014005	给水、排水附(配)件	1. 型号：洗衣机龙头 2. 型号、规格：DN20	个	310	40.35	12507.53	
3		冷凝水					61968.29	
(1)	031001006020	塑料管	1. 安装部位：室内 2. 介质：污废水 3. 材质、规格：U-PVC排水管，DN50 4. 连接形式：粘接	m	1769.4	28.70	50774.84	

291

续表

序号	项目编码	项目名称	项目特征描述	计量单位	工程量	综合单价	合价	其中：暂估价
(2)	031002003057	套管	1. 类型：穿楼板钢套管 2. 材质：焊接钢管 3. 规格：穿管直径DN50	个	372	10.78	4009.54	
(3)	031002003058	套管	1. 名称、类型：穿墙套管 2. 材质：塑料管 3. 规格：穿管直径DN50	个	930	7.72	7183.92	
4		雨水					35670.64	
(1)	031001006021	塑料管	1. 安装部位：室内 2. 介质：雨水 3. 材质、规格：U-PVC雨水管，DN100 4. 连接形式：粘接	m	558.6	53.16	29693.75	
(2)	031001006022	塑料管	1. 安装部位：室内 2. 介质：雨水 3. 材质、规格：U-PVC雨水管，DN75 4. 连接形式：粘接	m	10.6	33.34	353.35	
(3)	031002003063	套管	1. 名称、类型：穿楼板钢套管 2. 材质：焊接钢管 3. 规格：穿管直径DN100	个	156	36.05	5623.54	
5		洁具					839993.63	
(1)	031004006003	大便器，材质：陶瓷	1. 材质：陶瓷 2. 规格、类型：蹲式 3. 组装形式：蹲式大便器、瓷低水箱 4. 附件名称、数量：铜镀铬角型阀，DN15、低水箱进水箱配件，DN15，	组	186	661.67	123070.56	

292

续表

序号	项目编码	项目名称	项目特征描述	计量单位	工程量	综合单价	金额（元）合价	其中：暂估价
(2)	031004006004	大便器	1. 材质：陶瓷 2. 规格、类型：坐式带水箱坐便器 3. 组装形式：带水箱及坐便器配件	组	124	1244.37	154301.79	
(3)	031004010007	淋浴器	1. 材质、规格：铜镀镍陶瓷阀芯 2. 附件名称、数量：冷热水、手持花洒、固架、软管	套	310	576.75	178793.07	
(4)	031004003002	洗脸盆	1. 材质：陶瓷 2. 规格、类型：台式洗脸盆、冷热水嘴 3. 组装形式：冷热水	组	310	672.50	208475.37	
(5)	031004004002	洗涤盆	1. 材质：不锈钢 2. 附件名称、数量：洗涤盆龙头、洗涤盆（带排水栓）	组	310	565.65	175352.84	
6		措施项目费		项	1	38275.00	38275.00	
(二)		电气					2694162.60	
1		强电部分					2387948.27	
(1)	030404017009	配电箱	1. 名称：23ALE、12ALE配电箱（暂估价） 2. 规格：元器件详见系统图 3. 安装方式：悬挂嵌入式	台	2	3897.28	7794.57	
(2)	030404017012	配电箱	1. 名称：AT配电箱（暂估价） 2. 规格：元器件详见系统图 3. 安装方式：悬挂嵌入式	台	1	4866.78	4866.78	
(3)	030404017013	配电箱	1. 名称：ATFJ1-2配电箱（暂估价） 2. 规格：元器件详见系统图 3. 安装方式：悬挂嵌入式	台	1	3528.06	3528.06	

续表

序号	项目编码	项目名称	项目特征描述	计量单位	工程量	综合单价	合价	其中：暂估价
(4)	030404017014	配电箱	1. 名称：PTDT电梯配电箱（暂估价） 2. 规格：元器件详见系统图 3. 安装方式：悬挂嵌入式	台	1	12350.52	12350.52	
(5)	030404017015	配电箱	1. 名称：XFDT电梯配电箱（暂估价） 2. 规格：元器件详见系统图 3. 安装方式：悬挂嵌入式	台	1	13194.48	13194.48	
(6)	030404017016	配电箱	1. 名称：KF-1户内配电箱（暂估价） 2. 规格：元器件详见系统图 3. 安装方式：悬挂嵌入式	台	310	1259.51	390448.10	
(7)	030404035009	插座	名称：一般单项暗插座（二三孔）	个	1931	23.17	44748.84	
(8)	030404034005	照明开关	1. 名称：三联单控跷板开关 2. 材质：塑料 3. 安装方式：暗装	个	313	27.38	8568.91	
(9)	030404035010	插座	名称：冰箱插座、单相暗插座15A，3孔	个	310	28.08	8704.48	
(10)	030404034006	照明开关	1. 名称：单联单控跷板开关 2. 材质：塑料 3. 安装方式：暗装	个	1348	21.62	29144.41	
(11)	030404034007	照明开关	1. 名称：双联单联开关 2. 材质：塑料 3. 安装方式：暗装	个	620	25.20	15621.22	
(12)	030404034008	照明开关	1. 名称：双联单控跷板开关 2. 材质：塑料 3. 安装方式：暗装	个	248	25.26	6264.32	

续表

序号	项目编码	项目名称	项目特征描述	计量单位	工程量	综合单价	合价	其中：暂估价
(13)	030412001007	普通灯具	名称：普通吸顶灯	套				
(14)	030412001008	普通灯具	名称：吸顶灯（高效节能型光源），22w	套	1612	91.34	147247.17	
(15)	030412003002	高度标志（障碍灯）	名称：太阳能型无电源闪光信号灯	套	5	381.48	1907.38	
(16)	030412005002	荧光灯	1. 名称：带蓄电池单管吸顶荧光灯 2. 型号：单管 3. 安装形式：吸顶式，成套型	套	8	123.24	985.94	
(17)	030404035011	插座	名称：床头柜、电视插座（二三孔），单相暗插座15A，5孔	个	1240	23.17	28735.66	
(18)	030404035012	插座	名称：三孔插座（抽油烟机插座），单相暗插座15A，3孔	个	310	22.65	7022.29	
(19)	030411006002	接线盒	1. 名称：86式暗装接线盒 2. 材质：塑料 3. 安装形式：暗装	个	7951	8.71	69286.29	
(20)	030404035013	插座	名称：三孔防水插座（电热水器插座），单相暗插座15A，3孔	个	310	28.08	8704.48	
(21)	030404035014	插座	名称：安全型三孔防水溅插座（洗衣机），单相暗插座15A，3孔	个	310	28.08	8704.48	
(22)	030412001009	普通灯具	名称：电梯轿厢照明灯	套	4	38.51	154.02	
(23)	030404035016	插座	名称：三孔插座（壁挂空调），单相暗插座15A，3孔	个	930	29.16	27122.74	
(24)	030412001010	普通灯具	名称：井道照明白炽灯	套	156	22.39	3492.30	
(25)	030412001011	普通灯具	名称：自带声光控开关吸顶灯，28W	套	63	134.33	8462.79	

295

续表

序号	项目编码	项目名称	项目特征描述	计量单位	工程量	综合单价	合价	其中：暂估价
(26)	030412001012	普通灯具	1. 名称：圆球吸顶灯 2. 类型：防潮灯、24W节能灯泡	套				
(27)	030404035017	插座	名称：防水防溅型暗插座、单相暗插座15A、5孔	个	1178	28.60	33691.18	
(28)	030404033002	风扇	名称：换气扇	台	310	161.72	50132.38	
(29)	030411003003	桥架	1. 名称：桥架（含三通、弯通等配件） 2. 型号：CT200×100	m	94.4	104.70	9883.45	
(30)	030411003003	线槽	1. 名称：线槽（含三通、弯通等配件） 2. 材质：金属 3. 规格：MR150×100	m	1280.92	94.59	121161.71	
(31)	010516002002	桥架支架	1. 钢材种类：φ10螺杆/∠40×4角钢 2. 除锈刷油漆	kg	636.36	10.68	6797.95	
(32)	030411004011	配线	1. 名称：管内穿线（照明线路） 2. 配线形式：砖、混凝土结构内 3. 型号：BV4 4. 材质：铜芯	m	107418.72	3.66	393169.70	
(33)	030411004012	配线	1. 名称：管内穿线（照明线路） 2. 配线形式：砖、混凝土结构内 3. 型号：BV2.5 4. 材质：铜芯	m	53175.59	2.66	141447.07	
(34)	030411004013	配线（计入消防）	1. 名称：管内穿线 2. 配线形式：砖、混凝土结构内 3. 型号：NH-BV2.5 4. 材质：铜芯	m	4314.03	2.88	12439.25	

续表

序号	项目编码	项目名称	项目特征描述	计量单位	工程量	金额(元)		其中：暂估价
						综合单价	合价	
(35)	030411004014	配线	1. 名称：管内穿线（照明线路） 2. 配线形式：砖、混凝土结构内 3. 型号：ZR-BV4 4. 材质：铜芯	m	32.4	3.76	121.69	
(36)	030411004016	配线	1. 名称：管内穿线（照明线路） 2. 配线形式：砖、混凝土结构内 3. 型号：ZR-BV2.5 4. 材质：铜芯	m	161.3	2.72	439.36	
(37)	030411004017	配线	1. 名称：管内穿线 2. 配线形式：砖、混凝土结构内 3. 型号：管内穿线 BV10 4. 材质：铜芯	m	2136.21	8.19	17501.54	
(38)	030411004018	配线	1. 名称：线槽配线 2. 配线形式：动力线路 3. 型号：线槽配线 BV10 4. 材质：铜芯	m	21549.96	8.20	176783.80	
(39)	030411004019	配线	1. 名称：管内穿线 2. 配线形式：砖、混凝土结构内 3. 型号：WDZ-BYJV6 4. 材质：铜芯	m	280.44	5.46	1530.73	
(40)	030411001007	配管	1. 名称：电线管 2. 规格：KBG20 3. 配置形式：暗配	m	1430.91	8.83	12636.65	

297

续表

序号	项目编码	项目名称	项目特征描述	计量单位	工程量	金额（元）		其中：暂估价
						综合单价	合价	
(41)	030411001009	配管	1. 名称：塑料管 2. 规格：PC20 3. 配置形式：暗配	m	52250.34	6.38	333366.17	
(42)	030411001010	配管	1. 名称：塑料管 2. 规格：PC32 3. 配置形式：暗配	m	557.07	9.35	5210.03	
(43)	030411001036	配管	1. 金属软管DN20 2. 吊顶内接灯具	m	1057.1	11.83	12507.27	
(44)	030411005002	接线箱	1. 名称：T接箱 2. 规格：半周长700mm内 3. 安装形式：明装	个	6	195.11	1170.63	
(45)	030408001012	电力电缆	1. 名称：电力电缆 2. 型号：WDZN-YJ(F)E-5×16 3. 材质：铜芯 4. 敷设方式、部位：电井竖直电缆	m	187.58	80.70	15138.53	
(46)	030408006015	电力电缆头	1. 名称：户内干包式电力电缆头制作、安装 2. 型号：干包终端头（1kV以下截面mm²以下）35mm²-25及以下 铜芯 三芯及三芯连地 3. 电压等级（kV）：1kV以下	个	2	47.52	95.04	
(47)	030408001057	电力电缆	1. 名称：电力电缆 2. 型号：WDZ-YJ(F)E-4×35+1×16 3. 材质：铜芯 4. 敷设方式、部位：水平敷设	m	438.8	103.65	45483.76	

续表

序号	项目编码	项目名称	项目特征描述	计量单位	工程量	金额(元)		
						综合单价	合价	其中：暂估价
(48)	030408001016	电力电缆	1. 名称：电力电缆 2. 型号：WDZ-YJ(F)E-5×4 3. 材质：铜芯	m	12.85	22.37	287.39	
(49)	030408001017	电力电缆	1. 名称：电力电缆 2. 型号：WDZ-YJ(F)E-5×6 3. 材质：铜芯	m	176.6	26.38	4658.10	
(50)	030414002002	送配电装置系统	1. 名称：送配电装置系统 2. 电压等级(kV)：1kV以下	系统	1	250.78	250.78	
(51)	030412004013	4"筒灯	1. 名称：4"筒灯 2. 安装形式：暗装	套	1829	73.69	134783.84	
2		防雷接地					104025.63	
(1)	030404032007	端子箱	1. 名称：LEB局部等电位端子箱，含接地跨接线 2. 规格：半周长700mm内 3. 安装部位：户内暗装	台	312	108.50	33850.78	
(2)	030411004061	配线	名称：LEB等电位联接线BV4(穿管敷设，动力线路)	m	112.7	3.53	398.11	

299

续表

序号	项目编码	项目名称	项目特征描述	计量单位	工程量	金额(元)		其中：暂估价
						综合单价	合价	
(3)	030411001037	配管	名称：PC16砖，混凝土结构暗配	m	112.7	5.85	659.52	
(4)	030409006007	避雷针，名称：φ12圆钢避雷针(1m)		根	5	227.69	1138.43	
(5)	030409004002	均压环	名称：均压环(利用圈梁钢筋)	m	3458	7.05	24393.84	
(6)	030409003002	避雷引下线	名称：避雷引下线(利用建筑物主筋引下)	m	774.8	18.86	14616.39	
(7)	030409005003	避雷网	名称：屋面Φ12热镀锌圆钢避雷带(沿混凝土块敷设)	m	268.99	16.32	4390.39	
(8)	030409002003	接地母线，40×4镀锌扁钢		m	324	18.56	6012.20	
(9)	030409002004	接地母线，25×4镀锌扁钢		m	145.6	15.04	2190.55	
(10)	030409005004	跨接线		处	312	51.63	16107.09	
(11)	030414011002	接地装置调试	名称：接地装置	系统	1	268.35	268.35	
3		措施费		项	1	202188.70	202188.70	
合计							4439516.84